城市轨道交通工程建设安全管理系列丛书

北京城市轨道交通工程建设安全风险管理总论

丁树奎　王　刚　孙长军　编著

中国铁道出版社有限公司

2019年·北　京

图书在版编目(CIP)数据

北京城市轨道交通工程建设安全风险管理总论/丁树奎,王刚,孙长军编著. —北京:中国铁道出版社有限公司,2019.10
(城市轨道交通工程建设安全管理系列丛书)
ISBN 978-7-113-26101-6

Ⅰ.①北… Ⅱ.①丁… ②王… ③孙… Ⅲ.①城市铁路-轨道交通-安全风险-风险管理-北京 Ⅳ.①U239.5

中国版本图书馆 CIP 数据核字(2019)第 158482 号

书　　名: 城市轨道交通工程建设安全管理系列丛书
北京城市轨道交通工程建设安全风险管理总论
作　　者: 丁树奎　王　刚　孙长军

策　　划: 徐　艳
责任编辑: 梁　雪　　**电话:** 010-51873193
封面设计: 刘　莎
责任校对: 孙　玫
责任印制: 高春晓

出版发行: 中国铁道出版社有限公司(100054,北京市西城区右安门西街 8 号)
网　　址: http://www.tdpress.com
印　　刷: 三河市兴博印务有限公司
版　　次: 2019 年 10 月第 1 版　2019 年 10 月第 1 次印刷
开　　本: 710 mm×1 000 mm　1/16　印张:13.5　字数:256 千
书　　号: ISBN 978-7-113-26101-6
定　　价: 76.00 元

丛书策划

编委会

序

截至 2019 年 6 月 30 日，我国共有 37 座城市开通轨道交通线路 197 条，运营里程 6 126. 82 km。共有 63 个城市轨道交通建设规划获得国家批复，其中，城轨交通线网建设规划在实施的城市共计 61 个，在实施的建设规划线路总长 7 611 km，在建线路可研批复投资 42 688. 5 亿元。规划、在建线路规模稳步增长，轨道交通建设逐步进入网络化发展阶段。

轨道交通建设具有工程规模巨大、参建单位众多、施工工法多样、工程地质各异、周边环境复杂等特点，也是重大安全事故易发、多发领域，安全管理始终是轨道交通建设管理的重中之重。国务院安委会指出对易发重特大事故的行业领域采取风险分级管控、隐患排查治理双重预防性工作机制，推动安全生产关口前移，加强应急救援工作，最大限度减少人员伤亡和财产损失。这是我们城市轨道交通建设者的遵循。

十六年来，北京市轨道交通建设管理有限公司作为北京轨道交通建设的先行者和主要推动者，在大规模的轨道交通新线建设中，忠实履行国企责任，狠抓基础管理，在城市轨道交通建设安全管理领域进行了一系列创新探索，形成了一整套安全管理的理论和思路并付诸于实践。通过建立健全规范化、系统化、信息化和可操作的北京轨道交通建设安全风险控制技术、管理体系和信息化管理系统，充分动员和发挥各级管理部门和参建单位的作用，整体提高了北京轨道交通工程建设安全风险的技术和管理水平，最大程度地降低了北京轨道交通工程建设中安全事故的发生，为大规模复杂环境下轨道交通建设安全管理奠定了坚实的基础，成效非常显著。

近期，轨道公司编制完成《城市轨道交通工程建设安全管理系列丛书》，系统总结提炼了近年来北京市轨道交通建设安全风险管理、管控技术及典型案例。其中：

丛书之一《北京城市轨道交通工程建设安全风险管理总论》对北京市轨道交通安全风险管理体系从安全风险管理体系的发展历程、安全风险管理理论、管理体系、技术指南、信息化管理、应急管理等诸多方面进行了全面阐述。

丛书之二《北京城市轨道交通工程建设明挖法安全风险控制技术及典型案例》归纳总结了北京地区明挖法工程应用的总体情况，系统研究了不同围护结构体系基坑工程施工潜在的风险因素与风险控制对策，涵盖了地下水控制面临的主要问题与解决方案，结合大量工程监测数据与现场实际总结不同地层基坑工程及地层变形规律，系统介绍了典型案例及风险事件并对发展趋势进行了展望。

丛书之三《北京城市轨道交通工程建设矿山法安全风险控制技术及典型案例》从浅埋暗挖法在北京轨道交通建设中的应用入手，系统阐述了安全风险管理体系在浅埋暗挖法工程中的应用，介绍了北京轨道交通建设浅埋暗挖工法和地层变形规律，并总结了控制变形主要辅助措施；详细介绍了管井降水、深孔注浆止水、真空降水措施处置层间水、冻结法处置地下水等经验；结合案例系统总结了浅埋暗挖法风险管控的经验与教训，并通过对风险事件的系统分析提出了矿山法施工关键技术。

丛书之四《北京城市轨道交通工程建设盾构法安全风险控制技术及典型案例》对北京地铁采用盾构法修建隧道的风险管控技术进行了全面、系统和深入的总结。从北京地铁盾构法的起源入手，对北京地铁采用盾构法施工的进厂验收、始发与到达、关键工序、组段划分、推进过程预警、推进偏差管控、地层变形机理以及盾构选型等方面作了详尽的论述，并结合工程实践，列举分析了众多北京地铁盾构法典型案例。

本系列丛书内容浩繁，实例丰富，图文并茂，突出应用，可参考性强，对于北京新一轮轨道交通工程建设中城市轨道交通建设各方均具有重要参考价值。系列丛书能够在中华人民共和国成立70周年之际付梓出版，我们也深感光荣！

北京市轨道交通建设管理有限公司

党委书记、董事长：吴宏建

2019年8月

目　录

第 1 章　北京轨道交通建设整体情况 …… 1

1.1　北京轨道交通建设历史 …… 1
1.2　在建及后期规划 …… 4
1.3　北京轨道交通建设特点 …… 6

第 2 章　北京轨道交通安全风险管理体系发展历程 …… 19

2.1　北京轨道交通安全风险管理体系发展历程 …… 19
2.2　安全风险管理法律法规要求 …… 26

第 3 章　安全风险管理理论 …… 38

3.1　工程风险 …… 38
3.2　城市轨道交通工程风险管理 …… 40
3.3　安全风险预防管理 …… 46
3.4　安全风险强制管理 …… 48

第 4 章　北京轨道交通安全风险管理体系 …… 50

4.1　体系组织管理机构 …… 50
4.2　参建各方安全风险管理职责及任务 …… 51
4.3　安全风险管理体系主要程序及要求 …… 60

第 5 章　北京轨道交通安全风险技术指南 …… 67

5.1　勘察设计安全风险技术指南 …… 67
5.2　工程监测技术指南 …… 83
5.3　安全风险巡视技术指南 …… 117
5.4　视频监控技术指南 …… 125
5.5　地下水控制指南 …… 127
5.6　地层超前预加固施工技术指南 …… 146

第 6 章　北京轨道交通安全风险管控信息化 ······ 158

6.1　施工安全风险监控系统 ······ 158
6.2　盾构施工实时监控系统 ······ 168
6.3　视频监控系统 ······ 173

第 7 章　北京轨道交通应急管理 ······ 177

7.1　应急管理体系建立的目的和原则 ······ 177
7.2　应急指挥体系组成 ······ 177
7.3　应急响应 ······ 179
7.4　恢复与重建 ······ 180
7.5　应急保障 ······ 180

第 8 章　北京轨道交通安全风险管控成效 ······ 182

8.1　总体管控情况 ······ 182
8.2　风险工程管控情况 ······ 183
8.3　监测预警 ······ 188
8.4　巡视预警 ······ 188
8.5　专家巡视 ······ 189
8.6　管控案例 ······ 190

附件　安全风险技术管理体系建立以来通过的特级风险工程情况 ······ 201

参考文献 ······ 205

第1章　北京轨道交通建设整体情况

1.1　北京轨道交通建设历史

北京轨道交通始建于1965年,1971年1月15日北京地铁一期工程开始试运营,使北京成为中国第一个拥有地铁的城市。北京地铁的兴建,是由毛主席提出,并由周总理亲自负责安排实施的。根据中央指示,中共北京市委向中央上报了《中共北京市委关于改建与扩建北京市规划草案的要点》,明确提出"为了提供城市居民以最便利、最经济的交通工具,必须尽早筹划地下铁道的建设。"历经50多年建设发展,截至2018年年底,北京地铁已开通运营22条线路,覆盖北京市11个市辖区,运营总里程达637 km,车站数量达391处,拥有换乘站59个,其中三线换乘站3座,两线换乘站56座。北京地铁线路示意如图1.1所示。

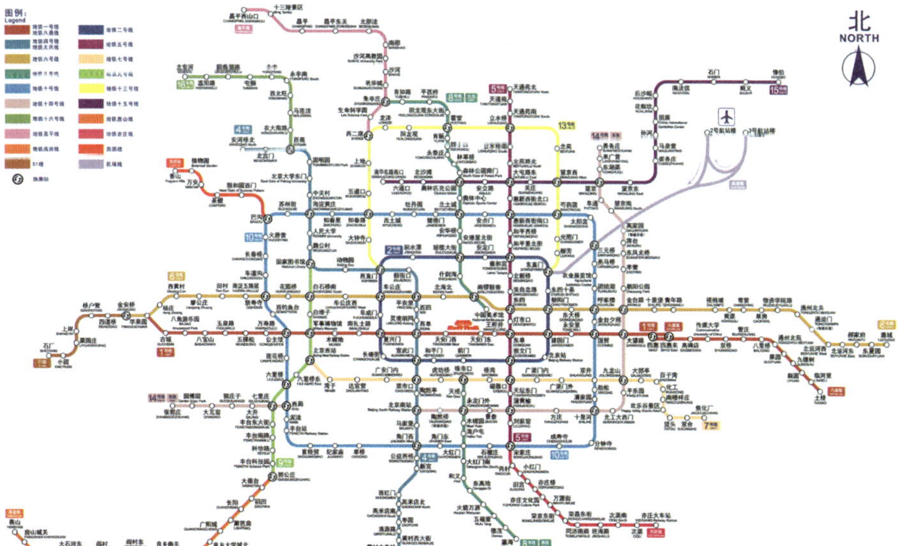

图1.1　北京城市轨道交通线网图

1.1.1　北京轨道交通筹建

1956年10月,由铁道部、地质部、北京市分头抽调干部,正式成立了北京地下铁道筹建处。与此同时,还聘请了苏联地下铁道专家组来华指导工作,为期半年,主要任务是编制北京地铁路网规划方案,并根据北京市的地质情况,对地铁的埋深和施工方法进行研究和比选。同时还委托地质部北京地质大队进行北京地铁路网范围内大面积的地质勘查工作,为北京地铁建设提供了技术支持。

1958 年,中共中央指示,要尽速修建北京地下铁道。同年 5 月,为了地铁即将开工的需要,筹建处组成了考察团,赴苏联及民主德国进行考察。同时要求苏方对带去的“路网规划”和“埋设深度”两个主要问题帮助进行审议。9 月,铁道部在北京组建了地下铁道工程局,负责组织设计和施工。11 月 27 日,铁道部地下铁道工程局成立,受铁道部和北京市委双重领导,同时撤销北京地下铁道筹建处。12 月 31 日,北京地下铁道工程局局长会议传达了周总理的指示:“地下铁道要修,可先试点,取得经验。”至此,新中国地铁建设迈出了关键性的一步。

1960 年 5 月,北京地铁修建委员会召开会议,传达中央已正式批准北京地铁采用“浅埋明挖”方案。会后,由于原定七线路网不适合于浅埋地铁的修建,因而重新绘制了一个四条横线、四条竖线、一条大环线,共九条线组成的路网方案,并仍以由石景山经天安门至东郊的第一线作为首先兴建的线路,但该线的东端则由红庙改为热电厂。同年 11 月,国家计委下达北京地铁第一线由木樨地站(复兴门外大街,三里河路南口)经长安街至北京站(建国门内大街,方巾巷北口)一段地铁的修建任务,并定于 1961 年 7 月 1 日开工。地铁工程局即决定先在军事博物馆与公主坟两站之间采用降水帷幕法修建一段 200 m 长的地铁区间隧道,作为试验段。

由于受三年自然灾害的影响,1961 年 5 月国家计委又下达了北京地铁缓建的命令。1962 年年初,铁道部决定地铁设计处改属专业设计院领导,人员适当精简。随后,铁道部又决定撤销地铁设计处,于 1963 年 1 月成立地下铁道研究所,从事地下铁道的研究工作。

1.1.2　北京轨道交通早期建设

北京第一条地下铁道工程始建于 1965 年 7 月 1 日,即地铁 1 号线,一期工程全长 23.6 km,设 17 座车站和 1 座车辆段(古城车辆段),其线路沿长安街与北京城墙南缘自西向东贯穿北京市区,连接西山的卫戍部队驻地和北京站,采用明挖填埋法施工,车站及少数特殊地段采用了工字钢支护明挖施工,在木樨地过河段采用了钢板桩围堰法施工,隧道均为整体式钢筋混凝土矩形框架结构。1969 年 10 月 1 日建成通车,北京成为中国第一个拥有地铁的城市。由于属于战备工程,北京地铁在通车后很长时间内不对公众开放,需凭介绍信参观及乘坐。

北京市轨道交通二期工程于 1971 年 3 月开始动工兴建,其线路沿北京内城城墙自建国门至复兴门,在礼士路至长椿街区间与一期工程相接,呈倒 U 字形,设 12 座车站及太平湖车辆段,线路长度为 17.2 km。二期工程全部采用浅埋明挖法施工,在车站和特殊地段用工字钢桩加横撑支护以及混凝土灌注桩和土层锚杆支护方法,隧道结构全部为钢筋混凝土矩形框架支护结构。1981 年 9 月 15 日,北京市轨道交通正式对外运营。

复八线西起复兴门,东至八王坟,是北京地铁首次采用暗挖施工的线路,是贯穿长安街的一条地下交通大动脉。1992 年,复八线开工建设,到 1999 年 9 月 28 日,通车试运营。2000 年,复八线与原 1 号线连通合并,运营区段由苹果园贯通至四惠东站,共 23 座车站,线路全长 31 km。

北京地铁 13 号线于 2002 年 9 月起分段开通,全长 40.85 km,共 16 座车站,全线除西二旗到龙泽、柳芳到东直门部分区间(约 3 km)为地下段外,其余均为地面或高架铁路。

八通线于 2003 年开通,是北京地铁 1 号线的东段延长线,全长 18.964 km,全线均为地面或高架线路,对改善通州交通环境起重要作用。

北京地铁 4 号线于 2004 年 8 月正式开工建设,正线全长约 28.2 km,设 24 座车站,南起大兴区天宫院站,北至海淀区安河桥北站,与北京地铁大兴线贯通运营。

5 号线是第一条北京市南北轨道交通大动脉,全长 27.6 km,全线设 23 座车站,设太平庄停车场和宋家庄车辆段,也是北京地铁第一条加装屏蔽门的路线。2007 年 10 月,5 号线正式开通试运营。

北京地铁奥运支线全长 4.5 km,共设 4 座车站,全部为地下车站。该线路直接服务于 2008 年北京奥运会。奥运会后,奥运支线成为地铁 8 号线的一部分,南北两端得到延长。

随着 2008 年北京市轨道交通 10 号线一期、奥运支线和机场线三条轨道新线通车试运营,北京轨道交通运营线路达到 8 条,运营里程达到 200 km,北京轨道交通的网络效应初步显现。

1.1.3　北京轨道交通快速建设(2008 年~2018 年)

2008 年北京奥运会之后,北京市进入大规模轨道建设的新阶段。2008~2011 年年底,北京市轨道交通 4 号线、亦庄线、大兴线、房山线(苏庄到大葆台)、15 号线(顺义线,一期首开段:望京西到后沙峪)、昌平线一期(西二旗到南邵)、8 号线二期北段(森林公园南门到回龙观东大街)、9 号线南段(郭公庄到北京西站)、15 号线一期东段(后沙峪到俸伯)、房山线(大葆台到郭公庄段)等陆续开通。北京地铁运营线路达到 15 条,轨道交通总里程达到 372 km。其中,仅 2010 年就开通新线 100 km 以上,很大程度上缓解了北京交通拥堵压力。

2012 年年底,6 号线一期(海淀五路居站至草房站)、8 号线二期南段大部分、9 号线北段和 10 号线二期大部分线路开通试运营,北京地铁网络大规模扩展,同时结束了房山线和 9 号线这两条线路与其他地铁的脱网局面。

2013~2016年，北京轨道交通10号线二期剩余段(西局站至首经贸站)、8号线二期南段剩余段(鼓楼大街站至中国美术馆站)、昌平线、8号线北延联络线(回龙观东大街站至朱辛庄站)、6号线二期(草房站至潞城站，通运门站、北运河东站暂缓开通)、7号线(双井站、垡头站暂缓开通)、15号线一期三段(清华东路西口站至望京西站)、14号线大部分、16号线北段(农大南路站暂缓开通)和昌平线二期等陆续开通试运营。

2017年年底，北京首条中低速磁浮线路——S1线正式开通运营。S1线西起石门营站，东至苹果园站，全长10.2 km，共设8座车站，进一步加强了北京西部地区与中心城区的联系。伴随着燕房线、磁浮S1线、西郊线的三线齐开，北京城市轨道交通线网进一步加密，形成多节点、网格状、全覆盖的交通网络。

1.2　在建及后期规划

1.2.1　北京轨道交通在建线路(2018年)

北京市“十三五”时期交通发展建设规划提出：以解决“大城市病”、“交通病”为首任务，全面提升轨道交通服务能力。加密重点功能区轨道线网，增强线网整体性和灵活性，建成功能层次明确、级配结构合理的城市轨道网。“十三五”期间推动建设17号线、19号线一期，平谷线等轨道快线，3号线、12号线、S1号线等线路，以及服务CBD区域的APM轻轨；延伸既有机场线、8号线、昌平线以及房山线等运营线路。目前北京轨道交通在建线路情况见表1.2。

表1.2　目前北京轨道交通在建线路情况简表

线名	预计开通年份	区段名	起点站	终点站	长度(km)	车站数
3号线	2020年及以后	一期	东四十条	曹各庄北	22	15
7号线	2019年12月	东延	焦化厂(不含)	环球影城	17	8
8号线	2020年及以后	三期剩余段	中国美术馆(不含)	珠市口(不含)	4	3
14号线		剩余段	西局(不含)	景风门(不含)	6	4
16号线		南段	西苑(不含)	宛平城	30	19
17号线		全线	未来科技城北区	亦庄站前区南	50	21
19号线		一期	牡丹园	新宫	22	10
八通线	2019年12月	南延	土桥(不含)	环球影城	4	2
昌平线	2020年及以后	南延	西二旗(不含)	蓟门桥	13	7
房山线		北延	郭公庄(不含)	丰益桥南	5	4
新机场线	2019年9月	一期	草桥	新机场北航站楼	42	4

在北京市城市轨道交通第二期建设规划中，北京市已经开始布局少数几条快线，如图 1.2 所示。正在建设的地铁 17 号线，全长约 50 km，从最北端的昌平到最南端的亦庄运行一圈的时间大约为 56 min。此外，北京市开建了首条区域快线——平谷线，地铁首度驶出北京城，连接河北燕郊等地。

图 1.2　北京城市轨道交通第二期建设规划(2015 年~2021 年)示意图

1.2.2　北京轨道交通后续建设规划

2019 年，北京市轨道交通计划开通新机场线一期、7 号线东延、八通线南延 3 条线路，共计 62.5 km。其中，新机场线一期计划 2019 年 9 月底与北京大兴国际机场同步开通，7 号线东延和八通线南延两条线路将于 12 月底开通，这两条线路直接服务城市副中心和环球影城。

同时，北京市还计划开工建设 11 号线西段、新机场线北延、28 号线 3 条线路，共计 15.87 km。11 号线西段长约 3.6 km,设站 4 座,线路北起金顶街站,南至首钢站,在金安桥站与运营的 6 号线和 S1 线换乘;该线路可服务首钢园区和北京冬奥会场馆,进一步扩大了轨道交通对冬奥赛事的服务范围。新机场线北延长约 3.5 km,全部为地下线,由草桥站向北延伸至丽泽商务区,与建设中的地铁 14 号线、16 号线及规划中的 11 号线换乘,并在丽泽商务区北区结合车站设置城市航站楼 1 座,提供值机和行李托运服务。28 号线主要布设在 CBD 区域内,起点为地铁东大桥站,沿朝阳门外大街、针织路敷设,经过 CBD 核心区,衔接北京东站,接入九龙山站,在九龙山站可换乘 7 号线和 14 号线,在东大桥站则换乘 6 号线和正在建设的 17 号线(同样贯穿 CBD 区域),这两个车站也都将实现“三线换乘”。

为了提高 13 号线的运能运力,拟在西二旗站至回龙观站区间,将既有的 13 号线拆分,形成 13A 和 13B 两条线路。13A 线起点为 6 号线车公庄站,终点为在建 17 号线的天通苑东站。13B 线起点为既有 13 号线的东直门站,终点至 16 号线马连洼站。13A 线与 13B 线在新建的龙泽站实现同站台换乘。

北京市城市轨道交通第三期建设规划(2022~2027 年)将落实总规要求,继续加密地铁线网和扩大覆盖面,重点支持副中心的建设。有关副中心的规划线路中,一方面是副中心与核心区的联系,一方面是副中心内部的线路。另一个重点则是布局快线和区域快线,减少出行时间,提高旅行速度,缓解拥堵区段,方便换乘,提高舒适度。

依据城市总体规划和综合交通规划,北京市城市轨道交通 2020 年线网由 30 条线组成,总长度为 1 177 km;远景年线网由 35 条线路组成,总长度 1 524 km,形成“三环四横八纵十二放射”的网络运营格局。预计 2021 年,北京市公共交通占机动化出行量比例为 60%,轨道交通占公共交通出行量比例为 62%。

1.3 北京轨道交通建设特点

1.3.1 工程地质水文特点

1. 北京地区地质构造

北京市大地构造处于华北地台中部——燕山沉降带的西段。在漫长的地质历史中既经历过大幅度地下降、接受巨厚的沉积,又产生过剧烈的造山运动。特别是在中生代以燕山运动为主的构造变动,奠定了北京地区地质构造的基础骨架以及地貌发育的雏形。再加上新生代自第三纪以来的新构造运动的影响,使北京市的地质发展历史和地貌类型更加复杂化和多样化。

北京市除去最北端(指怀柔长哨营以北地区)外,广大地区都位于燕山沉降带范围之内。在此区间,中、上元古界特别发育,是一套基本上没有变质的沉积岩系,呈明显不整合关系覆盖在变质岩系之上，成为古老变质岩系之上的第一个盖层，属于华北地台上一个狭长下陷地带。再根据地质构造和岩浆活动等特点，可将本市划分为以下三个大的地质构造区：

(1)西山凹陷。根据地质构造变动的差异又可划分为三个地质构造单元，北京西山褶皱隆起区、北京向斜区和大兴隆起区。

(2)北山隆起。自西向东依次分为青白口穹窿区、延庆昌平活动断裂区和密怀升起断裂区。

(3)蓟县凹陷。是一个以蓟县、兴隆、平谷为中心的沉降区。

根据野外调查和室内分析，北京地区正处于燕山纬向构造体系与祁吕—贺兰山字形构造体系东翼构造带及新华夏构造体系的交接部位。另外，境内还有北西向、北东向及南北向等构造体系，各断裂构造又包含如下多个断裂带：

(1)东西向断裂构造。自北向南有四列断裂带展布，包括古北口—长哨营断裂带、密云沙厂—墙子路褶皱断裂带、蓟县—三河—北京东西向断裂带、宝坻—桐柏—涿州断裂带。

(2)北东向断裂构造。自西而东主要有紫荆关—大海坨断裂带、沿河城—南口断裂带、八宝山断裂带、密云—北京断裂群、南苑—通州断裂、永乐店—夏垫—马坊断裂。

(3)南北向断裂构造。主要的南北向断裂依次有西二道河断裂、青石岭断裂、娘子水断裂、黄崖关断裂。

(4)北西向断裂构造。主要的有永定河断裂、南口—孙河断裂、德胜口—小汤山断裂、二十里长山断裂。

2. 北京地质分布规律

(1)北京地质平面分布规律

北京市区第四纪沉积地层的厚度由西向东逐渐增大，岩相分布由山地向平原具有明显过渡的特征，即市区西部的第四纪古河流形成的冲洪积扇顶部、中上部的地层以厚层砂土、卵砾石土层为主，向东过渡为冲洪积扇的中部和中下部，第四纪地层为黏性土、粉土与砂土、卵砾石土交互沉积层。

①西部地层分布规律

岩性主要以砂砾石、砂卵石、粗中砂为主，黏性土多以夹层或透镜体状态分布，北部含砂层颗粒粗，南部含砂层颗料细。西部地区某地铁车站地质剖面如图1.3-1所示。

②中间地段地层分布规律

地层分布主要以圆砾、砂砾卵石为主，一般有厚层的黏性土分布其间。表现出明显的分层性，地层颗粒由北向南略有变细的趋势。中部地区某地铁车站地质剖面如图1.3-2所示。

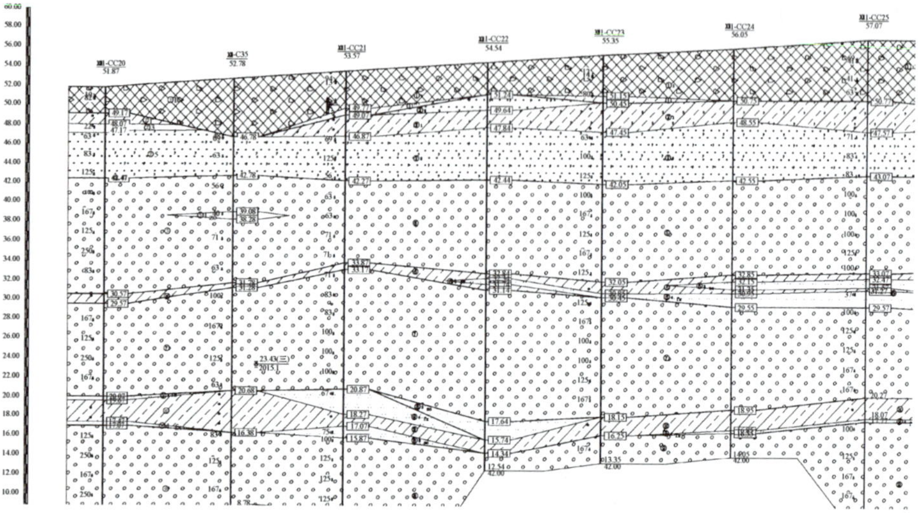

图 1.3-1　西部地区某地铁车站地质剖面图(单位:m)

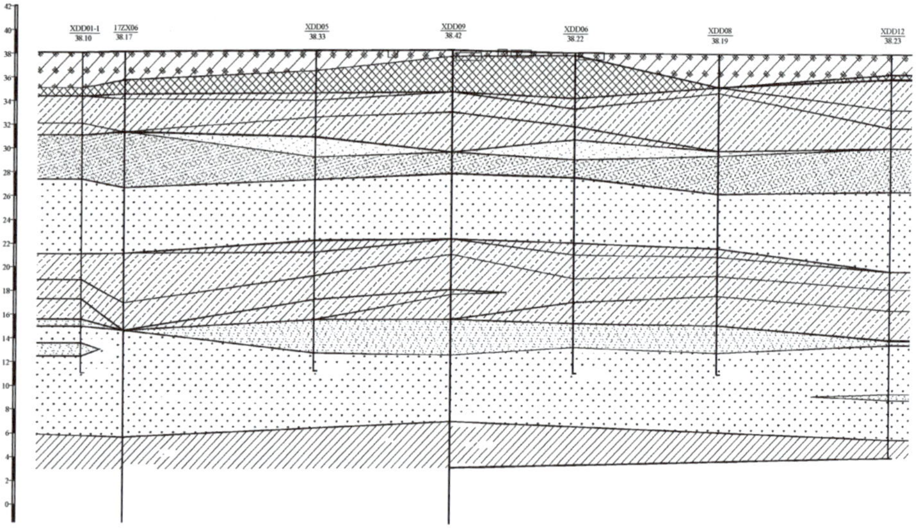

图 1.3-2　中部地区某地铁车站地质剖面图(单位:m)

③东部地层分布规律

本区地层主要以砂质黏土、粉质黏土等黏性土为主,在黏性土之间夹部分中细砂或粉细砂,或为砂、砂砾与黏性土互层。东部地区某地铁车站地质剖面如图 1.3-3 所示。

(2)北京地层纵向分段

北京市区基底由三个部分组成,即西部古老岩系、东部大兴隆起和中部北京凹

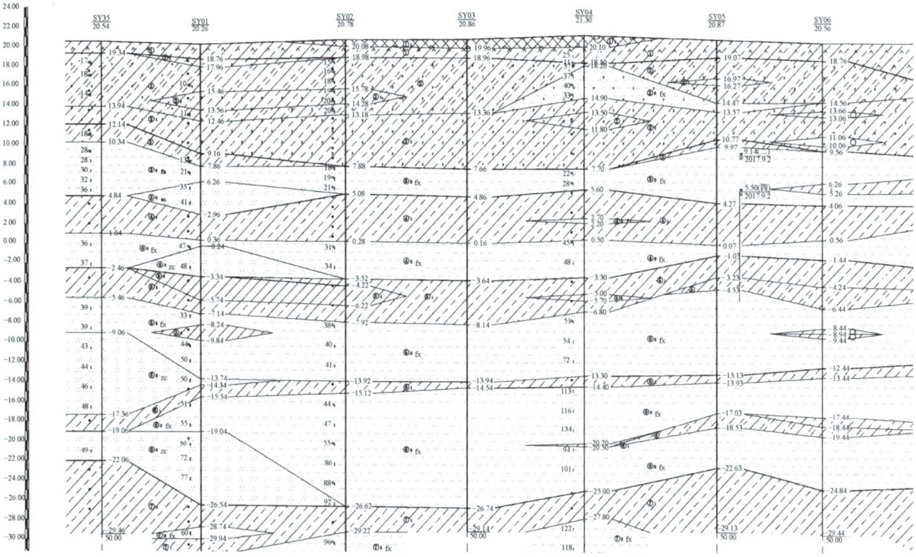

图 1.3-3 东部地区某地铁车站地质剖面图(单位:m)

陷,地层纵向分布主要受古老岩系影响较大。北京平原地区除西南地区外,其余区域基岩埋深一般均大于 50 m,六环以内地铁工程主要修建在地表埋深 40 m 以上地层中。根据钻探资料按地层沉积年代、成因类型,北京六环以内地铁工程地质一般划分为人工填土层、新近沉积层及第四纪沉积层三大类。按地层岩性及其物理力学性质进一步分为 11 个大层,具体为:

①人工填土层

北京地区人工填土的厚度和岩性很不均匀,一般厚度 3~6 m,在湮没河湖沟坑地区,人工填土层厚度可达 10 m 左右。地铁工程开挖范围内揭露的地层主要为粉土填土①层、杂填土$①_1$ 层等。

②全新统中上部新近沉积层

北京地区的新近代土层包括流水沉积、沼泽沉积和风积,一般厚度为 2~8 m,地铁工程开挖范围内揭露的主要地层为砂质粉土黏质粉土②层、粉质黏土$②_1$ 层、粉细砂$②_3$ 层、圆砾卵石$②_5$ 层、泥炭质粉质黏土$②_6$ 层。

③全新统下部和上更新冲洪积层

人工填土层和新近沉积层以下主要全新统下部和上更新冲洪积地层,其岩性及厚度情况因地貌单元及其所处位置的不同而各异,主要为砂质粉土粉质黏土③层、粉质黏土$③_1$ 层、粉细砂$③_3$ 层、粉质黏土④层、黏质粉土砂质粉土$④_2$ 层、粉细砂$④_3$ 层、卵石⑤层、中粗砂$⑤_1$ 层、粉质黏土$⑤_4$ 层、粉质黏土⑥层、黏土$⑥_1$ 层、黏质粉土砂质粉土$⑥_2$ 层、细中砂$⑥_3$ 层、卵石⑦层、中粗砂$⑦_1$ 层、粉质黏土$⑦_4$ 层、粉质黏土⑧层、黏土$⑧_1$ 层、黏质粉土砂质粉土$⑧_2$ 层、细中砂$⑧_3$ 层、卵石⑨层、中粗砂⑨$_1$层、粉质黏土⑨$_4$层、粉质黏土⑩层、黏质粉土砂质粉土⑩$_2$层、细中砂⑩$_3$层、卵石⑪层、中粗砂⑪$_1$层。

3. 北京地区地下水情况

北京市区域内有五大河流：大清河、永定河、北运河、潮白河、泃错河，地下水流动方向总体上呈自西向东方向。北京平原地区地下水类型按地下水的赋存条件主要分为基岩裂隙水和第四纪松散岩类孔隙水。第四纪松散岩类孔隙水又分为上层滞水、潜水和承压水，主要赋存于第四纪砂卵石和砂层孔隙中。

按本区地层、岩性以及其他水理特性，可将北京市对地铁工程建设有较大影响的 40 m 深度范围内地下水大致划分为三个大区Ⅰ、Ⅱ、Ⅲ，进一步细分为以下七区Ⅰa、Ⅰb、Ⅰc、Ⅱa、Ⅱb、Ⅲa、Ⅲb，各区地下水特征见表 1.3-1。

表 1.3-1　北京地区各区地下水特征表

大区	Ⅰ区			Ⅱ区		Ⅲ区	
亚区	Ⅰa 区	Ⅰb 区	Ⅰc 区	Ⅱa 区	Ⅱb 区	Ⅲa 区	Ⅲb 区
位置	东北郊	东郊	东南郊	老城区北部	老城区大部	清河流域	西郊和西南郊
地下水分布特征	30 m 之内有 2~4 个含水层。上部为台地潜水层；中部 1~2 个层间水含水层；下部潜水或承压水含水层	基本同Ⅰa 区。由于地处古金沟河下游的网状河流区域，台地潜水分布不连续，又因古河道岩性颗粒较粗，成为本地区地下水汇流通道	基本同Ⅰa 区。受Ⅰb 古河道影响本区地下水流向由 EW 流向 NE，区别于其他区域	围绕王府井一带分布有丰富的上层滞水；中部为层间水；下部为潜水或承压水	基本同Ⅱa 区。区别在于上层滞水较少	潜水类型分布特征受现代河流控制，河流一级阶地下分布有承压水	潜水，一般埋藏较深，受人为因素影响，水位变幅较大

4. 北京地区常见不良地质条件与地质风险

通过对北京地铁已经揭露的地质资料，结合北京地铁工程勘察、水文地质勘察、区域地面沉降、地裂缝、砂土液化等区域不良地质条件资料，对岩土层物理力学参数、地下水类型、分布及补给条件等进行了统计和分析，北京地铁建设常见不良地质条件与地质风险如下：

(1) 北京地区的地层从黏土到卵石到基岩，地层分布差异性大。

(2) 岩土参数变异性较大。

(3) 地下水分布（类型、水位、水量等）不均匀，上层滞水分布不确定。

(4) 地层空洞分布、充填等特征具不确定性，对地铁施工影响大。

(5)填土、新近沉积层、漂石地层、滞水与承压水、污染土、含水粉土透镜体、地层空洞、二元结构地层、膨胀岩、软弱夹层等为北京地铁建设主要特殊岩土条件和地质风险因素。

(6)土层破坏具突发性和滞后性。

(7)大面积地面沉降、地裂、地震断裂、砂土液化、地面塌陷等不良地质作用对北京地铁建设具有较大影响。

(8)工程勘察因城市环境条件所限导致精度、深度不足等带来地质风险。

1.3.2　环境特点

城市轨道交通建设大部分处于建筑物密集、人口密集的城区,周边高楼林立,地下管网密集,桥梁、道路、既有铁路等纵横交错,沿线地面交通流量大,工程周边环境条件复杂。轨道交通施工周边环境常见风险见表1.3-2。北京地区轨道交通工程建设周边环境特点如下:

(1)多样性、重要性和高度敏感性:包括既有轨道交通设施(含铁路)、房屋建筑、桥涵、地表水体、地上地下管线、地下构筑物及文物、军事管理区、国家保密单位、使馆区、古树等。

表1.3-2　轨道交通施工周边环境常见风险

环境风险工程	风险关系	常　见　风　险
既有地铁	邻近、下穿、上跨	既有结构开裂、剥落、渗水,道床结构开裂,变形缝开合及错台
既有铁路	下穿、邻近	道床结构开裂、坍塌、沉陷
南水北调	下穿、邻近、上跨	南水北调结构开裂、渗漏
桥梁	下穿、邻近	墩台或梁体开裂、剥落、倾斜
建构筑物	下穿、邻近	建构筑物开裂、剥落、倾斜
道路	下穿、邻近	地面开裂、沉陷、隆起,地面冒浆/泡沫
河湖	下穿、邻近	河底渗漏,堤坡开裂
地下管线	下穿、邻近	管线破损、开裂,检查井等附属设施开裂、进水

(2)复杂性:建筑物地基基础类型多、基础埋深大小不一,桥梁一般采用20~35 m的摩擦端承桩,地下管线类型多、埋置深度变化大、敷设形式多、主干道下管线密集、城区部分雨污水管线年久失修、老化渗漏严重。某地铁线路穿越建筑物基础埋置深度比例如图1.3-4所示。

(3)环境对象与工程建设互为影响大:环境对工程影响主要体现在对地铁线路路由、站位及出入口等方案的确定,对隧道埋置深度的确定,对施工工法、工艺的选择,工程措施、环境保护措施等方面;工程建设对环境的影响主要体现在影响环

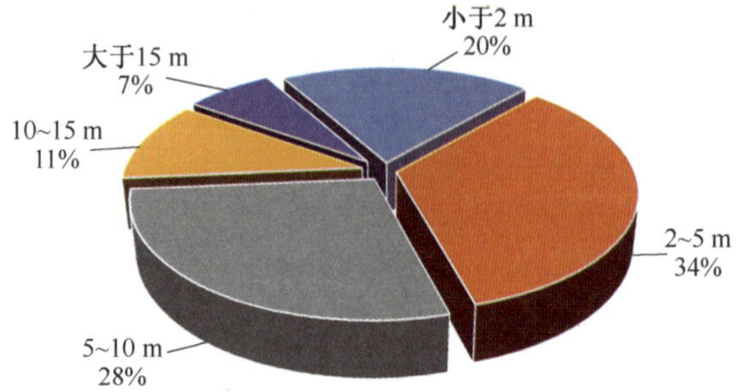

图 1.3-4 某地铁线路穿越建筑物基础埋置深度比例图

境对象的使用功能，影响环境对象的外观，影响环境对象的使用寿命（耐久性），对环境对象直接破坏等方面。

（4）环境调查的困难性：年代不同，部分年代久远的资料不全；环境类型多，多头管理；部分产权单位配合困难；涉密文物、军事管理区、使馆区等涉密环境多，调查难度大等。

（5）周边环境具有双重性；地铁建设中既是风险源，又是承险体和保护对象。

1.3.3 北京轨道交通工法情况

1. 明挖法

明挖法是从地面开挖至设计标高，自基底由下至上顺序施作地下结构，有无支护放坡开挖和基坑支护开挖两种形式，具有造价低、技术简单、工期短、安全可靠性高等特点，是地铁建设优先考虑的工法。但其施工场地要求大、管线需要改移、占用交通等缺点也同样明显，在繁华的城区不具有施工条件成为限制明挖法选择的重要原因。

北京自 1965 年开始地铁一期建设，早期 1 号、2 号线采用以明挖开槽施工的方法施工，后来为减少占地周期，经过经济和技术的权衡，因地制宜的催生了盖挖工法的出现，并在复八线上的永安里站及大北窑站首先进行了应用，随后被推广至全国其他城市。目前北京地铁常用明挖支护形式包括桩（墙）撑、桩（墙）锚等，近年来为响应国家对地下水资源的保护，通过地连墙、高压旋喷桩形成止水帷幕作为基坑围护结构，减少了降水施工对地下水抽排，也成为明挖工法选择的又一优势。详见城市轨道交通工程建设安全管理系列丛书《北京城市轨道交通工程建设明挖法安全风险控制技术及典型案例》。某桩撑结构明挖车站剖面如图 1.3-5 所示。

2. 矿山法

矿山法是用开挖地下坑道的作业方式修建隧道的施工方法，通过临时施工竖井创造作业面，按照顺序分部分块开挖至设计轮廓，并完成结构施作。矿山法工法多样、施工灵活，可以适应各种地质及地下水条件，适用于各种隧道断面形式，通过

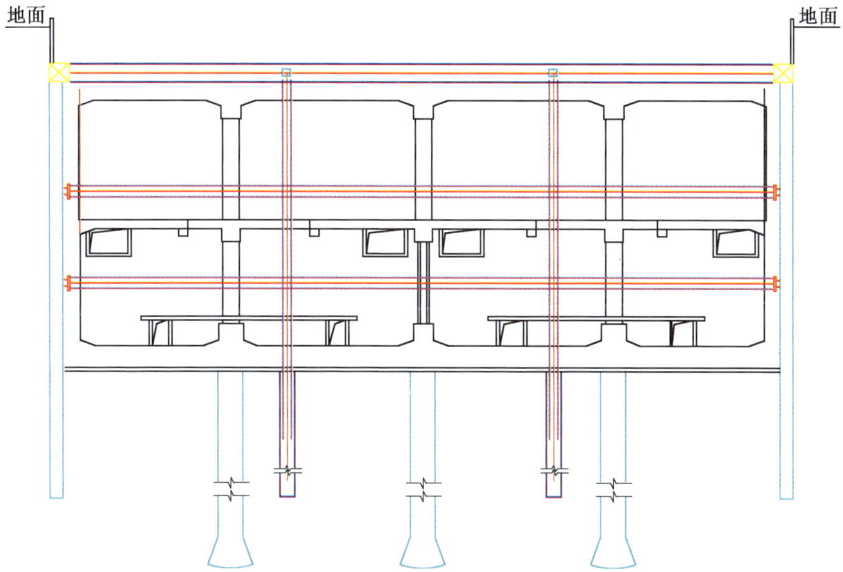

图 1. 3-5　某桩撑结构明挖车站剖面图

分部开挖和辅助工法可以有效控制地面沉降，与明挖法相比可以极大减少对地面交通和商业活动的影响，减少大量拆迁工作，是城市中心区域应用最为普遍的工法。同时矿山法也有施工速度较慢、经济投入大、地下施工情况复杂、安全风险管控难度较大的缺点。

矿山法直到 1986 年北京复兴门折返线工程的修建才得以进入北京地铁建设领域，随后大跨度西单地铁暗挖车站的成功建设，实现了暗挖施工技术的突破，随着暗挖技术不断创新应用，相互学习借鉴，出现了满足不同要求的暗挖工法，充分发挥了暗挖施工灵活性强、施工对场地要求小的特点。目前北京地铁大量采用的矿山法包括台阶法、全断面法、CD 法、CRD 法、双侧壁导坑法、洞桩法（PBA）等，如图 1. 3-6~图 1. 3-9 所示，其中洞桩法更是成为新一轮北京地铁车站暗挖施工的首

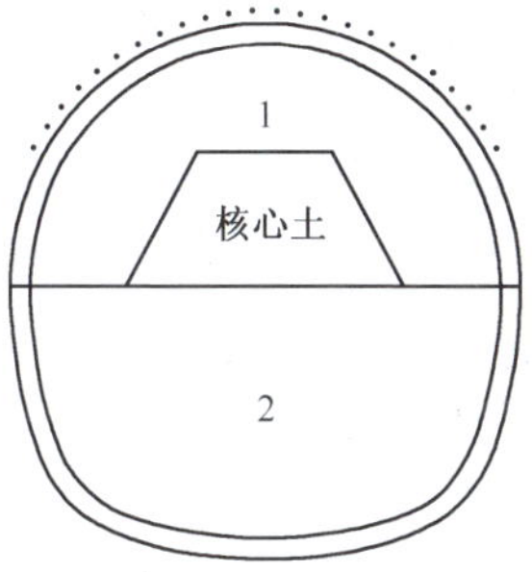

图 1. 3-6　台阶法断面

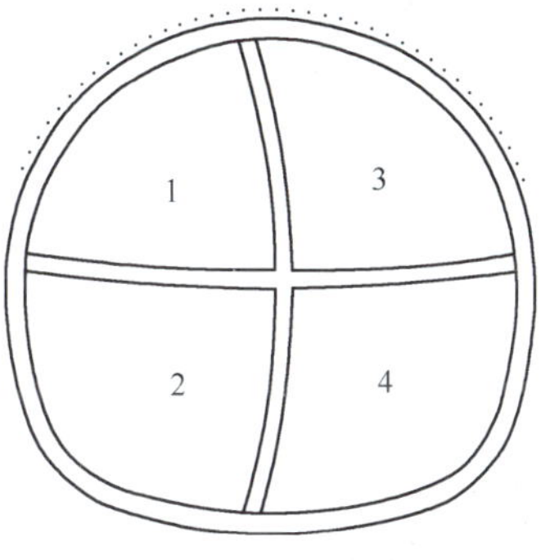

图 1. 3-7　CRD 法断面

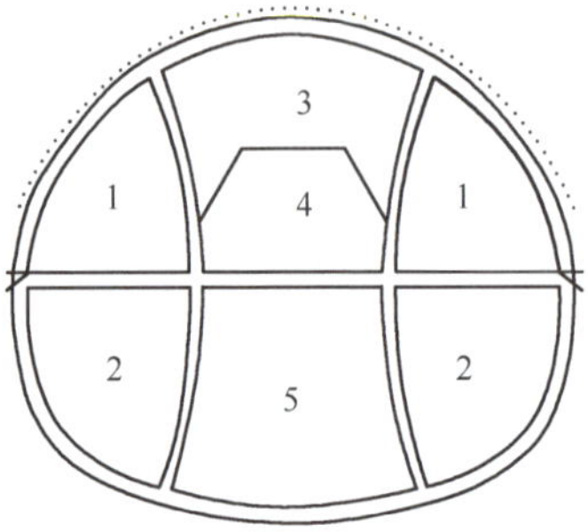

图 1.3-8　双侧壁导坑法断面

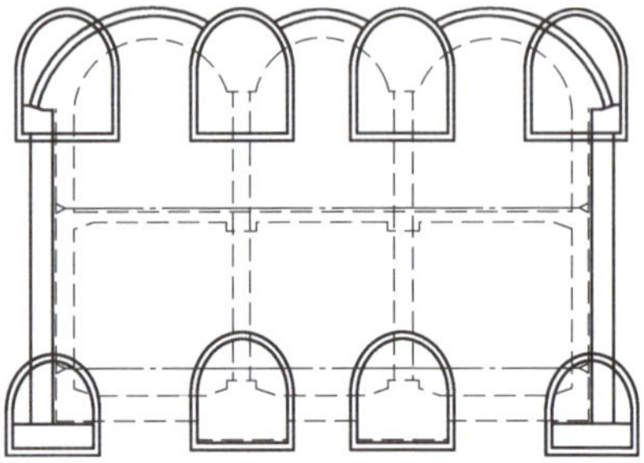

图 1.3-9　洞桩法断面

选工法。详见城市轨道交通工程建设安全管理系列丛书《北京城市轨道交通工程建设矿山法安全风险控制技术及典型案例》。

3. 盾构法

盾构法是暗挖法施工中的一种全机械化施工方法。它是将盾构机械在地层中推进,盾构机作为一种强有力的临时支撑结构,通过盾构外壳和管片支承四周围岩防止发生往隧道内的坍塌。盾构法具有施工安全性高、掘进速度快、对地面活动影响小、盾构出土及衬砌拼装可以全自动化等优点,但其断面形式单一,在断面多变区段适应能力差,同时新型盾构设备昂贵,在区间较短的隧道经济性较差。

北京盾构法施工最早追溯到 1966 年,为修建北京地铁研制 7 m 直径的半机械化压缩混凝土盾构,成洞直径 7.8 m,取得了一些建设经验,由于一些历史原因,研究工作最终停顿。直到 1986 年,中铁隧道集团研制出半断面横刀盾构,在北京地铁复八线区间隧道中应用,这是一种人工出土盾构,结构采用喷射混凝土,属于盾构、暗挖结合的产物。2000 年北京地铁 5 号线雍和宫站—北新桥站区间采用引进盾构机施工,开始了北京地铁大规模盾构的使用。详见城市轨道交通工程建设安全管理系列丛书《北京城市轨道交通工程建设盾构法安全风险控制技术及典型案例》。盾构刀盘如图 1.3-10 所示。

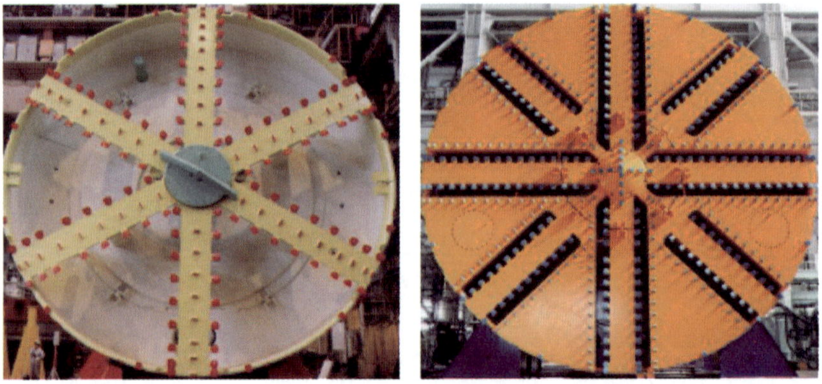

图 1.3-10　盾构刀盘示意图

4. 目前各工法应用情况

目前北京轨道公司所辖 9 条在建新线共有车站 80 座,区间 110 条,其中车站主体采用矿山法的 34 座,明挖法 39 座,矿山法加明挖法的 7 座;区间采用矿山法的 29 条,明挖法 10 条,采用盾构法辅以矿山、明挖的有 63 条,矿山法加明挖法 8 条。新建地铁线路车站、区间主体施工工法分布情况如图 1.3-11 所示。

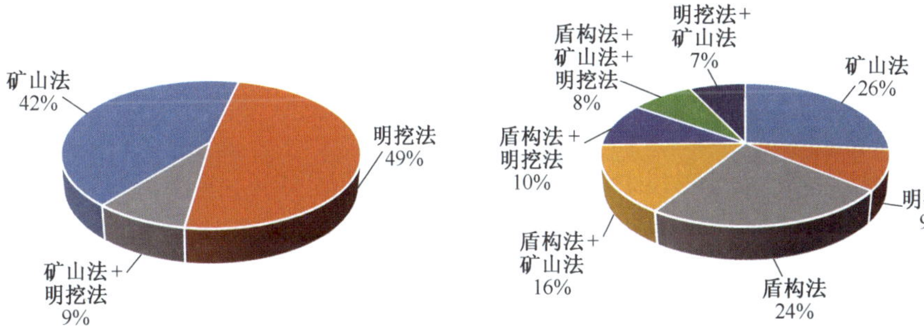

(a) 新建地铁线路车站主体工法分布图　(b) 新建地铁线路区间主体工法分布图

图 1.3-11　新建地铁线路车站、区间主体施工工法分布情况

1.3.4　典型安全风险事故

通过对国内外已建和在建轨道交通工程事故统计分析,根据工法不同事故表现特征差异较大,发生部位多为关键部位,地质、环境及受力条件均复杂多变,事故发生多伴有地面塌陷、周边环境剧烈变形、人员伤亡等情况,不仅导致费用超支,还会带来不良社会影响,使城市、行业的形象受损。

1. 明挖法事故特点

通过对明挖法事故案例统计分析,大致将明挖法事故分为围护结构坍塌、围护结构渗漏水、围护结构滑坡失稳、坑底管涌流砂等,其中以支护体系稳定性导致事故发生的问题最为突出,且造成损失也最为严重。明挖法工程施工安全事故类型分布如图 1.3-12 所示。

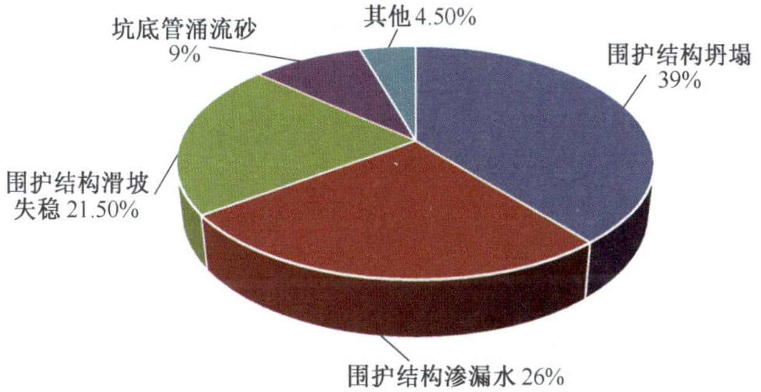

图 1.3-12　明挖法工程施工安全事故类型分布图

典型案例：2005 年 11 月，某明挖地铁车站基坑南侧深度约为 8 m 处有水渗出，5 min 后出现大量涌水，随后基坑南侧边上出现裂缝，现场值班人员发现此情况后，立即要求基坑内所有人员马上撤离，发现渗水约 15 min 后基坑南侧突然坍塌，西侧和东侧随后相继倒塌。基坑坍塌如图 1.3-13 所示。

塌方导致基坑南侧的通信电缆和其他电缆裸露悬空。基坑东侧 $\phi600$ 自来水管断裂，自来水注入基坑内，同时造成一根 $\phi1\ 600$ 上水管弯曲。基坑南侧一根 $\phi800$ 的污水管和一根 $\phi1\ 600$ 的雨水管断裂，一根燃气管线外露，多根电信管线断开。

事故原因：

(1)倒塌的南侧基坑外围均为管线改移区，管线较多且在基坑正南端中间部位设有污水井和雨水井各一个。根据前期地下管线调查情况及产权单位反映情况，该区域 $\phi800$ 的污水管(距离南侧基坑边缘 5.1 m)渗漏严重，造成该区域土体长期被积水浸泡，在车站基坑南端形成水囊，使南端土体稳定性受到破坏。

(2)南端喷射混凝土厚度仅为 8 cm，不能抵挡内侧土性质变化带来的侧压力变化，并在水的作用下开始出现裂缝，水从裂缝渗出，很快发展到涌出，并夹带着大量稀泥，最后在桩体背后形成空洞及松散区域，在东西两侧土压力的共同作用下造成斜向支撑的整体失稳，从而导致基坑倒塌。

图 1.3-13　基坑坍塌情况

2. 矿山法事故特点

矿山法工程为地下开挖工程，对地层稳定性、地下水控制要求较高，通过对过往事故案例分析可将矿山法事故分为开挖面涌水、开挖面坍塌、地面塌陷、初期支护结构变形、地面隆起、整体垮塌、结构渗漏水等类型，以开挖面涌水、坍塌及地面塌陷发生比例最高，且其中多数是因为地层突变、遭遇不明水源等突发情况，现场应对措施不及时引发事故加剧，也充分说明了地质水文条件复杂多变是矿山法施工过程中需要特别重视的难题。矿山法工程施工安全事故类型分布如图 1.3-14 所示。

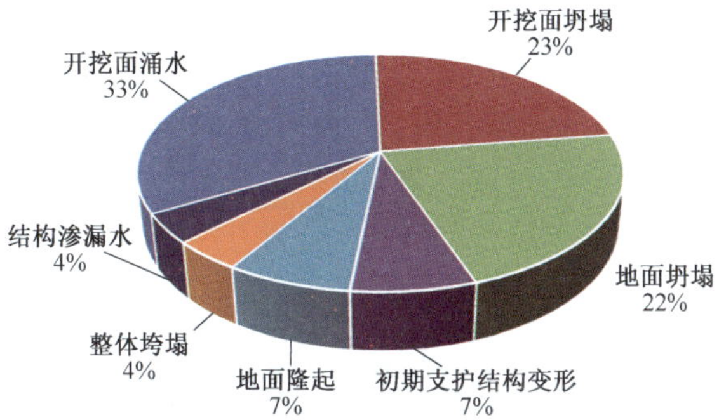

图 1.3-14 矿山法工程施工安全事故类型分布图

典型案例:2012 年 9 月,某地铁车站 1A 出入口暗挖段平顶直墙段初期支护拱部发生塌落,对应上方道路地面发生塌陷,造成宽约 6 m、长约 7 m、深约 1.2 m 塌坑,连带洞内 3.6 m 范围已施工完成的平顶直墙拱顶初期支护发生掉拱。路面塌陷如图 1.3-15 所示。

事故发生后,现场立即启动应急预案,整个期间未发生人员伤亡,地面交通未受影响,周边管线未被破坏。

图 1.3-15 路面塌陷情况

事故原因:

(1)该区域受区间左、右线盾构及 1B、1A 出入口暗挖施工多次扰动,尤其是区间盾构右线处于坍塌区正下方,且距 1A 净距约 40 cm,对该区域土体扰动最大,盾构通过期间该部位地表沉降频繁预警。

(2)该处设计为平顶直墙,且处在 1A、1B 两个通道的交叉口处,受力复杂。

(3)该处地层为杂填土和卵石地层,地质差,雨量增大,地层含水率大,地层自稳能力减小。

(4)受以上等多种因素影响,下部土体长期累积应力导致突发塌陷,土体完全失去自稳能力,约 9.7 m 高土压力直接加在拱架初期支护上,突破拱架承载能力,导致地面塌陷和拱顶拱架破坏、土体沉陷。

3. 盾构法事故特点

通过对盾构法事故情况统计分析，盾构法事故主要分为地面塌陷、输送机喷涌、管片上浮、管片破除涌水、盾构推进困难、管片下沉、气体爆炸等情况，以地面塌陷、输送机喷涌等问题发生最多。盾构法工程施工安全事故类型分布如图 1. 3-16 所示。

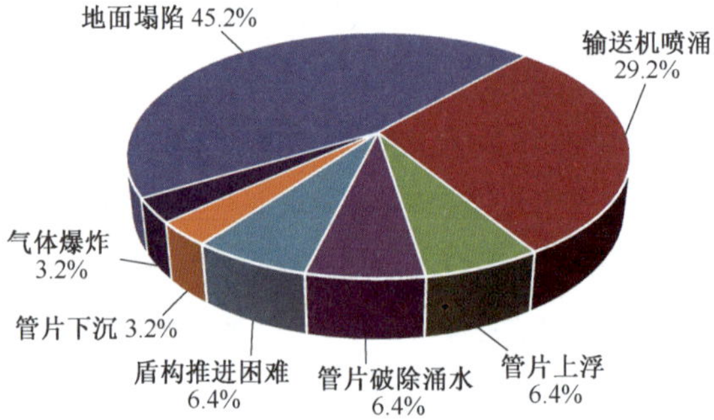

图 1. 3-16　盾构法工程施工安全事故类型分布图

典型案例：2011 年 8 月，区间下穿既有铁路时，现场监护职工发现机车出库线与入库线间出现塌方。塌方处位于 641 号道岔至 1252 号道岔（出库线）和 601 号道岔至 1256 号道岔（入库线）两线间，塌方上口直径约 3. 5 m，深度约 5 m，事故未造成人员伤亡。现场塌陷如图 1. 3-17 所示。

图 1. 3-17　现场塌陷照片

事故原因：

（1）盾构掘进过程中土压控制偏低，导致出土量偏大，引起地层损失。

（2）区域地质条件复杂，表层有厚度约 5 ~ 7 m 杂填土及圆砾填土，较为松散，且地层中存在空洞，盾构推进时对其产生扰动，诱发其失稳。

第2章　北京轨道交通安全风险管理体系发展历程

2.1　北京轨道交通安全风险管理体系发展历程

2008年北京市轨道建设管理有限公司牵头，施工、监理、设计、勘察、第三方监测、安全风险咨询单位参加编制完成国内首个轨道交通工程建设安全风险技术管理体系文件，同步建成施工安全风险监控管理平台，并于2008年12月正式运行。在体系运行的10年中，不断总结经验，于2013年和2018年，先后完成两次体系升级。从2008年开始，在安全风险体系的管理下，北京轨道交通建设管理有限公司完成了6号线一期、6号线二期、6号线西延、7号线、8号线二期、8号线三期、9号线、10号线二期、14号线、大兴线、昌平线、房山线等线路的建设工作，至2018年12月31日完成建设轨道交通建设里程280 km，目前在建轨道交通建设221 km。安全风险体系建设历程大致分为四个阶段。

(1)研究建设阶段(2004~2008年)：2004~2008年，北京地铁4、5、10号线同时施工，建设规模增大，建设任务繁重，工程周边环境复杂。立项开展了地铁施工邻近既有线、桥梁、建筑、管线等周边环境影响的系列研究，2005年编制完成《地铁施工对邻近环境的评估与控制指南》，总结编制了《工程建设环境安全技术管理体系》。2005~2007年，大兴线、亦庄线、9号线等多条线路相继开工，风险管控压力增大，期间曾发生了几起重大的安全事故。2007年5月开始，北京市轨道交通建设管理有限公司结合自身多年的地铁建设管理经验和当前大规模、高速度地铁建设可能存在的安全风险问题，组织北京地铁建设中有代表性、具有丰富经验和科研力量的勘察设计单位、施工单位、咨询单位和高校等，向北京市科学技术委员会申请北京地铁工程建设安全风险控制及信息平台的研究和应用的重大科技研究项目。经北京市科学技术委员会对立项方案组织多方评审，于2007年8月22日通过专家论证，2007年10月签发了项目任务书，项目名称为《北京地铁工程建设安全风险控制及信息平台的研究和应用》，经过系统研究实现如下成果：

①形成一套系统的、贯穿北京地铁建设土建实施全过程的安全风险管理体系。

②形成一套系统的、贯穿北京地铁建设土建实施全过程安全风险管理的技术标准体系。

③开发建立一套适合于北京地铁建设特点的安全风险监控、评估预警与管理的信息化管理平台(含软件、硬件系统)。

在科研课题的支持下，于 2008 年 10 月，编制完成第一版《轨道交通工程建设安全风险技术管理体系》，并完成了安全风险信息化管理平台的研发，首次形成贯穿地铁建设(地下工程)土建实施全过程(勘察→设计→施工)的安全风险技术管理体系及安全风险管理信息平台，开创了国内这一领域的先河，成果获北京市科技进步一等奖。

第一版体系确立了以风险工程管理为基础，以“预防预控”为核心的安全风险管理理念，如图 2.1-1 所示。对风险工程类别和级别进行了定义，制定了预警的分类和级别，初步明确了安全风险管理的各方职责，明确了施工各阶段安全风险技术管理的主要内容，主要包括 9 章，13 个附件。

图 2.1-1　安全风险技术管理体系和安全风险监控系统(1.0 版)

(2)第一版体系运行提升阶段(2008~2013 年):2008~2011 年，经过三年的应用，安全风险技术管理体系和平台应用取得了较好的管控效果，也积累了经验。2011 年 10 月启动体系第一次修编，2013 年 6 月，修编完成第二版体系文件。该版体系是在第一版体系的基础上进行完善和提升，共分三篇，累计 33 章，主要包括安全风险管理总论，安全风险控制技术指南，安全风险管理办法三大部分，如图 2.1-2 所示。

(3)第二版体系运行提升阶段(2013~2017 年):2013~2017 年，经过五年的应用，现场安全风险管控状态得到很大改观，各项风险管控工作趋于规范化和制度化，管控过程更加全面。在第二版安全风险技术管理体系的基础上，于 2013 年 10 月启动安全风险管控体系的地标编制工作，通过近三年的努力，于 2016 年 4 月发布，成功将体系文件升级为北京市地方标准，填补了本市这一领域的地方标准空白，如图 2.1-3 所示。

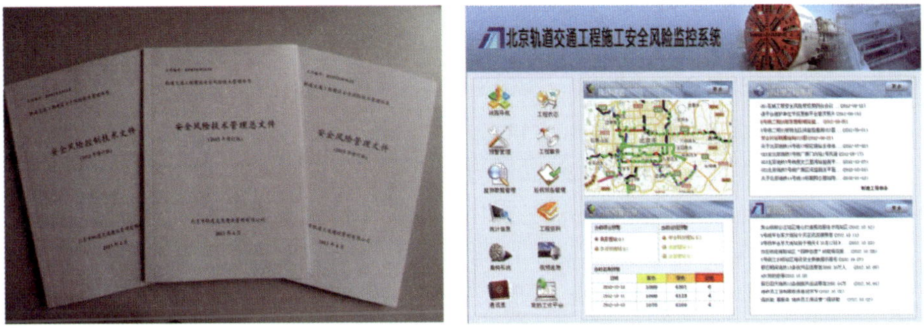

图 2.1-2　安全风险技术管理体系和安全风险监控系统(2.0 版)

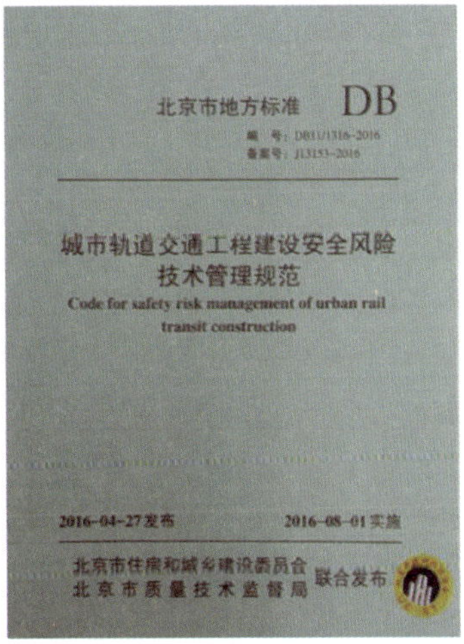

图 2.1-3　北京市地方标准：安全风险技术管理规范

随着“十三五”期间承担轨道交通建设任务增加，现场安全风险管控形势趋于严峻。2015 年 11 月，为适应“十三五”期间安全风险管控新形势的要求，启动第三版安全风险技术管理体系升级工作，至 2017 年底编制完成。

(4)第三版体系运行阶段(2018～至今)

第三版体系(2018 版体系)自 2018 年 5 月正式实施，应用于 10 余条北京市轨道交通工程建设，2018 版体系延续了前两版体系“预防预控”的核心思想，在前两版体系的基础上，进一步创新从设计到施工阶段的安全风险辨识及控制手段，完善升级风险管控体系。

“2018 版体系”贯穿了风险辨识、风险评估、风险控制三个风险管控阶段，从勘察设计、监测、巡视、视频监控、预警及状态评价、信息报送、信息平台、盾构专项、履约考核 9 个方面进行管理升级和创新，涵盖了轨道交通土建工程建设从勘察设计到施工的全过程风险管理工作。体系延续了“预防预控、技术管理”核心思想，在前两版体系的基础上，建立以风险工程为管控对象，实现以预警为基础，以安全风险状态评价为核心，以履约考核为保障手段高效有机运转的管控体系。“2018 版体系”主要架构如图 2.1-4 所示。“2018 版体系”的创新点如下：

①创建以安全风险状态评价为核心的综合预警发布机制，强化现场预防预控及综合分析效果，将大幅提升风险处置力度。

②建立全方位的履约考评机制，强化日常工作检查及平台自动考核监测，确保安全风险管控各项措施有效落实。在此基础上明确各级风险管控单位的监督职责，建立各单位安全风险标准化作业手册，形成风险齐抓共管、职责分明的管理体系。

③夯实风险监控信息采集环节，形成以工作监测、风险巡视、视频监控标准化作业模式，将规范安全风险信息采集行为，同时通过信息化手段，采取监测数据即时上传、巡视信息即时上报、视频图像即时查看、盾构数据即时传输、预警信息即时发布等手段，完善信息上报环节，将实现安全风险监控信息各层级即时共享，提高管控效率，有利于及时发现和处置风险。

④健全安全风险标准化设计系统，将风险工程设计标准、风险工程分级调整程序、设计参与风险管控内容、第三方监测设计标准进行统一设定，提升安全风险预防预控的效果。

⑤建立动态化安全风险监控平台，以工程进度及安全风险地图为核心，实现安全风险动态化信息管控。同时制定各类风险信息的统一属性，为海量信息大数据发掘奠定基础，将实现风险管控信息有效积累和应用。

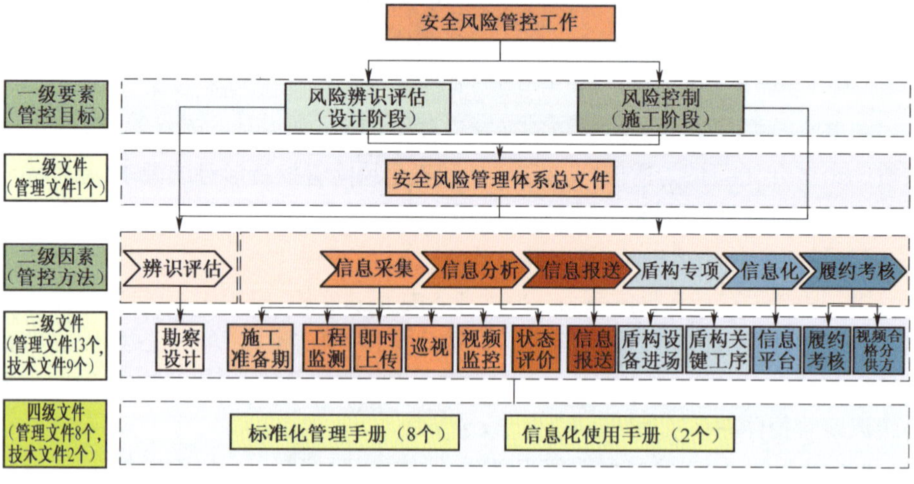

图 2.1-4　“2018 版体系”主要架构

“2018 版体系”共包括管理文件和技术文件 33 个，其中二级管理文件 1 个（安全风险管理体系总文件）；三级管理文件 22 个，包括管理文件 13 个，技术管理文件

9个;四级文件10个,包括标准化管理手册8个,信息化使用手册2个。

安全风险技术管理体系针对7项不同的风险管控阶段,采取了55项不同的风险管控手段。共设置管控流程69项,形成成果文件149类。主要风险管理要素见表2.1-1。

表2.1-1 风险管理要素表

风险管控阶段	风险管控要素	管控手段	流程	成果文件
风险辨识与评估	2	9	8	8
风险信息采集	3	12	33	29
风险信息分析与状态评价	2	7	7	8
风险信息报送	1	2	5	84
信息化工作要求	1	4	5	0
盾构专项管理	2	12	1	8
履约管理	3	9	10	12
合计	14	55	69	149

2018版风险体系主要管控阶段:

①风险辨识与评估阶段

设计阶段风险辨识形成风险工程分级清单,制定风险控制措施(专项设计),施工准备期组织现场核查、评估、分级调整、录入信息平台。设计阶段安全风险管理内容如图2.1-5所示。

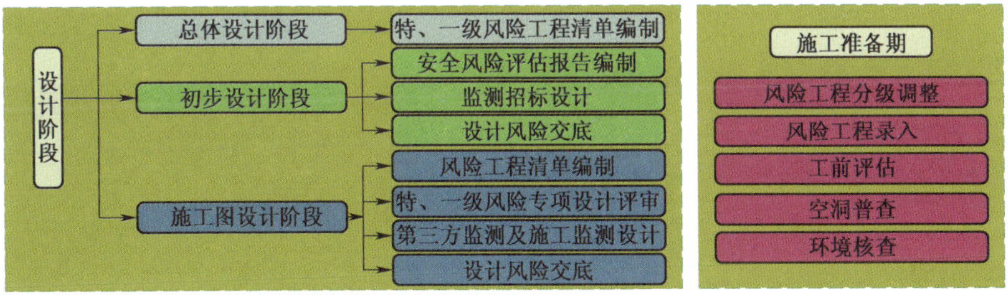

图2.1-5 设计阶段安全风险管理内容

②风险信息采集

通过监测、巡视、视频监控对现场施工状态进行全面监控。安全风险信息采集内容如图2.1-6所示。

③风险信息评价

建立了预警分析和安全风险状态评价机制,强化安全风险管控的“预防、预控”功能,提升了现场风险的预控及处置力度。工程预警分析、处置流程如图2.1-7

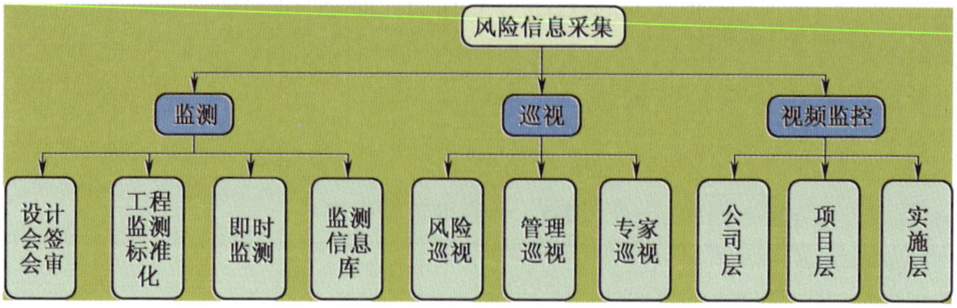

图 2.1-6　安全风险信息采集内容

所示，安全风险状态评价流程如图 2.1-8 所示。

图 2.1-7　工程预警分析、处置流程

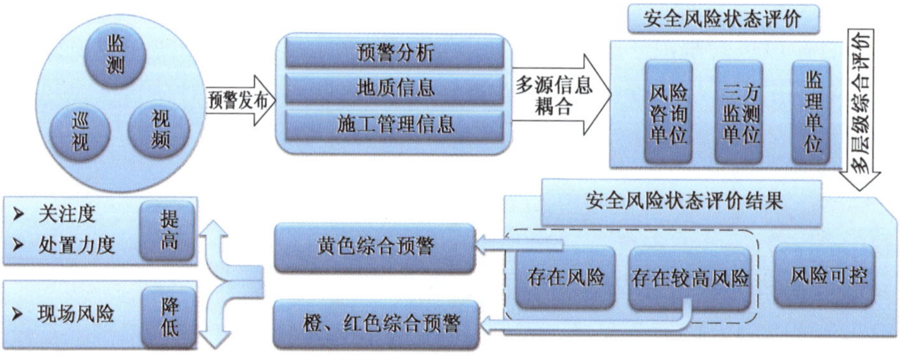

图 2.1-8　安全风险状态评价流程

④风险信息报送

系统梳理体系运行下安全风险参建单位所需报送的各类风险信息，确定报送时间、报送单位、接收单位，明确各方管控职责。安全风险信息报送内容如图 2.1-9 所示。

⑤信息化管理

施工安全风险监控系统、盾构施工实施管理系统、即时监测上传系统、视频监控系统四个信息化平台进行风险信息采集及实施监控。安全风险信息化平台如图 2.1-10 所示。

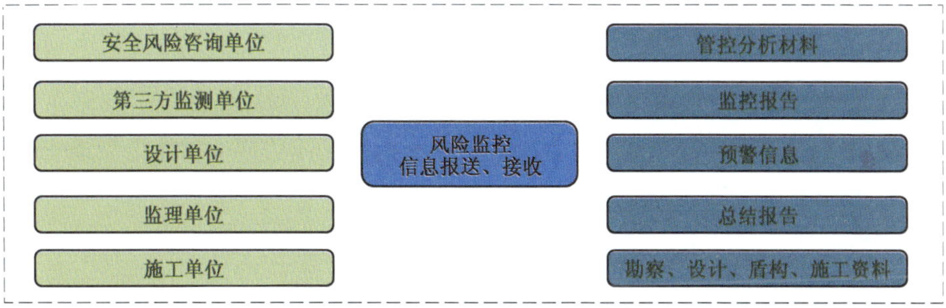

图 2.1-9　安全风险信息报送内容

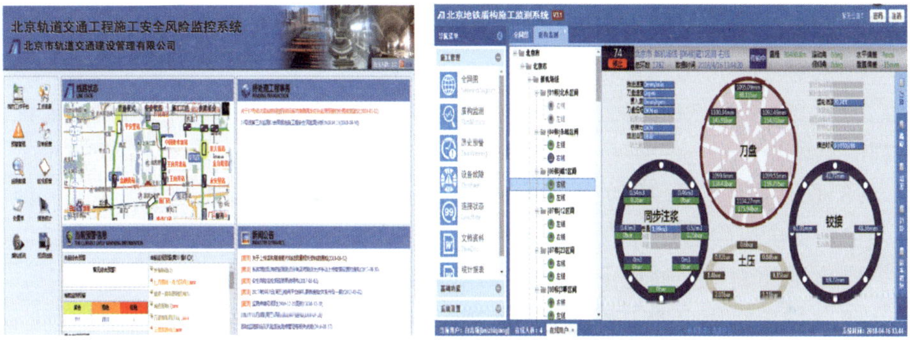

图 2.1-10　安全风险信息化平台

⑥履约考核

针对风险各参建单位体系职责履行情况制定履约考核细则,通过日常、季度、年度履约情况进行全过程考核,建立违约责任追究机制对违约行为进行处罚。安全风险履约考核内容如图 2.1-11 所示。

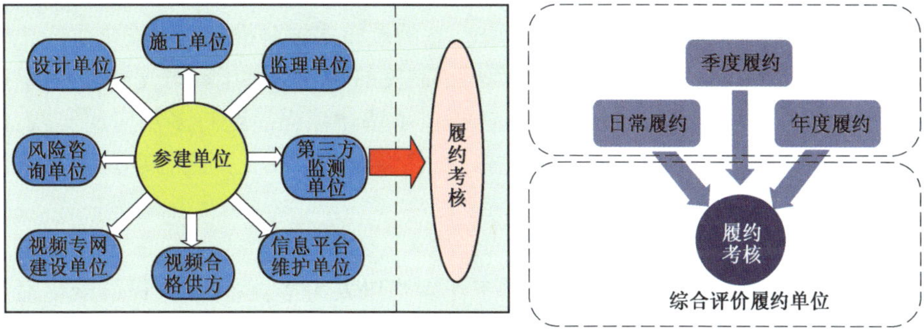

图 2.1-11　安全风险履约考核内容

2.2 安全风险管理法律法规要求

轨道交通建设参建单位多,建设多在繁华城区,属于高风险行业,易发重大安全事故,因此,必须推行安全风险管理。近年来国家法律法规也对轨道交通安全管理进行了要求和规范。

主要法律法规如下:

(1)《中华人民共和国安全生产法》;

(2)《中华人民共和国建筑法》;

(3)《安全生产许可证条例》;

(4)《建设工程安全生产管理条例》;

(5)《城市轨道交通工程安全质量管理暂行办法》;

(6)《标本兼治遏制重特大事故工作指南》;

(7)《国务院安委会办公室关于实施遏制重特大事故工作指南构建双重预防机制的意见》;

(8)《北京市人民政府关于推进安全预防控制体系建设的意见》。

主要安全风险管理规范规程如下:

(1)《城市轨道交通地下工程建设风险管理规范》(GB 50652—2011);

(2)《城市轨道交通工程监测技术规范》(GB 50911—2013);

(3)《城市轨道交通土建工程设计安全风险评估规范》(DB 11/1067—2014);

(4)《穿越城市轨道交通设施检测评估及监测技术规范》(DB 11/T 915—2012);

(5)《城市轨道交通工程建设安全风险技术管理规范》(DB 11/ 1316—2016)。

2.2.1 《中华人民共和国安全生产法》

《中华人民共和国安全生产法》(以下简称"安全生产法")是我国安全生产领域的法制基础,于2002年11月1日实施,它的颁布实施对推动我国安全生产工作法制化具有重要意义,为后续安全生产规章制度的建立提供了有力支持,为各级政府安全生产监督管理部门开展监督执法提供了法律依据。经过多年应用实践,该法规分别于2009年、2014年进行两次修订,已经成为各类生产经营单位及其从业人员实现安全生产所必须遵循的行为准则。

1. 法律理念

(1)以人为本,明确提出安全生产工作应当以人为本,以保障人民群众生命和财产安全为第一要位。

(2)坚持安全发展,将坚持安全发展写入了总则,对于坚守红线意识、进一步加强安全生产工作、实现安全生产形势根本性好转的奋斗目标具有重要意义。

(3)安全第一、预防为主、综合治理,明确安全生产的重要地位、主体任务和实现安全生产的根本途径。

(4)领导负责,生产经营单位的主要负责人对本单位的安全生产工作全面负责。

(5)依法监督,各级人民政府相关职能部门依法实施安全生产监督职责。

2. 安全生产管理制度建设

(1)规定国务院和县级以上地方人民政府应当建立健全安全生产工作协调机制,及时协调、解决安全生产监督管理中的重大问题。

(2)明确生产经营单位安全生产管理机构、人员的设置、配备标准和工作职责,生产经营单位做出涉及安全生产的经营决策,应当听取安全生产管理机构以及安全生产管理人员的意见。

3. 节　　选

(1)第一条　为了加强安全生产工作,防止和减少生产安全事故,保障人民群众生命和财产安全,促进经济社会持续健康发展,制定本法。

(2)第三条　安全生产工作应当以人为本,坚持安全发展,坚持安全第一、预防为主、综合治理的方针,强化和落实生产经营单位的主体责任,建立生产经营单位负责、职工参与、政府监管、行业自律和社会监督的机制。

(3)第五条　生产经营单位的主要负责人对本单位的安全生产工作全面负责。

(4)第十八条　生产经营单位的主要负责人对本单位安全生产工作负有下列职责:

(一)建立、健全本单位安全生产责任制;

(二)组织制定本单位安全生产规章制度和操作规程;

(三)组织制定并实施本单位安全生产教育和培训计划;

(四)保证本单位安全生产投入的有效实施;

(五)督促、检查本单位的安全生产工作,及时消除生产安全事故隐患;

(六)组织制定并实施本单位的生产安全事故应急救援预案;

(七)及时、如实报告生产安全事故。

(5)第十九条　生产经营单位的安全生产责任制应当明确各岗位的责任人员、责任范围和考核标准等内容。生产经营单位应当建立相应的机制,加强对安全生产责任制落实情况的监督考核,保证安全生产责任制的落实。

(6)第二十条　生产经营单位应当具备的安全生产条件所必需的资金投入,由生产经营单位的决策机构、主要负责人或者个人经营的投资人予以保证,并对由于安全生产所必需的资金投入不足导致的后果承担责任。

(7)第二十二条　生产经营单位的安全生产管理机构以及安全生产管理人员履行下列职责：

(一)组织或者参与拟订本单位安全生产规章制度、操作规程和生产安全事故应急救援预案；

(二)组织或者参与本单位安全生产教育和培训，如实记录安全生产教育和培训情况；

(三)督促落实本单位重大危险源的安全管理措施；

(四)组织或者参与本单位应急救援演练；

(五)检查本单位的安全生产状况，及时排查生产安全事故隐患，提出改进安全生产管理的建议；

(六)制止和纠正违章指挥、强令冒险作业、违反操作规程的行为；

(七)督促落实本单位安全生产整改措施。

(8)第二十三条　生产经营单位的安全生产管理机构以及安全生产管理人员应当恪尽职守，依法履行职责。

(9)第二十四条　生产经营单位的主要负责人和安全生产管理人员必须具备与本单位所从事的生产经营活动相应的安全生产知识和管理能力。

(10)第二十八条　生产经营单位新建、改建、扩建工程项目(以下统称建设项目)的安全设施，必须与主体工程同时设计、同时施工、同时投入生产和使用。安全设施投资应当纳入建设项目概算。

(11)第三十条　建设项目安全设施的设计人、设计单位应当对安全设施设计负责。

(12)第三十二条　生产经营单位应当在有较大危险因素的生产经营场所和有关设施、设备上，设置明显的安全警示标志。

(13)第三十七条　生产经营单位对重大危险源应当登记建档，进行定期检测、评估、监控，并制定应急预案，告知从业人员和相关人员在紧急情况下应当采取的应急措施。

(14)第四十一条　生产经营单位应当教育和督促从业人员严格执行本单位的安全生产规章制度和安全操作规程；并向从业人员如实告知作业场所和工作岗位存在的危险因素、防范措施以及事故应急措施。

2.2.2 《中华人民共和国建筑法》

《中华人民共和国建筑法》自 1998 年 3 月 1 日起施行，包括总则、建筑许可、建筑工程发包与承包、建筑工程监理、建筑安全生产管理、建筑工程质量管理、法律责任、附则共 8 章 85 条，其中第五章“建筑安全生产管理”共 16 条，对于建筑行业安全生产管理做出明确规定。

1. 基本方针

建筑工程安全生产管理必须坚持安全第一、预防为主的方针。所谓坚持安全第一、预防为主的方针，是指在建筑生产活动中，应当将保证生产安全放到第一位，在管理、技术等方面采取能够确保生产安全的预防性措施，防止建筑工程事故发生。

2. 安全生产责任制

建筑工程安全生产管理必须建立健全安全生产的责任制度和群防群治制度。所谓安全生产责任制度，是指将各项保障生产安全的责任具体落实到各有关管理人员和不同岗位人员身上的制度。这一制度是安全第一、预防为主方针的具体体现，只有明确安全责任，分工负责，才能形成完整有效的安全管理体系，激发每个人保证生产安全的责任感，严格执行保证建筑生产安全的法律、法规和安全规程、技术规范，防患于未然，减少和杜绝建筑生产活动中的安全事故，为建筑生产活动创造一个良好的环境。

3. 安全生产教育培训

建筑施工企业应当建立健全安全生产教育培训制度，加强对职工安全生产的教育培训；未经安全生产教育培训的人员，不得上岗作业。安全生产教育培训制度是保证安全生产的重要手段。

4. 节　　选

(1)第三十六条　建筑工程安全生产管理必须坚持安全第一、预防为主的方针，建立健全安全生产的责任制度和群防群治制度。

(2)第三十七条　建筑工程设计应当符合按照国家规定制定的建筑安全规程和技术规范，保证工程的安全性能。

(3)第三十八条　建筑施工企业在编制施工组织设计时，应当根据建筑工程的特点制定相应的安全技术措施；对专业性较强的工程项目，应当编制专项安全施工组织设计，并采取安全技术措施。

(4)第三十九条　建筑施工企业应当在施工现场采取维护安全、防范危险、预防火灾等措施；有条件的，应当对施工现场实行封闭管理。

(5)第四十三条　建设行政主管部门负责建筑安全生产的管理，并依法接受劳动行政主管部门对建筑安全生产的指导和监督。

(6)第四十四条　建筑施工企业必须依法加强对建筑安全生产的管理，执行安全生产责任制度，采取有效措施，防止伤亡和其他安全生产事故的发生。

建筑施工企业的法定代表人对本企业的安全生产负责。

(7)第四十五条　施工现场安全由建筑施工企业负责。实行施工总承包的，由总承包单位负责。分包单位向总承包单位负责，服从总承包单位对施工现场的安全管理。

(8)第四十六条　建筑施工企业应当建立健全劳动安全生产教育培训制度，加强对职工安全生产的教育培训；未经安全生产教育培训的人员，不得上岗作业。

2.2.3 《安全生产许可证条例》

《安全生产许可证条例》是我国安全生产法律体系中一个非常重要的行政法规。其基本立法目的是为了严格规范安全生产条件，进一步加强安全生产监督管理，防止和减少生产安全事故。条例所确立的安全生产许可制度虽然是一项新的基本制度，但与其他有关安全生产的现行法律、法规仍然是互相衔接的。与我国安全生产领域的基本法《安全生产法》的基本精神是完全一致的，可以说是对安全生产法有关规定的具体化。

1. 安全生产许可制度

国家对矿山企业、建筑施工企业和危险化学品、烟花爆竹、民用爆炸物品生产企业实行安全生产许可制度。企业未取得安全生产许可证的，不得从事生产活动。

2. 监督检查

安全生产许可证颁发管理机关应当加强对取得安全生产许可证的企业的监督检查，发现其不再具备本条例规定的安全生产条件的，应当暂扣或者吊销安全生产许可证。

3. 节　　选

(1)第二条　国家对矿山企业、建筑施工企业和危险化学品、烟花爆竹、民用爆炸物品生产企业(以下统称企业)实行安全生产许可制度。企业未取得安全生产许可证的，不得从事生产活动。

(2)第十四条　企业取得安全生产许可证后，不得降低安全生产条件，并应当加强日常安全生产管理，接受安全生产许可证颁发管理机关的监督检查。

安全生产许可证颁发管理机关应当加强对取得安全生产许可证的企业的监督检查，发现其不再具备本条例规定的安全生产条件的，应当暂扣或者吊销安全生产许可证。

2.2.4 《建设工程安全生产管理条例》

《建设工程安全生产管理条例》(以下简称“条例”)是建设工程行业全面贯彻《中华人民共和国安全生产法》和《中华人民共和国建筑法》的具体表现，条例充分领会国家法律立法精神，结合建设工程的实际情况，解决了建设工程安全生产实践中突出存在的问题，将两部法规规定的安全生产制度充分落到实处。

1. 明确建设工程参建各方安全职责

建设工程涉及的主体较多，如建设单位、勘察单位、设计单位、施工单位、监理单位及其他如设备租赁、拆装单位等，还存在分包、转包等情况。条例对参建单位之间、总包单位和分包单位之间安全生产责任进行了明确规定。

2. 建设工程安全生产监督管理

由负责安全生产监督管理的部门对本行政区域的建设工程安全生产工作实施综合监督管理，由建设行政主管部门对本行政区域内的建设工程安全生产实施监督管理。

3. 节　　选

(1)第三条　建设工程安全生产管理，坚持安全第一、预防为主的方针。

(2)第四条　建设单位、勘察单位、设计单位、施工单位、工程监理单位及其他与建设工程安全生产有关的单位，必须遵守安全生产法律、法规的规定，保证建设工程安全生产，依法承担建设工程安全生产责任。

(3)第二十一条　施工单位主要负责人依法对本单位的安全生产工作全面负责。施工单位应当建立健全安全生产责任制度和安全生产教育培训制度，制定安全生产规章制度和操作规程，保证本单位安全生产条件所需资金的投入，对所承担的建设工程进行定期和专项安全检查，并做好安全检查记录。

施工单位的项目负责人应当由取得相应执业资格的人员担任，对建设工程项目的安全施工负责，落实安全生产责任制度、安全生产规章制度和操作规程，确保安全生产费用的有效使用，并根据工程的特点组织制定安全施工措施，消除安全事故隐患，及时、如实报告生产安全事故。

(4)第二十三条　施工单位应当设立安全生产管理机构，配备专职安全生产管理人员。

专职安全生产管理人员负责对安全生产进行现场监督检查。发现安全事故隐患，应当及时向项目负责人和安全生产管理机构报告；对违章指挥、违章操作的，应当立即制止。

专职安全生产管理人员的配备办法由国务院建设行政主管部门会同国务院其他有关部门制定。

(5)第二十四条　建设工程实行施工总承包的，由总承包单位对施工现场的安全生产负总责。

(6)第四十九条　施工单位应当根据建设工程施工的特点、范围，对施工现场易发生重大事故的部位、环节进行监控，制定施工现场生产安全事故应急救援预案。实行施工总承包的，由总承包单位统一组织编制建设工程生产安全事故应急救援预案，工程总承包单位和分包单位按照应急救援预案，各自建立应急救援组织或者配备应急救援人员，配备救援器材、设备，并定期组织演练。

(7)第五十条　施工单位发生生产安全事故，应当按照国家有关伤亡事故报告和调查处理的规定，及时、如实地向负责安全生产监督管理的部门、建设行政主管部门或者其他有关部门报告；特种设备发生事故的，还应当同时向特种设备安全监督管理部门报告。接到报告的部门应当按照国家有关规定，如实上报。

实行施工总承包的建设工程，由总承包单位负责上报事故。

(8)第五十一条　发生生产安全事故后，施工单位应当采取措施防止事故扩大，保护事故现场。需要移动现场物品时，应当做出标记和书面记录，妥善保管有关证物。

2.2.5 《城市轨道交通工程安全质量管理暂行办法》

《城市轨道交通工程安全质量管理暂行办法》是以上位法为依据，结合城市轨道交通现状、特点及趋势，将各地在地铁建设过程中所形成的成熟、共性的管理经验，好的管理制度，总结提炼纳入办法进行全面推广。办法的制定进一步健全、明确参建各方职责，在权责一致的基础上充分发挥各方积极性和能动性，强化前期工作、过程监控和事后处置，形成管理闭环。

1. 周边环境调查与保护

城市轨道交通工程特点决定了与周边环境存在深入联系，周边环境既是建设工程的风险源，又是工程建设的承险体，无论是从保证工程建设的安全质量、进度、成本，还是从确保周边环境安全与正常使用，以及维护社会稳定考虑，工程建设期对周边环境进行现状调查和安全保护十分必要。因此办法对建设单位提供工程周边环境资料、施工单位对工程周边环境进行核查、设计阶段对重要环境风险进行专项设计等工作进行了明确规定。

2. 安全风险评估

城市轨道交通工程以地下工程为主，工程环境、工程地质及水文情况复杂，发生事故后果严重，属于高风险工程。规划可研等前期工作对不良地质、复杂周边环境的安全风险考虑不周使得安全风险后置到设计、施工阶段，在不断累积过程中无形加大了施工风险。因此办法要求建设单位应在初步设计阶段组织开展城市轨道交通工程安全质量风险评估并组织专家论证。

3. 第三方监测

工程监测是安全风险管理的重要手段，第三方监测由建设单位委托有资质的单位对周边环境和自身工程实施独立、公正的监测，为施工监测数据验证、对比分析、风险预警、险情处置和事故分析等提供支持。当前大多数轨道交通建设城市开展了第三方监测，但工作内容、责任界定和管理模式等存在差异，需要进一步规范统一。因此办法对第三方监测单位的资质、管理制度、职责、方案编制等内容进行了详细规定。

4. 关键节点条件验收

关键节点的条件验收是安全风险预控的重要手段，因此办法要求监理单位应当会同有关单位按照施工技术标准规范和有关规定进行隐蔽工程和分部分项工程验收,并对工程重要部位和环节进行施工前条件验收。

5. 节　　选

(1)第五条　建设单位对工程项目管理负总责。

建设单位必须建立健全安全质量责任制和管理制度,设置安全质量管理机构,配备与建设规模相适应的安全质量管理人员,对勘察、设计、施工、监理、监测等单位进行安全质量履约管理。

(2)第六条　建设单位应当在初步设计阶段组织开展城市轨道交通工程安全质量风险评估(含建设工期、造价对工程安全质量影响性评估)并组织专家论证,同时按照有关规定组织专家进行抗震、抗风等专项论证。

建设单位在报送初步设计文件审查时,应当提交经专家论证的安全质量风险评估报告。

(3)第八条　工程周边环境严重影响工程实施或因工程施工可能造成其严重损害的,建设单位应当在确定线路规划方案时尽可能予以避让。无法避让且因条件所限不能进行拆除、迁移的,建设单位应当根据设计要求和工程实际,组织开展现状评估,并将现状评估报告提供给设计、施工、监理、监测等单位。

(4)第十二条　建设单位应当委托工程监测单位和质量检测单位进行第三方监测和质量检测。

(5)第十三条　建设单位在编制工程概算时,应当包括安全质量风险评估费、工程监测费、工程周边环境调查费及现状评估费等保障工程安全质量所需的费用。

(6)第十六条　建设单位在编制工程量清单时,应当将安全措施费用单列,施工单位竞标时不得删减。

(7)第二十五条　设计单位应当对安全质量风险评估确定的高风险工程的设计方案、工程周边环境的监测控制标准等组织专家论证。

(8)第二十九条　施工单位从事城市轨道交通工程施工活动,必须具备相应资质,依法取得安全生产许可证,不得转包或者违法分包。

(9)第三十条　施工单位对工程项目的施工安全质量负责。

施工单位主要负责人对本单位施工安全质量工作全面负责,项目负责人对所承担工程项目的施工安全质量负责。

施工单位主要负责人、项目负责人和专职安全生产管理人员应当依法取得安全生产考核合格证书。项目负责人应当具有相应执业资格和城市轨道交通工程施工管理工作经验。建筑施工特种作业人员应当持证上岗。

(10)第三十一条　施工单位必须建立健全安全质量责任制和管理制度,加强对施工现场项目管理机构的管理。

(11)第三十七条　施工单位应当按照有关规定对危险性较大分部分项工程(含可能对工程周边环境造成严重损害的分部分项工程,下同)编制专项施工方案。对超过一定规模的危险性较大分部分项工程专项施工方案应当组织专家论证。

专项施工方案应当根据设计处理措施、专项设计和工程实际情况编制，并经施工单位技术负责人和总监理工程师签字后实施，不得随意变更。

(12)第四十条　施工单位应当对工程支护结构、围岩以及工程周边环境等进行施工监测、安全巡视和综合分析，及时向设计、监理单位反馈监测数据和巡视信息。发现异常时，及时通知建设、设计、监理等单位，并采取应对措施。

施工单位应当按照设计要求和工程实际编制施工监测方案，并经监理单位审查后实施。

(13)第四十七条　监理单位对工程项目的安全质量承担监理责任。监理单位主要负责人对本单位监理工作全面负责。项目总监理工程师对所承担工程项目的安全质量监理工作负责。

(14)第五十条　监理单位应当编制包括工程安全质量监理内容的项目监理规划，对超过一定规模的危险性较大工程编制专项安全生产监理实施细则。

(15)第五十三条　监理单位应当会同有关单位按照施工技术标准规范和有关规定进行隐蔽工程和分部分项工程验收，并对工程重要部位和环节进行施工前条件验收。

(16)第五十四条　监理单位应当检查施工监测点的布置和保护情况，比对、分析施工监测和第三方监测数据及巡视信息。发现异常时，及时向建设、施工单位反馈，并督促施工单位采取应对措施。

2.2.6 《标本兼治遏制重特大事故工作指南》

1. 指导思想

坚持标本兼治、综合治理，把安全风险管控挺在隐患前面，把隐患排查治理挺在事故前面，扎实构建事故应急救援最后一道防线。坚持关口前移，超前辨识预判岗位、企业、区域安全风险，通过实施制度、技术、工程、管理等措施，有效防控各类安全风险；加强过程管控，通过构建隐患排查治理体系和闭环管理制度，强化监管执法，及时发现和消除各类事故隐患，防患于未然；强化事后处置，及时、科学、有效应对各类重特大事故，最大限度减少事故伤亡人数、降低损害程度。

2. 主要工作目标

到2018年，构建形成点、线、面有机结合，无缝对接的安全风险分级管控和隐患排查治理双重预防性工作体系，全社会共同防控安全风险和共同排查治理事故隐患的责任、措施和机制更加精准、有效；构建形成完善的安全技术研发推广体系，安全科技保障能力水平得到显著提升；构建形成严格规范的惩治违法违规行为制度机制体系，使违法违规行为引发的重特大事故得到有效遏制；构建形成完善的安全准入制度体系，淘汰一批安全保障水平低的小矿小厂和工艺、技术、装备，安全生产源头治理能力得到全面加强;实施一批保护生命重点工程,根治一批可能诱发重特大事故的重大隐患;健全应急救援体系和应急响应机制,事故应急处置能力得到明显提升。

3. 着力构建安全风险分级管控和隐患排查治理双重预防性工作机制

(1)健全安全风险评估分级和事故隐患排查分级标准体系;

(2)全面排查评定安全风险和事故隐患等级;

(3)建立实行安全风险分级管控机制;

(4)实施事故隐患排查治理闭环管理。

2.2.7 《国务院安委会办公室关于实施遏制重特大事故工作指南构建双重预防机制的意见》

1. 总体思路

准确把握安全生产的特点和规律,坚持风险预控、关口前移,全面推行安全风险分级管控,进一步强化隐患排查治理,推进事故预防工作科学化、信息化、标准化,实现把风险控制在隐患形成之前、把隐患消灭在事故前面。

2. 工作目标

尽快建立健全安全风险分级管控和隐患排查治理的工作制度和规范,完善技术工程支撑、智能化管控、第三方专业化服务的保障措施,实现企业安全风险自辨自控、隐患自查自治,形成政府领导有力、部门监管有效、企业责任落实、社会参与有序的工作格局,提升安全生产整体预控能力,夯实遏制重特大事故的坚强基础。

2.2.8 《北京市人民政府关于推进安全预防控制体系建设的意见》

1. 指导思想

深入贯彻落实党的十八大和十八届三中、四中、五中全会精神,深入学习贯彻习近平总书记系列重要讲话和对北京工作的重要指示精神,牢固树立创新、协调、绿色、开放、共享的发展理念,大力实施安全发展战略,强化预防为主,按照"关口前移、重心下移、统筹协调、广泛动员"的原则,坚持政府推动引导、企业全面负责、社会公众参与,建立健全安全预防控制体系,全面提升城市安全生产综合治理能力,为建设国际一流的和谐宜居之都提供坚强安全保障。

2. 工作目标

到"十三五"末,基本建立起格局完善、系统完备、运行顺畅、保障高效、手段科学的安全预防控制体系,有效防范和遏制安全生产事故,综合反映本市安全生产形势的各项指标接近或达到发达国家水平。

2.2.9 主要安全风险管理规范规程条文节选

1.《城市轨道交通地下工程建设风险管理规范》(GB 50652—2011)

(1)条文 1.0.3 城市轨道交通地下工程建设风险管理,必须遵循节能、节地、保护环境和可持续发展的基本方针。

(2)条文 1.0.4 城市轨道交通地下工程建设风险管理,应从规划、可行性研究、勘察设计、施工直至竣工验收并交付使用,实施全过程的建设风险管理。

(3)条文 3.1.4 工程建设风险管理应由建设单位负责组织和实施,并以合同约定建设方的风险管理责任。

(4)条文 3.1.5 建设单位在编制概算时,应确定建设风险管理的专项费用,做到风险处置措施费专款专用。

(5)条文 3.3.4 风险辨识完成后应编制风险识别报告,说明风险辨识采用的方法、辨识范围、参与人员及风险清单。

(6)条文 3.5.2 工程建设风险控制方案应由建设单位负责组织,工程建设各方共同参加,按照风险处置对策编制风险控制方案。

(7)条文 9.1.2 城市轨道交通地下工程施工必须实施动态风险管理,利用现场监测数据和风险记录,实现施工风险动态跟踪与控制。

2.《城市轨道交通工程监测技术规范》(GB 50911—2013)

(1)条文 3.1.1 城市轨道交通地下工程应在施工阶段对支护结构、周围岩土体及周边环境进行监测。

(2)条文 9.1.1 城市轨道交通工程监测应根据工程特点、监测项目控制值、当地施工经验等制定监测预警等级和预警标准。

(3)条文 9.1.5 城市轨道交通工程施工过程中,当监测数据达到预警标准时,必须进行警情报送。

3.《城市轨道交通土建工程设计安全风险评估规范》(DB 11/1067—2014)

(1)条文 3.1.1 城市轨道交通土建工程设计阶段应进行安全风险评估。安全风险评估工作应贯穿于总体设计、初步设计和施工图设计等各阶段。

(2)条文 3.1.5 环境风险等级定为特级或一级的工程,在施工图设计阶段应进行安全风险专项设计。专项设计文件应通过专家评审。

4.《穿越城市轨道交通设施检测评估及监测技术规范》(DB 11/T 915—2012)

(1)条文 4.1.1 穿越城轨工程的初步专项设计方案应在对被穿越城市轨道交通设施工前检测评价的基础上进行。

(2)条文 4.1.2 穿越城轨工程的专家评审宜分设计安全性评审和施工安全性评审两个环节进行。设计安全性评审内容包括穿越城轨工程的初步专项设计方案、工前检测评价报告、安全评估报告和施工图专项设计等,施工安全性评审内容包括穿越城轨工程的施工方案、应急预案、城市轨道交通设施轨道防护方案、城市轨道交通设施监测方案等。并经城市轨道交通运营单位及管理部门确认。

(3)条文 8.6 穿越施工过程中,施工单位应根据施工监测及既有城市轨道交通设施监测反馈结果及时调整施工方案，满足既有城市轨道交通设施施工图专项设计提出的监测控制值及分步控制值要求。

5.《城市轨道交通工程建设安全风险技术管理规范》(DB 11/1316—2016)

(1)条文3.0.1　城市轨道交通工程建设安全风险技术管理应由建设单位组织勘察、设计、监理、施工等单位实施，并可委托具有相应资质和经验的单位提供第三方监测、安全风险咨询等技术或管理服务。

(2)条文3.0.2　工程各参建单位应根据建设管理模式和建设规模，建立健全安全风险管理责任制。

(3)条文3.0.3　建设单位应组织制定安全风险管理制度及标准，并通过合同文件明确勘察、设计、施工、监理、第三方监测、安全风险咨询等单位的安全风险管理内容、范围、目标、责任等，并依此进行履约管理。

(4)条文3.0.4　安全风险技术管理应根据建设管理模式、风险等级及预警等级等，实行分层、分级管理。

(5)条文3.0.5　城市轨道交通工程建设各阶段均应开展针对性的安全风险技术管理工作，并符合下列规定：

1)近期建设规划和可行性研究阶段应本着规避重大风险的原则，进行线路走向、车站站位的选择、布置和方案设计，开展重大安全风险因素识别和方案风险评估等工作，并应按《城市轨道交通地下工程建设风险管理规范》(GB 50652—2011)执行；

2)勘察设计阶段应本着规避和降低风险的原则，进行工程安全风险评估、多方案比选优化和风险工程设计，制定有效的风险控制措施；

3)施工阶段应本着控制风险的原则，依据设计文件、施工规范标准，编制施工文件，制定技术措施和管理手段，施工过程中严格按照审批的施工方案进行施工，加强施工组织管理，开展工程监测、现场巡视、安全风险状态评价、预警、响应及处置等施工安全风险控制工作。

(6)条文3.0.6　当采用新技术、新工艺、新材料、新设备时，工程设计中应进行专项安全风险评估，施工中应加强安全风险管理工作。

(7)条文3.0.7　工程概算编制时，应列入第三方监测、安全风险咨询、信息系统与视频监控系统建设及运行维护、周边环境调查等安全风险技术管理所必需的费用。

(8)条文5.1.2　施工阶段安全风险管理应符合下列规定：

1)应开展工程监测、现场巡视、视频监控等监控工作；

2)应分析各类监控信息；

3)应进行安全风险状态评价、预警、响应、处置、消警等安全风险控制工作；

4)应形成相关风险管理记录。

第3章　安全风险管理理论

“风险”一词早在十七世纪就已经出现,它来自西班牙语的航海技术,意思是指航海时遇上危机或触礁,反映了资本主义早期商贸活动中的不确定性。目前,对风险科学方面基础性的研究主要集中在对风险概念理解、风险评估流程、风险感知等方面。其中风险概念的研究一直是热烈讨论的话题。

从某种程度上看,对风险基本概念理解的模糊正是目前风险应用研究中的迫切需要解决的问题之一。在风险流程研究方面,虽然风险评估的基本流程早已确定,有研究机构甚至尝试给出了“标准流程”(AIRMIC,2002),但究竟通过怎样的方法和流程才更有利于提高评估的结果,尤其是反映风险承担者的真实意愿,一直是风险研究的关键问题之一。

城市轨道交通工程领域的风险研究已经取得了一定的成果,对风险基本概念、风险评估工作的流程等方面逐渐形成了共识,对规范风险评估工作,促进工程风险管理工作在城市轨道交通建设过程中的开展具有积极的意义。

3.1　工程风险

3.1.1　风险的定义

风险一词在字典中的解释是“损失或伤害的可能性”。一般而言,风险的基本含义是生产目的与劳动成果之间的不确定性。对这一基本概念,在经济学家、统计学家、决策理论家和保险学者中尚无一个适用于他们各个领域的、一致公认的定义。

风险一词包括了两个方面的含义:一是指风险意味着出现了损失,或者是未实现预期的目标;二是指这种损失出现与否是一种不确定性随机现象,可以用概率表示出现的可能程度,但不能对出现与否做出确定性判断。

《城市轨道交通地下工程建设风险管理规范》(GB 50652—2011)将风险定义为,不利事件或事故发生的概率(频率)及其损失的组合。城市轨道交通工程风险主要包括工程自身风险和周边环境风险两部分内容。

3.1.2　风险发生机理

风险分析是一个非常复杂的课题,应针对不同的问题采用不同的分析模式,而分析模式与风险的产生机理相关。在对风险产生机理进行描述之前，先对本章中用到的几个名词做一下解释。

1. 孕险环境

所谓孕险环境，指潜发生事故的各种工程场地区域、周边环境、施工工艺及管理方案等。工程施工中，存在不良地质状况的土层环境，地下水文情况，施工路段附近的路面、建（构）筑物、地下管线等均构成了孕险环境。工程的周边环境条件即为周边环境风险的孕险环境。

2. 致险因子

致险因子是导致工程风险发生的直接因素，如各种施工方案、施工技术、施工设备、施工操作及人员活动等。它与孕险环境构成了风险事故的两个必备要素。如果说孕险环境是风险的基础，是一个火药桶，那么致险因子就可以说是风险的外因，是导火索。工程施工控制不力等造成周围地层变形过大等即为引发周边环境工程事故的致险因子。

3. 风险事故

风险事故是在孕险环境和致险因子作用下，发生的可能造成工程出现经济损失、人员伤亡、环境影响、工期延误或耐久性降低等不利事件。这些事件有时可能比较严重，会被称为工程事故，但更多的情况下，只是一些会造成损失的工程问题。

4. 承险体

承险体是指承担风险损失的具体对象，如人员、机械设备、工程结构、建（构）筑物、路面系统、地下管线等，包括社会群体、生态环境等。各类承险体构成了整个项目的承险体系统。

5. 易损性

承险体的易损性指承险体抵抗损失的能力，换句话说，就是风险一旦来临，可能发生的损坏程度。易损性分析的关键目标是得到承载体的最大损失可能。一般情况下，把超越某损失值的概率小于5%的损失作为承载体的最大损失可能。对于承险体的损失分布，即0.95分位数值为最大损失。

6. 风险损失

风险损失是指风险事故发生后所产生的一系列问题，包括人员伤亡、环境影响、经济损失和工期延误等。由于风险分析是事前进行，风险损失的分析就带有预测的成分。而且，风险损失也不一定就是一种，可能牵扯到承险体多方面的损失。风险损失可分为直接损失和间接损失。直接损失是指对正在进行的工程项目所造成的损失，这种损失并不一定会马上表现出来；间接损失是指由于工程的建设、运营而造成的其他对象的损失。

7. 风险效益

所谓风险效益是指对风险事故采取某项措施而产生的风险改善效果，也即风险的减小程度。风险效益的产生来自两方面的原因,一个是风险概率的降低,另一个是风险损失的减少。相对来说,后者比较难以控制,因此,风险效益主要来自对孕险环境和致险因子的控制,从而达到降低风险概率及风险损失的目的。

8. 风险成本

风险成本可分为广义风险成本与狭义风险成本。广义的风险成本,既包括风险本身造成的损失费用,也包括对风险的前期预防费用、风险实际损失以及后续的风险处置费用;狭义的风险成本仅仅指风险发生时引发的实际损失。

城市轨道交通工程的风险事故产生机理可以简单地描述为:由于孕险环境的存在,加上致险因子的诱导,就有可能引发风险事故的发生,进一步对各种承载体造成损失。风险事故的损失分析由于是在事故发生前进行的,对项目决策者来说属于潜在损失。而这种潜在损失是不确定的,同时随着工程项目的不断进展,这种潜在损失的状态也会随着外界情况的变化而产生波动。那么,这种潜在损失的发生、发展、变化过程也就可以认为是工程项目风险发生、发展、变化的过程。即风险分析就是以潜在损失为主体目标的研究。

3.2 城市轨道交通工程风险管理

工程施工的风险管理是为了促进城市轨道交通建设安全风险技术管理工作的系统化、规范化和信息化,最大限度地规避风险,避免人员伤亡和环境损害,降低工程成本和工期损失,为轨道交通工程建设提供安全施工的保障。

3.2.1 工程风险管理的特点

城市轨道交通风险管理的目标是用全面系统的实施手段,在第一时间内了解掌握工程进展的第一手资料、作业状况,提高事故发生的预测和防控能力,避免重大事故的发生,使安全风险降到最低。城市轨道交通工程风险管理有如下特点。

1. 工程风险分析的内容复杂

城市轨道交通工程处于复杂的地层地质体中,其具有的隐蔽性、复杂性和不确定性使风险分析的一些方法难以准确运用并确切表达。在进行项目风险分析时,既要考虑其精确性,又要考虑到成本因素,既要考虑地质风险,又要考虑环境风险,工程风险分析包含内容众多。

2. 工程风险管理需要重视风险的征兆

城市轨道交通工程风险分析时必须明确出现风险的征兆,并且对危险的基本因素实行监察,随时避免危险发生。一旦出现危险征兆,立即采取相应的补救措施,可以有效地制止危险的出现。

3. 工程风险分析方法的多样性

目前,在城市轨道交通工程行业以外已经得到大量研究和应用风险分析和评价的方法,工程的不同阶段应该采用不同的风险分析评价方法。在其结构的详细设计、施工和运营阶段,随着设计目标和各种地层条件、周围环境条件等参数的明确,借鉴已有的工程经验,可选用定量的风险评估方法。

4. 工程风险管理的动态性

从城市轨道交通工程的特点来看,工程的进展,即从工程立项、勘测、设计、施工,往往客观环境处于变化中,也就是说,从管理的角度分析是处于动态过程中,因此风险分析也要从动态管理的理念来进行。

5. 人员素质的严格要求

城市轨道交通工程要求从事风险管理的人员必须具备相关的多个专业的知识,以便于对风险的辨识和控制,否则将很难理解工程风险的性质及特点,更难通过合理的风险分析采取适当的风险防范措施。风险分析人员只有掌握了先进、科学、系统的工程风险分析方法,才能降低施工风险,确保工程进度和质量。

3.2.2 工程风险管理的一般步骤

风险虽然具有不确定性,但其本身还是有一定规律的,是可以被认识的,是可以通过一定的方法加以分析,并采取恰当的方法以降低风险。对风险因素进行分析通常要经过以下几个步骤。

1. 风险辨识

风险辨识是进行风险分析时首先进行的重要工作,只有尽可能准确地认识风险才能对其进行科学的分析。风险的辨识一般要回答以下问题:

(1)有哪些风险应当考虑

(2)引起这些风险的主要因素是什么

(3)这些风险引起后果的严重程度如何

风险辨识往往是一项很难的工作,人们一般只能基于过去的经验来预测将来可能的风险,然而,新的情况往往会出现新的风险因素。因此,在风险辨识阶段要尽可能全面地思考问题。

风险辨识是工程项目风险管理的重要内容,是整个风险管理系统的基础。所谓风险识别,是对潜在的和客观存在的各种风险进行系统的、连续的识别和归类,并分析产生风险事故的原因和过程。

风险辨识主要包括风险识别和风险筛选。其中风险识别是指调查和了解潜在的以及客观存在的各种风险;风险筛选是指掌握工程风险产生的原因条件,风险发生的机理,以及可能对工程造成损失的不确定性程度。

风险辨识过程可分为5个步骤:确定参与者、收集阅读相关资料及专家咨询、风险识别、风险筛选、编制风险辨识报告。

2. 风险估计

风险估计是风险评估的主要工作，包括风险概率估计、风险损失估计和风险量测三个方面的工作。风险概率估计是对风险事态出现不确定性的估计。风险损失估计是估算风险事件给业主带来的各种损失。

风险估计就是对风险进行量测。一般说风险辨识要解决的问题是遇到的风险是什么，而风险估计要解决的是这风险有多大，要给出某一危险发生的概率及其后果的严重程度。在进行风险估计时，有两条途径，一是通过对足够量数据的分析来找出风险因素的分布规律，从而预测出其发生概率，叫作客观估计；另一条是在缺少足够数据的情况下，由决策者或专家对风险因素的发生概率做出一个主观估计。

目前城市轨道交通工程建设主要以“中间道路”的方式，对有限的数据进行分析后再估计其可能的分布规律，或者通过大量的主观估计（智暴法等）来合成客观估计，再逐步向客观估计过渡。

3. 风险评价

风险评价是基于风险估计的结果，考虑风险承担者的风险态度和承受能力，对风险程度形成具体的评价结果，同时给出合理的风险对策，以便于决策者做出正确的决策。风险评价的关键问题在于如何认识不确定性的风险后果，同时如何处理决策者在风险态度上的不确定性。风险评价的主要方法：

（1）定性识别法

定性识别法是从人的思维角度，较为直观、感性和简便的识别方法，其重要优势就是通过风险源清单、分类树或常用的“鱼刺图”方法，配以相应的调查方案，来描述和处理不精确、不确定、不完备的风险信息。通过定性识别来确认项目实施过程当中有哪些风险、风险后果如何以及内在或外在风险因素的相互作用等，从而对项目风险所具有的特征及隐形或显性性质进行全面动态地把握，树立对项目风险的整体全局认识。

定性识别方法一般来说有两种作用方式：一种是对本身就是一些无法量化或者模糊外延较大的事件或因素进行识别；另外一种则是通过对事件从质的差别认识开始上升到对量的研究，最后做出定性识别，得出更可靠的识别结果，是一种建立在定量识别基础上的定性识别。

由于项目风险源具有统计一般性，人们根据不同的项目环境、项目类型和组织形态提出一些风险辨识方法。如专家调查法，幕景分析法，头脑风暴法，风险源检查表法，风险源清单，外推法，主观评分法，风险档案表，阶段风险报告和条件—转换—后果图，德尔菲法，提名小组技术等。由于定性识别方法依据确定的工作流程图和与有类似项目经理人的访谈为手段，对不充分、随机性、外延不明确的信息进行模糊处理，从可能引起风险的现象，追溯到最根本的风险原因，对项目管理者的背景知识和实际经验有较高要求,并且主观性较强,有一定的判断误差。但由于操作简单易行,识别风险的工作量相对较小,运行成本也不高,得到了较为广泛的应用。

(2)定量识别法

为了有效地评价风险,学术界和企业界一般采用定量分析方法。定量的安全评价方法主要有指数法和概率法两种。

指数法又称评分法,它是根据评价对象的具体情况选定评价项目,对每个评价项目均定出评价得分值范围,在此基础上由评价者对各个评价项目评分,然后通过运算求出总分值。美国道氏法和英国 ICI 蒙德法就是两种代表性的指数法。

道氏法由美国道化学公司提出的火灾、爆炸危险指数评价法(简称道氏法),是一种最早的指数法。该评价法以能代表重要物质在标准状态下的火灾、爆炸或放出能量的危险潜在能量的物质系数为基础,分别计算特殊物质的危险值、一般工艺危险值和特殊工艺危险值,在通过一定的运算得出火灾、爆炸危险指数,并根据指数的大小对化工装置的危险性程度进行分级,同时根据不同的等级提出相应的安全预防措施和建议。

ICI 蒙德法是英国帝国化学公司在道氏法的基础上发展起来,该法既肯定了道化学公司火灾、爆炸危险指数法,又在其定量评价的基础上作了重要的改进和补充,主要是:引进了毒性的概念和计算,推广到包括物质毒性在内的火灾、爆炸、毒性中指标的初步计算,在进行采取安全对策措施加以补偿后的最终评价,从而增加了评价的深度,被公认为是一种特别适合对化工装置的火灾、爆炸、毒性危险程度进行评价的方法。蒙德法的评价要点是:

①划分评价单元;

②确定各评价要素的危险值,包括物质系数、特殊物质危险系数、特殊工艺危险系数、数量危险系数、布置危险系数和毒性危险系数;

③依据公式计算综合危险系数、火灾负荷指数、装置内部爆炸指标、环境气体爆炸指标、单元毒性指标、主毒性事故指标和总体危险性评分;

④单元的补偿评价,确定补偿系数,包括容器系统、工艺管理、安全态度、防火、物质隔离和灭火活动六个补偿系数;

⑤计算补偿后的火灾负荷、装置内部爆炸指标、环境气体爆炸指标和总体危险性评分。

概率法主要是把事故后果分系统实际运行中的事故发生概率分结合起来,根据系统各组成要素的故障率及失误率,确定系统发生事故的概率,然后同既定的目标值相比较,判断其是否达到预期的安全要求或者将概率值划分为若干个等级,作为对系统安全性评定及制定安全措施的依据。具体地说,就是通过对系统可能发生的事故进行故障树分析或事件树分析,建立数学模型,决定目标函数,然后求解,这需要有数据库系统,并用电子计算机进行数据处理和运算,通过对系统进行定量评价,逐步改善对事故发生概率影响大的事件,使之逐步趋近于系统安全的目标,并求得最优解。下面简单介绍一下 WBS-RBS 分解理论:

WBS 是指作业分解树,作业树中每一个独立的单位就是一个作业包,RBS 是指风险分解树。把两者交叉构建 WBS-RBS 矩阵,按照矩阵元素逐一判断风险是否存在及其大小程度,这样就可以系统、全面地辨识风险。在分解结构的基础上,可进一步判断各风险元素的权值,从而得到项目总的风险程度,所以 WBS-RBS 风险辨识方法是一种既能把握工程风险全局,又能兼顾工程安全风险细节的工程风险辨识方法。

4. 风险对策

风险对策是根据风险评价的结果对风险事态进行事前处理及过程控制的过程,包括风险决策和风险监控两部分。风险决策是根据风险评价的结果,从风险对策集合中选定合适的对策处置风险;而风险监控是指对潜在风险事态进行检测,并适时启动有关风险控制措施的过程。风险对策通常有以下四类。

(1)风险规避:风险规避是通过方案改变、参数改变来消除风险发生,以及风险发生后可能产生的损失。从风险管理的角度看,风险规避是一种最彻底消除风险影响的方法,但可能在某种程度上会降低收益,阻碍创新。

(2)风险转移:风险转移是以一定的代价将某风险的结果连同对风险应对的权利和责任转移给他方。风险转移并不能消除风险,但通过第三方的介入降低自身风险,风险转移是风险相对性在风险决策中的体现:对某方是风险事态,但对其他风险承受者可能并不是不可接受的。保险是风险转移最为常见的形式。

(3)风险缓解:通过某种手段将风险降低到可接受的程度也是风险管理中常用的对策。风险缓解既不是消除风险,也不是避免风险,而是减轻风险影响,包括减轻风险发生的概率或控制风险的损失。

(4)风险自留:风险自留是一种由项目主体自行承担风险后果的一种风险应对策略。风险自留要求对风险损失有充分的估计。

5. 风险监控

根据风险的特点,对风险进行监控和检查,判断风险是否控制在可接受的范围内。控制得力,结束工程风险管理;控制不当,重新进行风险识、分析评价、决策等内容。

3.2.3 工程风险管理体系建立

城市轨道交通工程政治敏锐性强、公共安全要求高,安全风险管理水平的提高可以有效防范、降低乃至避免安全事故的发生,因此必须注重建设过程中的安全风险管理工作,建立有效的安全风险管理体系。目前,城市轨道交通建设安全风险管理在各大城市逐步开展起来,实际经验表明完善的安全风险技术管理体系可以促进工程建设安全、有效地开展,建立完善的安全风险技术管理体系十分必要且意义重大。

安全风险技术管理需要全面的技术和系统的管理来支持。规定城市轨道交通参建各方的风险管理职责,明确各项技术要求,以提高风险管理和控制水平。安全风险技术管理体系主要包括体系文件、相关管理办法和技术支持性文件,具体内容为安全风险技术管理组织体系和岗位管理职责、各阶段风险管理内容及基本要求、各项技术内容要求等。

安全风险技术管理体系的建立是一项系统工程,需与当地建设规模、工程特点、工程风险特点和建设管理单位自身管理特点、组织形式等相结合,符合本地区的城市轨道交通建设及风险特点,结合本地区轨道交通建设现状和技术水平。

安全风险技术管理体系的建立应明确工程建设各阶段的工作任务和管理要求,制定工程风险管理目标,建立风险管理组织机构,明确安全风险管理职责、对象、要素和管控手段(包括风险评估、风险监测和预警等)、办法,并制定相应的风险管理流程。

工程建设各个阶段应加强安全风险管理工作。可行性研究阶段,业主专门委托或组织进行可行性研究报告编制时应考虑城市轨道交通线位、站位选择与不良地质、重大环境的位置关系及工法设备选择,有效降低后续设计和施工及运营的风险。勘察阶段,勘察单位应采用技术和管理手段确保勘察施工安全,提供的技术资料准确。环境调查阶段,环境调查或环境评估单位应分析不同环境对象特点及其与工程建设的相互影响,提出环境风险处理的措施建议。设计阶段,设计单位应根据设计深度识别地质、环境风险因素和风险事件,采取合理的设计控制措施。施工准备期,施工单位、监理单位应对施工工艺、设备、设计文件和关键工程部位风险进行施工前的检查与核对,提出各类风险的应对方案或处理措施。施工过程中,对现场施工状况及现场问题的处理情况等进行分析,判断施工中的风险事件及风险发生的可能性或隐患大小,进行风险监测预警,并提出处理措施。

3.2.4　工程风险监测

城市轨道交通工程监测工作是工程安全风险监控的重要技术手段,通过工程监测可以及时发现工程自身风险和周边环境风险等的发生发展情况,防止工程安全事故的发生,切实保证工程自身和周边环境的安全。

工程监测等级由工程自身风险和周边环境风险等确定,工程监测等级越高,对监测工作的各方面要求越严格。工程监测工作应根据监测范围内的风险识别结果,针对不同的风险对象采取必要的风险监控措施。工程监测对象应包括各类风险对象,监测项目应根据风险对象的变形、变化特点进行确定,监测精度、监测方法和监测频率、周期等均应根据风险特点进行综合确定，以保证对各类风险对象进行系统、有效的监控。

3.3　安全风险预防管理

安全管理工作应以预防为主，通过有效的管理和技术手段，防止人的不安全行为和物的不安全状态的出现，从而使事故发生的概率降到最低。

预防和善后是安全管理的两种工作方法，预防是在有可能发生意外人身伤害或健康损害的场合，采取事前的措施，防止伤害的发生。善后是针对事故发生以后所采取的措施和进行的处理工作。预防是主动的工作方法，是安全管理主要采取的工作方法。

安全管理以预防预控为主，基本出发点是生产过程中的事故是能够预防的观点，除了自然灾害以外凡是由于人类自身的活动而造成的危害，总有因果关系，探索事故的原因，采取有效的对策，原则上说能够预防事故的发生。由于预防是事前的工作，因此正确性和有效性就十分重要。生产系统一般都是较复杂的系统，事故的发生既有物的方面的原因，又有人的方面的原因，事先很难估计充分。有时重点预防的问题没有发生，但未被重视的问题却酿成大祸。为了使预防工作真正起到作用，一方面要重视经验的积累，对既成事故和大量的未遂事故进行统计分析，从中发现规律，做到有的放矢；另一方面要采用科学的安全分析、评价技术，对生产中的人和物的不安全因素及其后果做出准确的判断，从而实施有效的对策，预防事故的发生。预防管理的主要原则：

1. 偶然损失原则

事故发生的后果（人员伤亡、健康损害、物质损失等）以及后果的大小，都是随机的，是难以预测的。反复发生的同类事故，并不一定产生相同的后果，这就是事故损失的偶然性。

对于人身事故，美国学者海因里希（Heinrich）根据调查统计结果，得出了重伤（包括死亡）、轻伤和无伤害事件发生的概率之比为 1∶29∶300，称为海因里希法则。海因里希法则指出：每一起严重事故的背后，必然有 29 次轻微事故和 300 起未遂先兆以及 1 000 起事故隐患（图 3.3）。也有的事故发生没有造成任何损失，这种事故被称为险肇事故。但若再次发生完全类似的事故，会造成损失的大小，只能由偶然性决定而无法预测。海因里希法则认为：任何不安全事故都是可以预防的。

按照海因里希法则分析，当一件重大事故发生后，我们在处理事故本身的同时，还要及时对同类问题的“事故征兆”和“事故苗头”进行排查处理，以此防止类似问题的重复发生，及时解决再次发生重大事故的隐患，把问题解决在萌芽状态。

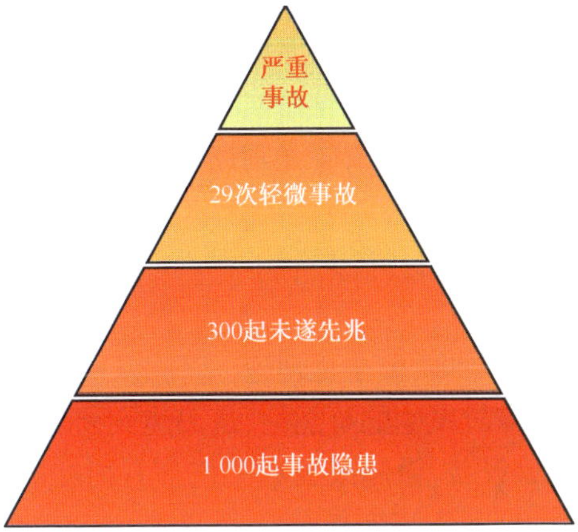

图3.3　海因里希法则

“海因里希法则”多被用于安全管理中。人们对安全事故的认识和态度上存在一个“误区”：只重视对事故本身进行总结，却忽视了对事故征兆和事故苗头进行排查。而那些未被发现的征兆与苗头，就成为下一次事故的隐患。长此以往，安全事故的发生就呈现出“连锁反应”。

根据事故损失的偶然性，可得到安全管理上的偶然损失原则：无论事故是否造成损失，为了防止事故损失的发生，唯一的办法是防止事故再次发生。这个原则强调，在安全管理实践中，一定要重视各类事故，包括险肇事故，只有连险肇事故都控制住，才能真正防止事故损失的发生。

2. 因果关系原则

因果，即原因和结果。因果关系是指事物之间存在着一事物是另一事物发生的原因的关系。事故是许多因素互为因果连续发生的最终结果。一个因素是前一因素的结果，而又是后一因素的原因。事故的因果关系决定了事故发生的必然性，即决定了事故或迟或早必然要发生。

掌握事故的因果关系，砍断事故因素的环链，就消除了事故发生的必然性，就可能防止事故的发生。事故的必然性中包含着规律性。必然性来自因果关系，深入调查、了解事故因素的因果关系，就可以发现事故发生的客观规律，从而防止。

从事故的因果关系中认识必然性，发现事故发生的规律性，变不安全条件为安全条件，把事故消灭在早期起因阶段，这就是因果关系原则。

3. 3E原则

造成人的不安全行为和物的不安全状态的主要原因可归纳为技术原因、教育原因、身体和态度的原因、管理的原因四个方面。针对这四个方面的原因，可以采取三种防止对策，即工程技术（Engineering）对策、教育（Education）对策和法制（Enforcement）对策。这三种对策就是3E原则。

技术对策是运用工程技术手段消除生产设施设备的不安全因素,改善作业环境条件,完善防护与报警装置,实现生产条件的安全和卫生。教育对策是提供各种层次、各种形式和内容的教育和训练,使职工牢固树立“安全第一”的思想,掌握安全生产所必需的知识和技能。法制对策是利用法律、规程、标准以及规章制度等必要的强制手段约束人们的行为,从而达到消除不重视安全、违章作业等现象的目的。

4. 本质安全化原则

本质安全化原则来源于本质安全化理论。其指从一开始和从本质上实现安全化,就可以从根本上消除事故发生的可能性,从而达到预防事故发生的目的。所谓本质上实现安全化指的是设备、设施或技术工艺含有内在的能够从根本上防止发生事故的功能。

本质安全化是安全管理预防原理的根本体现,也是安全管理的最高境界,实际上目前还很难达到,但是我们应该坚持这一原则。本质安全化的含义也不仅局限于设备、设施的本质安全化,而应扩展到诸如新建工程项目,交通运输,新技术、新工艺、新材料的应用,甚至包括人们的日常生活等各个领域中。

3.4 安全风险强制管理

安全管理带有较多的强制性,只要求执行系统自动贯彻实施安全法规,而缺乏强有力的监督系统去监督执行,则法规的强制威力是难以发挥的。随着社会主义市场经济的发展,企业成为自主经营、自负盈亏的独立法人,国家与企业、企业经营者与职工之间的利益差别,在安全管理方面也有所体现。它表现为生产与安全、效益与安全、局部效益与社会效益、眼前利益与长远利益的矛盾。企业经营者往往容易片面追求质量、利润、产量等,而忽视职工的安全与健康。在这种情况下,必须建立专门的监督机构,配备合格的监督人员,赋予必要的强制权力,以保证其履行监督职责,才能保证安全管理工作落到实处。

3.4.1 强制原理

采取强制管理的手段控制人的意愿和行动,使个人的活动、行为等受到安全管理要求的约束,从而实现有效的安全管理,这就是强制原理。一般来说,管理均带有一定的强制性。管理是管理者对被管理者施加作用和影响,并要求被管理者服从其意志,满足其要求,完成其规定的任务。不强制便不能有效地抑制被管理者的无拘个性,不能将其调动到符合整体管理利益和目的的轨道上来。

安全管理需要强制性是由事故损失的偶然性、人的“冒险”心理以及事故损失的不可挽回性所决定的。安全强制性管理的实现,离不开严格合理的法律、法规、标准和各级规章制度,这些法规、制度构成了安全行为的规范。同时,还要有强有力的管理和监督体系,以保证被管理者始终按照行为规范进行活动,一旦其行为超出规范的约束,就要有严厉的惩处措施。

3.4.2 强制原则

1. 安全第一原则

安全第一就是要求在进行生产和其他活动的时候把安全工作放在一切工作的首要位置。当生产和其他工作与安全发生矛盾时,要以安全为主,生产和其他工作要服从安全,这就是安全第一原则。

安全第一原则可以说是安全管理的基本原则,也是我国安全生产方针的重要内容。贯彻安全第一原则,就是要求一切经济部门和生产企业的领导者要高度重视安全,把安全工作当作头等大事来抓,要把保证安全作为完成各项任务、做好各项工作的前提条件。在计划、布置、实施各项工作时首先想到安全,预先采取措施,防止事故发生。该原则强调,必须把安全生产作为衡量企业工作好坏的一项基本内容,作为一项有“否决权”的指标,不安全不准进行生产。

2. 监督原则

为了促使各级生产管理部门严格执行安全法律、法规、标准和规章制度,保护职工的安全与健康,实现安全生产,必须授权专门的部门和人员行使监督、检查和惩罚的职责,以揭露安全工作中的问题,督促问题的解决,追究和惩戒违章失职行为,这就是安全管理的监督原则。

第4章　北京轨道交通安全风险管理体系

北京轨道交通安全风险管理体系是通过对国内外监测与风险管理体系运行效果的广泛调研，基于对法规的理解与遵循，总结北京轨道交通建设过程中的经验与教训，形成的安全风险专项管理体系。体系进一步明确了建设单位牵头、参建各方全员参与、贯穿建设全过程的安全风险管理工作机制、组织架构与责任体系。自2008年发布以来，经过三次升级修编，进一步优化成以风险识别、评价与分级、专项设计、第三方监测、风险管理咨询、预警、处置、消警、安全风险状态评价等多种手段构成的安全风险管理体系。

4.1　体系组织管理机构

北京轨道交通安全风险管理体系实行三层管理，即公司层、项目管理层和项目实施层。公司层由公司领导（总经理、主管副总经理、总工程师等）、技术委员会、安全监控中心、规划设计总部、安全质量监察总部、总工程师办公室、合同管理总部、计划调度总部等公司相关职能部门组成。项目管理层为各项目管理单位，由主管领导、风险监测部及其他相关职能部门组成。项目实施层为与公司签订合同、参与工程建设任务的各相关单位，包括勘察、设计、监理、施工等建设主体责任单位，以及环境调查、检测评估、第三方监测和安全风险咨询等协助公司开展安全风险管理工作的第三方单位。各层级依托相应职能部门和各参建单位形成涵盖工程建设全过程的安全风险管理矩阵式三层组织架构，如图4.1所示。

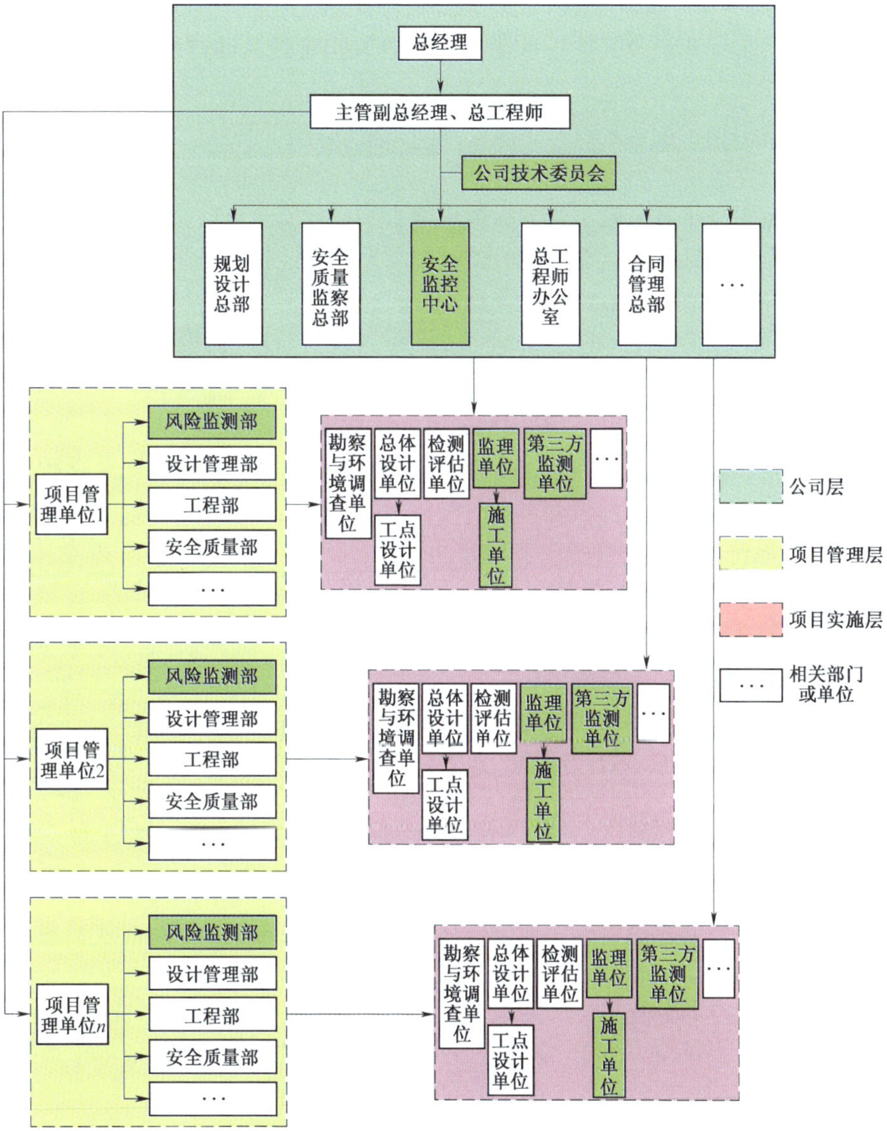

图 4.1　安全风险管理组织管理机构

4.2　参建各方安全风险管理职责及任务

4.2.1　建设单位安全风险管理职责及任务

1. 建设单位安全风险管理职责

①组织《安全风险技术管理体系》(以下简称“体系”)的建立、修订、宣贯、解

释和运行跟踪；

②对全网工程建设及其他各参建方的安全风险管理活动进行组织协调、监督和检查；

③负责组织初步设计阶段安全风险评估报告的评审和第三方监测招标技术部分编制；

④负责组织施工图风险工程分级清单审查和设计安全风险交底；

⑤组织全网开展工程监测、现场巡视、视频监控等监控信息采集工作；

⑥组织全网开展各类监控信息分析工作；

⑦组织全网开展安全风险状态评价、预警、响应、处置、消警等安全风险控制工作；

⑧汇总全网施工风险信息，形成相关风险管理记录；

⑨负责全网信息平台（含施工安全风险监控系统、盾构信息系统及视频监控系统）的建设、使用、升级和维护管理。

2. 建设单位安全风险管理主要任务

（1）勘察设计阶段主要任务：

①对初步设计阶段安全风险评估报告进行评审；

②审查施工图风险工程清单；

③组织专家对第三方监测招标设计送审稿进行审查；

④组织对咨询单位、第三方监测、监理、施工单位进行安全风险设计交底。

（2）施工准备期安全风险管理的主要任务：

①对工点设计单位报送的风险工程分级调整单进行审批；

②为第三方监测单位提供信息平台风险工程录入清单；

③对需要评估的环境风险工程委托评估单位开展工前评估，并对评估报告进行审查；

④委托首次空洞普查单位开展地下首次空洞普查，并审查首次空洞普查报告，组织首次空洞普查单位对施工、监理、第三方监测单位进行交底。

（3）安全风险监测管理主要任务：

①组织施工、监理、第三方监测单位对监测设计进行会签、会审；

②监督指导第三方监测方案编制；

③对监测点位置变更申请进行审批；

④对 GIS 图监测点维护申请进行审批；

⑤对基准点更换申请进行审批；

⑥配合监理单位组织监测内容洽商；

⑦对 GIS 图测点坐标变更申请进行审批；

⑧对第三方监测单位监测、巡视停止报告进行审批；

⑨组织第三方监测单位对本标段施工、监理单位进行监测标准化工作交底。

(4)安全风险巡视主要任务：

①组织对第三方监测、施工、监理单位进行管理巡视；

②组织公司层及项目层专家巡视。

(5)视频监控安全风险管理主要任务：

①参与视频监控设备及监控室验收；

②向视频专网建设单位提供视频接入、暂停、撤销需求计划；

③完成公司视频监控系统建设及运维工作；

④建立视频监控管理台账。

(6)工程预警及安全风险状态评价的主要任务：

对施工单位的监测消警申请进行审核。

(7)安全风险管理考核及违约责任追究的主要任务：

①对参建单位的安全风险管理进行日常履约及集中履约检查；

②编制履约检查通报并审核违约单位整改报告；

③对参建单位安全风险管理季度、年度履约情况进行排名；

④对违约单位进行违约责任追究；

⑤审核违约责任处置申诉单。

4.2.2　安全风险咨询单位职责及任务

1. 安全风险咨询单位职责

①协助建设单位进行体系宣贯和运行跟踪；

②协助建设单位进行全网信息平台的日常管理工作；

③负责所辖工点开展现场巡视、视频监控等监控信息采集工作；

④负责所辖工点各类监控信息汇总及分析工作，并形成安全风险管理记录；

⑤负责所辖工点安全风险状态评价、巡视预警、综合预警的发布及相关级别预警的响应、处置、跟踪工作；

⑥负责开展所辖工点专家巡视活动；

⑦负责第三方监测单位监测总体方案及监测实施方案的形式审查工作；

⑧负责建立所辖工点的施工安全风险管理台账；

⑨协助建设单位对所辖工点参建单位进行安全风险日常检查、专项检查及集中履约检查工作。

2. 安全风险咨询单位主要任务

(1)安全风险咨询单位勘察设计阶段主要任务：

①对初步设计阶段安全风险评估报告进行形式审查；

②参加建设单位组织设计单位开展的线路安全风险交底。

(2)安全风险咨询单位安全风险监测管理主要任务：
①对第三方监测总体、实施方案进行形式审查；
②对第三方监测单位上传的 GIS 图进行审核；
③对第三方监测单位编制的工程监测标准化指导书进行审查。
(3)安全风险咨询单位安全风险巡视主要任务：
①对所辖工点进行安全风险巡视；
②协助建设单位对施工、监理、第三方监测单位进行管理巡视；
③协助建设单位组织公司层专家巡视。
(4)安全风险咨询单位工程预警及安全风险状态评价的主要任务：
①根据现场施工状态发布巡视、综合预警；
②通过信息平台对所辖标段新增预警进行预警响应；
③根据预警级别参加监理组织的预警分析会提出安全风险咨询建议；
④对所辖工点每周进行安全风险状态评价。
(5)安全风险咨询单位视频监控安全风险管理主要任务：
①协助建设单位完成公司层视频监控值班；
②针对视频监控系统建设、运行、维护及使用情况进行巡视。
(6)安全风险咨询单位安全风险管理考核及违约责任追究的主要任务：
①接受建设单位组织的日常履约检查及年度履约检查；
②协助建设单位对施工、监理、第三方监测单位进行专项检查；
③协助建设单位对第三方监测单位进行年度集中履约检查；
④接受预警响应不及时违约和管理巡视违约责任追究；
⑤对违约责任进行申诉。

4.2.3 设计单位安全风险管理职责及任务

1. 设计单位安全风险管理职责

①总体设计单位负责制定本标段设计工作中有关安全风险技术标准及管理要求；

②总体设计单位负责汇总和审查风险工程清单及特、一级风险工程专项设计；

③工点设计单位负责编制总体设计阶段特、一级风险工程清单；

④工点设计单位负责编制初步设计阶段安全风险评估报告；

⑤工点设计单位负责编制施工图风险工程清单及特、一级风险工程专项设计；

⑥工点设计单位负责制定本标段内工程监控量测控制指标；

⑦工点设计单位负责编制本标段内第三方监测招标设计文件、第三方监测及施工监测图设计文件；

⑧工点设计单位负责本标段设计安全风险交底；

⑨工点设计单位参加本标段内预警分析处置;

⑩工点设计单位需参加施工阶段本标段安全风险专家巡视活动。

2. 设计单位安全风险管理任务

(1)设计单位勘察设计阶段主要任务:

①总体设计阶段特、一级风险工程清单编制;

②初步设计阶段安全风险评估报告编制;

③施工图风险工程清单编制及特、一级风险工程专项设计;

④第三方监测招标设计及第三方监测图、施工监测图设计;

⑤对风险咨询单位、施工、监理、第三方监测单位设计风险交底。

(2)设计单位施工准备期安全风险管理的主要任务:

①审核风险工程分级调整申请并依据建设单位反馈结果调整风险工程分级清单表;

②提出工前评估需求。

(3)设计单位安全风险监测管理主要任务:

①参与监测设计会签、会审,并按照反馈意见进行修改完善;

②参加监理单位组织的监测内容洽商;

③参加监理单位组织的监测预警分析会。

(4)设计单位安全风险巡视主要任务:

参加公司层及项目层专家巡视,并接受专家对设计问题的质询。

(5)设计单位工程预警及安全风险状态评价的主要任务:

参加监理组织的预警分析会并进行预警安全风险状态评价。

4.2.4　第三方监测单位安全风险管理职责及任务

1. 第三方监测单位安全风险管理职责

①协助建设单位进行体系宣贯和运行跟踪;

②协助建设单位对所辖线路信息平台进行日常管理;

③负责对所辖工点开展现场监测、巡视、视频监控等监控信息采集工作;

④负责所辖工点各类监控信息汇总及分析工作,并形成安全风险管理记录;

⑤负责所辖工点安全风险状态评价、监测预警、巡视预警、综合预警的发布、响应、处置、消警及跟踪工作;

⑥负责开展所辖工点专家巡视活动;

⑦负责对所辖工点施工图阶段施工监测设计及第三方监测设计进行会签及会审;

⑧负责对自身风险工程关键部位识别、GIS 底图制作、平台信息及基础资料收集并上传施工安全风险监控系统;

⑨负责施工单位监测实施方案的审查工作；
⑩负责建立所辖工点的施工安全风险管理台账；
⑪协助建设单位对施工、监理单位进行安全风险日常、季度履约检查。
2. 第三方监测单位安全风险管理任务
(1)第三方监测单位勘察设计阶段安全风险管理主要任务：
①对本标段施工监测及第三方监测设计图进行审查会签；
②参加建设单位组织的安全风险设计交底；
③上传本标段检测、评估报告。
(2)第三方监测单位施工准备期安全风险管理的主要任务：
①信息平台风险工程录入及调整；
②收集工前评估报告上传信息平台；
③参加建设单位组织的首次空洞普查交底。
(3)第三方监测单位安全风险监测管理主要任务：
①对监测设计图纸会签、会审；
②编制第三方监测方案；
③对施工监测方案进行审核；
④指导施工单位监测点布设，会同监理进行测点验收，并进行标识与维护；
⑤信息平台监测测点库建立及维护；
⑥信息平台风险工程库建立及维护；
⑦信息平台 GIS 图制作及上传；
⑧现场监测及巡视；
⑨定期开展基准点复核，协助监理单位组织监测数据联测复核；
⑩对现场监测调整情况提出监测内容洽商申请；
⑪编制红色监测预警分析报告并参加监理单位组织的预警分析会；
⑫风险工程控制效果评价报告编制；
⑬监测总结报告编制；
⑭第三方监测日简报编制；
⑮工程监测标准化指导书编制。
(4)第三方监测单位安全风险巡视主要任务：
①对所辖标段进行安全风险巡视；
②对所辖标段监理、施工单位进行管理巡视；
③组织项目层专家巡视，参加公司组织的专家巡视。
(5)第三方监测单位工程预警及安全风险状态评价的主要任务：
①根据现场施工状态发布监测、巡视、综合预警；
②通过信息平台对所辖标段新增预警进行预警响应；

③参加监理单位组织的预警分析会,并跟踪施工单位处置情况;
④负责监测、巡视、综合预警审批通过后在信息平台消警;
⑤对所辖工点每日进行安全风险状态评价。
(6)第三方监测单位视频监控安全风险管理主要任务:
①参与监理组织的对现场视频监控室的验收;
②协助建设单位开展视频监控 24 h 值班,并对视频专网故障进行报修;
③对视频监控系统建设、运行、维护及使用情况进行巡视。
(7)第三监测单位安全风险管理考核及违约责任追究的主要任务:
①接受建设单位组织的日常履约检查、专项检查及集中履约检查;
②接受预警发布、响应不及时违约和管理巡视违约责任追究;
③对违约责任进行申诉。

4.2.5　监理单位安全风险管理职责及任务

1. 监理单位安全风险管理职责
①负责在所辖工点落实体系要求;
②负责施工单位监测实施方案的审批工作;
③负责施工监测及第三方监测单位数据对比及处置工作;
④负责所辖工点开展巡视、视频监控等监控信息采集工作;
⑤负责所辖工点各类监控信息汇总及分析工作,并形成安全风险管理记录;
⑥负责所辖工点巡视预警、综合预警的发布、响应及跟踪工作;
⑦负责组织预警处置分析会及其他安全风险管控会议;
⑧建立和管理施工风险管理台账。
2. 监理单位安全风险管理任务
(1)监理单位勘察设计阶段主要任务:
在施工图设计完成后,参加建设单位组织的针对施工图中安全风险相关内容进行的安全风险设计交底。
(2)监理单位施工准备期安全风险管理的主要任务:
①审查施工单位提交的风险工程分级调整申请;
②参加建设单位组织的首次空洞普查交底;
③审核施工单位提交的环境核查报告。
(3)监理单位安全风险监测管理主要任务:
①参加第三方监测及施工监测设计文件会审;
②对施工监测方案进行审批;
③对施工单位监测点布设进行验收、监督;
④对施工单位及第三方监测单位监测点初始值采集数据进行对比分析;

⑤对施工单位及第三方监测单位的监测洽商申请进行审核；

⑥对第三方监测单位及施工单位监测数据进行比对；

⑦新增监测预警时组织预警分析会；

⑧参加建设单位组织的监测标准化交底。

(4)监理单位安全风险巡视主要任务：

①对所辖标段进行安全风险巡视；

②对所辖标段进行管理巡视；

③参加所辖标段专家巡视。

(5)监理单位工程预警及安全风险状态评价的主要任务：

①根据现场施工状态发布巡视、综合预警；

②通过信息平台对所辖标段新增预警进行预警响应；

③根据预警级别组织相关人员参加预警分析会，制定处置措施，并监督施工单位预警处置；

④对施工单位的监测消警申请进行审核；

⑤对所辖工点进行安全风险状态评价。

(6)监理单位视频监控安全风险管理主要任务：

①对现场视频监控系统建设方案、实施计划进行审批，并对视频监控设备及监控室组织验收；

②对摄像机的安装及移位组织验收，并通过现场监控室开展视频监控工作；

③建立监理视频管理台账；

④针对视频监控系统建设、运行、维护及使用情况进行巡视。

(7)监理单位安全风险管理考核及违约责任追究的主要任务：

①接受建设单位组织的安全风险管理日常履约检查、专项检查及集中履约检查；

②接受预警发布、响应不及时违约和管理巡视违约责任追究；

③对违约责任进行申诉。

4.2.6　施工单位安全风险管理职责及任务

1. 施工单位安全风险管理职责

①负责在所辖工点落实体系要求；

②负责安装视频监控设备，施工安全风险监控系统信息录入，进行施工风险预告及作业人员技术与安全风险交底；

③负责施工准备期开展勘察设计文件的学习、踏勘与分析，进行环境核查、风险深入识别与风险分级调整；

④负责所辖工点开展现场监测、巡视、视频监控等监控信息采集工作；

⑤负责所辖工点各类监控信息汇总及分析工作,并形成安全风险管理记录;
⑥负责所辖工点监测预警、巡视预警、综合预警的响应、处置工作;
⑦建立和管理施工风险管理台账。

2. 施工单位安全风险管理任务

(1)施工单位勘察设计阶段主要任务:

在施工图设计完成后,参加建设单位组织的针对施工图中安全风险相关内容进行的安全风险设计交底。

(2)施工单位施工准备期安全风险管理的主要任务:

①对周边环境进行核查及风险工程深入识别,提出风险工程分级调整申请;
②参加建设单位组织的首次空洞普查交底,并对需处理区域进行处置;
③对周边环境进行核查,并形成环境核查报告。

(3)施工单位安全风险监测管理主要任务:

①对监测设计图纸进行会审;
②施工监测方案编制及审查;
③监测测点埋设、标识和维护;
④监测点初始值采集;
⑤基准点更换及初始值采集;
⑥对现场监测调整情况提出监测内容洽商申请;
⑦协助监理单位对异常监测数据进行复核;
⑧对新增监测预警进行分析及处置;
⑨现场监测及巡视;
⑩参加建设单位组织的监测标准化交底。

(4)施工单位安全风险巡视主要任务:

①配合安全风险咨询、第三方监测、监理单位开展现场巡视及管理巡视;
②配合公司层及项目层组织的专家巡视;
③对安全风险巡视问题、管理巡视问题及专家巡视建议进行整改。

(5)施工单位工程预警及安全风险状态评价的主要任务:

①通过信息平台对所辖标段新增预警进行预警响应;
②参加预警分析会并落实预警分析会制定的处置措施;
③对符合消警条件的预警提出消警申请。

(6)施工单位视频监控安全风险管理主要任务:

①负责现场视频监控系统建设、运行及维护;
②编制视频专网接入、暂停及撤销需求计划;
③建立施工单位视频监控管理台账;
④现场摄像机安装及拆除。

(7)施工单位安全风险管理考核及违约责任追究的主要任务：

①接受建设单位组织的安全风险管理日常履约检查、专项检查及集中履约检查；

②接受预警响应、处置不及时和管理巡视违约责任追究；

③对违约责任追究进行申诉。

4.3　安全风险管理体系主要程序及要求

4.3.1　勘察阶段安全风险管理

勘察阶段安全风险管理主要包括地质风险评价、专项勘察及环境调查等内容。勘察施工期间，做好安全风险管理工作，开展地质风险评价工作。地质风险评价包括地质风险因素辨识、地质风险单元划分、地质风险分析评价、地质风险应对措施建议等内容。存在对工程安全影响较大的特殊地质问题、场地范围内水文地质条件复杂、工程方案变更或施工中出现新的地质问题等情况下开展专项勘察。

环境调查工作完成后应形成环境调查成果。环境调查成果包括工程概况、调查范围和对象、周边环境基本情况及统计、相关图纸及现场照片资料、周边环境对工程的影响和风险分析等内容。

4.3.2　设计阶段安全风险管理

设计阶段主要是对风险工程识别与分级，从总体设计、初步设计到施工图设计不断深入，形成不同设计深度的风险工程分级清单。主要工作任务包括特、一级风险工程清单编制，安全风险评估报告编制，监测设计、施工图风险工程清单编制及特、一级风险工程专项设计等内容。

(1)总体设计阶段工点设计单位初步识别特、一级风险工程，形成特、一级风险工程清单，并由总体设计单位审查并汇总成册。

(2)初步设计阶段工点设计单位进行工程自身风险和环境风险的全面识别，编制初步设计阶段安全风险评估报告，经总体设计单位审查、安全风险咨询单位审查后，建设单位组织专家评审，最终工点设计单位修改完善，由第三方监测单位上传安全风险监控系统。安全风险评估报告编制审查流程如图 4. 3-1 所示。

(3)施工图设计阶段工点设计单位根据初步设计阶段安全风险评估报告对风险进行深入识别和分级调整，并于施工图设计中落实风险分级清单，报总体设计单位审查后，由建设单位对全线施工图风险工程清单进行审查，工点设计单位根据审查意见修改完善，并组织专家对特、一级风险工程专项设计进行评审。施工图风险工程清单编制审查流程如图 4. 3-2 所示。

(4)施工图设计完成后，设计单位应对施工、监理、第三方监测单位针对施工

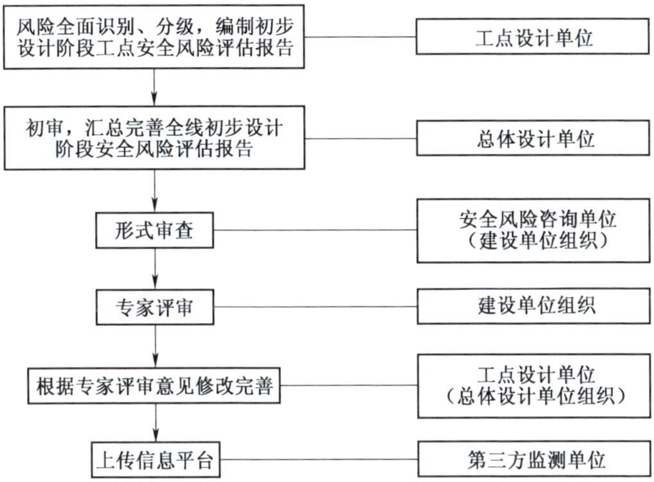

图4.3-1 安全风险评估报告编制审查流程

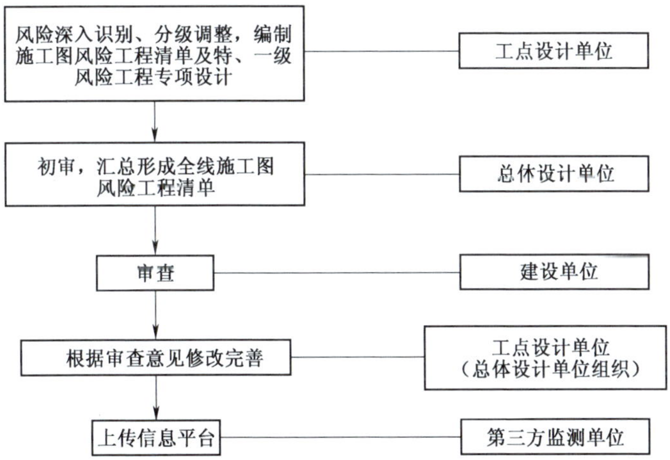

图4.3-2 施工图风险工程清单编制审查流程

图中安全风险相关内容进行安全风险设计交底。

4.3.3 施工准备期安全风险管理

施工准备期安全风险管理包括首次空洞普查、环境核查、工前评估、风险工程分级调整、方案编制与审批、监测设计会签会审、监测初始信息采集、视频监控系统建设、信息平台基础信息录入及安全风险技术交底等内容。

(1)建设单位根据各自职责完成安全风险监控系统的管理权限划分，各工程参建单位根据工程进度和实际需要，将施工安全风险管理所需的各类信息资料录入施工安全风险监控系统。

(2)建设单位委托具备资质单位对地下工程开展首次空洞普查,施工单位根据首次空洞普查报告对需处理区域进行处置。

(3)工点设计单位提出工前评估需求,总体设计单位进行全线汇总和初审,形成审查意见报建设单位,建设单位对工程评估需求进行复核,对确定需要评估的环境风险工程委托评估单位实施评估。

(4)第三方监测单位完成第三方监测总体方案、第三方监测实施方案、工程监测标准化指导书的编制工作后,由安全风险咨询单位形式审查,通过后由建设单位组织专家评审。

(5)施工单位依据设计文件及环境调查文件对周边环境进行核查,并形成环境核查报告;对风险工程深入识别,提出风险工程分级调整申请,经监理、工点设计单位审核通过后,由建设单位审批。

(6)施工单位在开工前完成现场基准点和监测点的埋设和标识工作,经监理单位和第三方监测单位验收后方可投入使用,第三方监测单位需会同施工单位同时同点对全部施工测点初始值进行采集,由第三方监测单位上传信息平台。

(7)施工单位应在开工前完成现场视频监控系统的建设,建设单位完成项目管理层及公司层视频监控系统的建设。

(8)施工监测和第三方监测单位组织向各自监测技术人员、作业人员进行技术交底并形成交底记录,施工单位结合风险等级和现场管理,以显见的方式对风险工程进行风险预告,分部分项工程开工前对施工作业班组、人员进行施工风险交底。

(9)建立监测设计会签、会审机制,施工、监理、第三方监测单位对施工图设计阶段施工监测及第三方监测设计文件进行会签、会审。

4.3.4 施工期安全风险管理任务

施工期安全风险管理是在施工准备期管理成果的基础上,开展工程监测、现场巡视与视频监控等风险监控信息采集工作,并对采集的信息及时进行分析。施工期安全风险管理内容主要包括工程监测、现场巡视、视频监控、预警与安全风险状态评价、监控信息报送、安全风险履约考核及违约责任追究等内容。

1. 工程监测

工程监测工作由施工单位、第三方监测单位按照监测方案要求的监测频率完成,需要调整监测频率时,应编制监测频率调整报告,由建设单位审批通过后方可调整。第三方监测单位根据工程进度和《工程监测技术指南》可停止监测工作时,应分别编制监测停止报告,由建设单位审批通过后实施,同时上传信息平台。

监理单位每日对第三方监测及施工监测同点监测数据进行对比,数据对比异常时,组织第三方监测单位和施工单位进行复核,并填写复核报告。第三方监测或施工监测设计图中内容需要变更时,监理单位组织监测内容洽商,如图 4.3-3 所示。

为保证监测工作规范、统一，第三方监测单位需依据《工程监测技术指南》结合本标段具体情况编制监测标准化指导书，并对本标段施工、监理单位进行监测标准化工作交底。

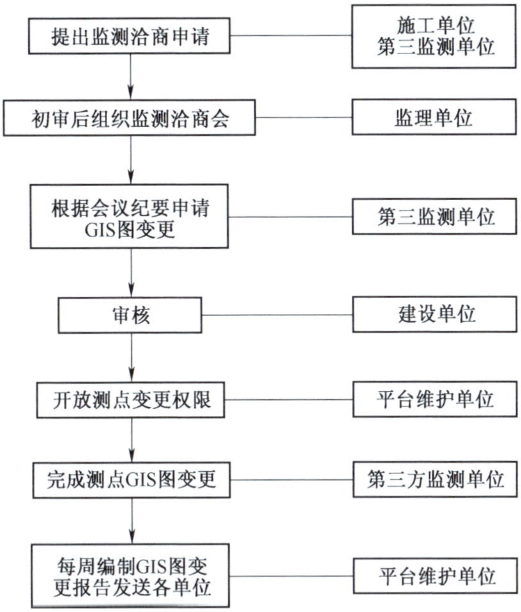

图4.3-3　监测内容洽商及测点GIS图变更流程

2. 现场巡视

现场巡视分为安全风险巡视、管理巡视、专家巡视三类，由安全风险咨询单位、第三方监测单位、监理单位组织开展现场巡视。

(1)安全风险巡视由巡视单位参考施工巡视预警参考表，对现场引起安全风险的作业内容及时发布巡视预警，施工单位收到巡视预警后，应及时进行整改。

(2)管理巡视由巡视单位对受检单位未履行工程职责和工作内容不到位的情况填写违约整改通知单，并通知相关单位进行整改，相关单位收到整改通知单位后，应及时进行整改，并在120 h内完成整改。

(3)专家巡视由建设单位组织各参建单位对风险较大工点组织开展，分为外业及内业两个环节，外业以现场查勘、巡视为主，内业以听取汇报、查看资料、专家质询、提供咨询意见等为主要内容，巡视结束后由安全风险咨询单位或第三方监测单位编制《专家巡视咨询报告》发送相关单位，施工单位按照专家咨询建议进行整改，并编制整改报告反馈专家建议落实情况。

3. 视频监控

视频监控系统由公司层、项目层、实施层组成，分别由建设单位和施工单位组织建设。建设单位完成公司层、项目层视频监控系统建设及运维工作，依托安全风险咨询单位、第三方监测单位进行视频监控值班。施工单位负责现场视频监控系统建设，根据合同要求采购视频监控设备，并满足《安全风险视频监控技术指南》中视频监控工作相关的技术标准及要求。

4. 工程预警及安全风险状态评价

预警分为监测预警、巡视预警及综合预警三类，按严重程度由轻到重分为三级，即黄色预警、橙色预警和红色预警。

(1)监测预警、巡视预警、综合预警均通过信息平台填报预警发布单发布预警。监测预警由第三方监测单位独立发布；巡视预警由监理、第三方监测及安全风险咨询单位独立发布；综合预警由监理、第三方监测及安全风险咨询单位依据各自风险状况评价结果发布。

(2)红色监测预警、巡视预警、综合预警发布后，监理单位按照预警类型、级别组织预警分析会，对预警部位进行安全风险状态评价并制定处置措施，施工单位及时处置，监理单位监督、第三方监测单位跟踪处置情况。

(3)新增橙色监测预警时，监理单位一周内应组织工点设计、施工、第三方监测单位召开预警评价及处置会议，对预警部位进行安全风险状态评价，第三方监测单位应根据评价结果对测点进行标识。橙色监测预警安全状态评价及处置流程如图 4.3-4 所示。

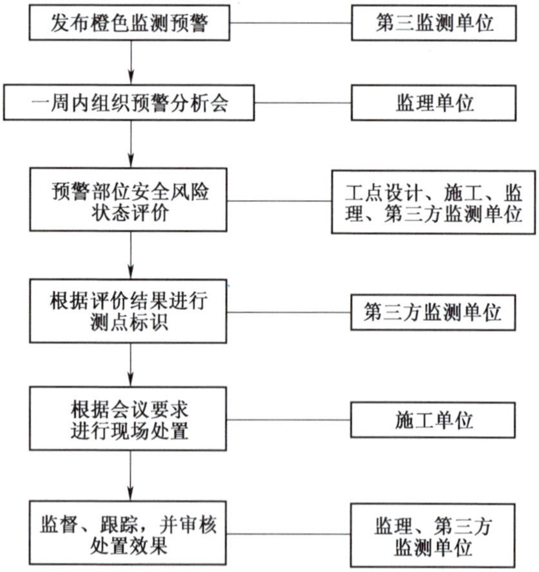

图 4.3-4　橙色监测预警安全状态评价及处置流程

(4)安全风险状态评价由风险工程的监测情况、巡视情况及预警情况综合判断，各工点安全风险状态为同时期监理、第三方监测、安全风险咨询单位评价结果中最不利状态。

5. 安全风险监控信息报送

施工过程中各相关单位应及时对监控、预警和状态评价等各类数据、信息和施工风险管控成果进行报送，施工、监理、第三方监测及安全风险咨询单位通过信息平台及时上传当日监测数据，现场巡视、安全风险状态评价及预警等相关信息和施工风险管控成果。

6. 安全风险管理考核

施工阶段由建设单位组织对各参建单位安全风险管理工作进行考核，考核包括信息平台日常检查、专项检查、季度履约检查、年度履约检查、履约排名等。考核完成后督促各单位对考核过程中未满足要求的违约行为进行整改，编制整改报告。施工、监理单位每季度末依据日常检查扣分情况排名，安全风险咨询、第三方监测、信息平台维护、专网接入单位由日常检查及集中检查分数综合排名。

（1）信息平台日常检查由信息平台依据相关管理办法对各单位上传信息进行检查，对未满足要求工作由信息平台自动生产违约整改通知单，限期整改完成。

（2）专项检查由建设单位每年度组织安全风险咨询单位对施工、监理、第三方监测单位安全风险管理工作进行检查。专项检查流程如图4.3-5所示。

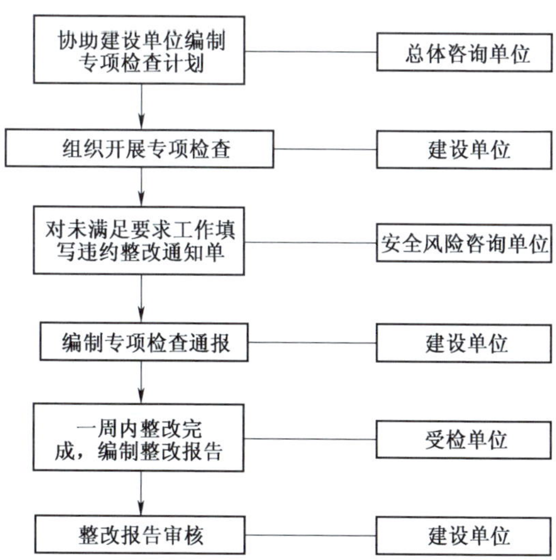

图4.3-5 专项检查流程

（3）季度履约检查由建设单位每季度末组织对施工、监理、第三方监测单位进行检查。

（4）年度履约检查由建设单位每年度末组织对安全风险咨询、信息平台维护、专网接入单位进行检查。检查完毕后编制履约检查通报，受检单位收到通报后一周内完成整改并编制整改报告，检查单位审核通过后完成整改工作。

7. 违约责任追究

施工过程中各单位未正确履行合同及体系要求行为构成违约，违约责任追究形式为扣分、扣除违约金。违约责任追究被处罚单位，在接收到违约处罚单 7 d 内，可向建设单位提出申诉，填写违约责任处置申诉单，提交建设单位审核确定是否免予处罚。

第5章　北京轨道交通安全风险技术指南

5.1　勘察设计安全风险技术指南

5.1.1　岩土工程勘察

1. 一般规定

(1)可行性研究阶段勘察以资料搜集、地质调绘为主,通过对现有资料的分析研究,初步了解区域地质水文地质条件,根据具体情况进行必要的勘探工作,对线路通过地区的工程地质条件进行初步评价,从工程地质角度论证工程方案的可靠性与合理性,对比选方案进行分析,为工程可行性研究提供地质资料。

(2)初步勘察是在可行性研究勘察的基础上,以站点为对象,针对不同的线路敷设形式和不同的地质单元初步查明沿线的工程地质和水文地质条件,识别设计、施工中与地质条件有关的风险因素,对线路通过地区的工程地质、水文地质条件进行评价,为总体方案设计、初步设计和降水初步设计提供工程地质和水文地质资料。

(3)详细勘察是根据设计要求,在初步勘察的基础上针对不同的工点、不同的结构形式及施工方法详细查明沿线的工程地质及水文地质条件,结合工程地质及水文地质条件评价工法的适应性,并对设计、施工提出针对性的措施建议,为施工图设计和降水施工设计提供工程地质、水文地质资料。

(4)施工阶段补充勘察主要包括空洞探测,因设计变更、施工方案变更出现新地质问题和工程险情的勘察,应根据施工需要、地质条件和遇到的工程地质问题,有针对性地选择勘察方法和手段。

(5)岩土工程勘察工作完成后应进行地质风险评价,以章节形式体现在勘察成果报告中,必要时单独形成地质风险评价专项报告。

①地质风险评估包括地质风险因素识别、地质风险单元划分、地质风险等级判定、风险处置措施建议等几部分内容;

②地质风险因素识别主要依据现场踏勘情况、地层资料、原位测试、试验指标、地下水位、不良地质和特殊岩土以及工程规模、尺寸、工法等特点进行,并形成地质风险因素清单;

③地质风险单元划分主要依据风险因素的分布及其与工程结构的位置关系进

行划分，在地层变化部位、不良地质与特殊岩土发育部位、地下水变化部位、周边环境不同部位要考虑划分地质风险单元；没有特殊变化时宜沿线路每 10 m 作为一个分析单元；

④风险等级判定主要依据不同地质风险单元内风险事件发生的可能性和造成后果的严重程度，判定风险等级，以便在后续的设计施工中给以关注；

⑤风险处置措施建议依据风险事件及风险等级，从地质方面提出加固、降水、止水、地基处理等处置措施建议。

2. 工程降止水风险评价

(1)当工程拟采用降水方式进行地下水控制时，勘察报告中应对工程降水可能引起的风险进行专门评价。

(2)勘察报告中应提供专项勘察时地下水类型、地下水水位、地下水的动态变化以及近 3~5 年的地下水水位。

(3)依据水文地质条件，结合工程特点建议合适的降水施工工艺。

(4)预测基坑涌水量，判断所采用降水工艺进行地下水控制的可行性。

(5)分析降水可能带来的地面沉降等周边环境效应，提出地面沉降控制措施建议。

(6)提出工程降水需采取的检测和监测措施建议。

3. 工程止水风险评价

(1)当拟建工程拟采用止水方式进行地下水控制时，勘察报告中应对工程止水可能引起的风险进行专门评价。

(2)勘察报告中应提供专项勘察时地下水类型、地下水水位、地下水的动态变化、近 3~5 年的地下水水位。

(3)依据水文地质条件，结合工程特点建议合适的止水施工方法。

(4)结合土层条件和水文地质特征，分析止水工艺的可行性。

(5)分析预测止水施工可能会出现的工程问题，并提出相关处理措施建议。

(6)提出工程止水需采取的相关检测和监测措施建议。

5.1.2 工程自身风险分析与评价

1. 一般规定

(1)工程自身风险分析与评价主要针对工程自身风险分为一级和二级的工程进行。

(2)工程自身风险分析与评价可采用核查设计计算成果、工程类比分析、专家评议等方法，必要时辅以理论分析和数值模拟等方法予以验证。

(3)工程自身风险分析与评价应结合设计方案及相关工程措施的安全性、合理性和可实施性等进行。

(4)工程自身风险分析与评价应重点分析风险发生的主要因素、影响范围与影响程度,分析可能发生风险事件或工程事故的类型、位置和工序,并给出必要的工程风险控制措施建议。

(5)当工程设计中采用"新技术、新工艺、新材料、新设备"时,应进行工程自身风险分析与评价。

2. 明(盖)挖法结构

对明(盖)挖结构进行自身风险分析与评价时,应结合结构方案和环境条件,分析和提出建议的地下结构变形控制指标和控制值。重点对下列情况进行工程自身风险分析与评价:

(1)工法选择的适宜性;

(2)围护(支护)结构的合理性;

(3)设计计算模型的合理性,基坑的稳定性;

(4)地下水控制方案的合理性;

(5)土方开挖方式、程序的合理性及风险;

(6)地层加固措施的适宜性;

(7)盖挖逆作法竖向承载结构施工工艺的合理性和安全性。

3. 矿山法结构

矿山法结构宜对施工工法、地下水控制措施、初期支护结构、工程辅助措施、施工顺序、受力转换、计算模型等进行工程自身风险分析与评价。重点对下列情况进行工程自身风险分析与评价:

(1)采用止水帷幕措施;

(2)隧道开挖范围内存在厚层粉细砂、淤泥质地层等不良地层;

(3)大断面平顶直墙隧道;

(4)暗挖断面从小变大的隧道;

(5)暗挖马头门位置;

(6)明暗挖接口位置;

(7)转弯处暗挖工程;

(8)带泵房的联络通道;

(9)穿越断裂带的隧道;

(10)邻近隧道(交叠隧道、小间距隧道)等。

4. 盾构法结构

盾构法结构宜对盾构机选型、工程辅助措施、施工顺序、计算模型、始发(接收)端头加固等进行工程自身风险分析与评价。重点对下列情况进行工程自身风险分析与评价:

(1)穿越富水砂层或砂卵石地层;

(2)穿越地层空洞或大漂石地层;

(3)穿越软硬不均、土岩复合地层;

(4)穿越断裂带或河湖;

(5)始发(接收)端头;

(6)邻近隧道(交叠隧道、小间距隧道);

(7)联络通道开口等。

5. 高架结构

高架结构应对设计和施工方案的可行性及可实施性、不良地质条件等进行工程自身风险分析与评价。重点对下列情况进行工程自身风险分析与评价:

(1)斜拉桥、拱桥等体系复杂桥梁;

(2)桥梁基础邻近地质断层、滑坡区等不良地质;

(3)独柱高架车站的抗震性能;

(4)上部结构采用高支架施工、架桥机架设、悬浇、平转转体、顶推等特殊施工方法;

(5)支座选型及安装工艺等。

5.1.3 环境风险分析与评价

1. 一般规定

(1)环境风险分析与评价宜在环境风险辨识与分级的基础上,根据工程特点、施工工法、工程地质和水文地质条件、周边环境条件、周边环境与城市轨道交通结构的空间位置关系及环境保护方案或措施等进行。

(2)环境风险分析与评价应针对环境保护设计方案、相关工程措施及选用计算模型(如有)的安全性、合理性、可实施性和施工对环境安全性的影响等进行,并给出相应的环境风险控制措施建议。

(3)环境风险分析与评价宜分析风险发生的影响因素、影响范围与程度等,明确可能发生环境风险事件或事故的类型、位置和工序。

(4)环境风险分析与评价可根据工程实际,分别或综合采用工程类比法、专家评议法等定性方法和理论分析、数值模拟法等定量方法。

2. 环境风险分析与评价

(1)环境风险分析与评价宜重点对下列情况进行:

①工程施工影响范围内有城市轨道交通运营线路设施、铁路、主干道路、桥梁和重要建(构)筑物;

②矿山法或盾构法隧道下穿多层或低层民房;

③明(盖)挖法结构邻近在建工程基坑;

④明(盖)挖法结构邻近或矿山法结构下穿污水管线、管线密集区;

⑤高架结构平行或上跨高压线。

(2)明(盖)挖法、矿山法工程采用工程降水辅助措施时,应对降水引起的地表沉降和周边环境影响情况进行预测分析。

(3)对特级和一级环境风险的环境设施,尚应通过工程类比或数值计算等方法,分析工程施工对周边环境设施造成的附加荷载、附加变形影响等,评价环境设施的安全性,判断施工工法、加固措施等能否满足环境设施所允许的剩余承载能力和剩余变形能力,提出监控量测控制指标(值)和工程措施优化方案建议。特、一级环境设施专项安全风险评估流程可参照图5.1执行。

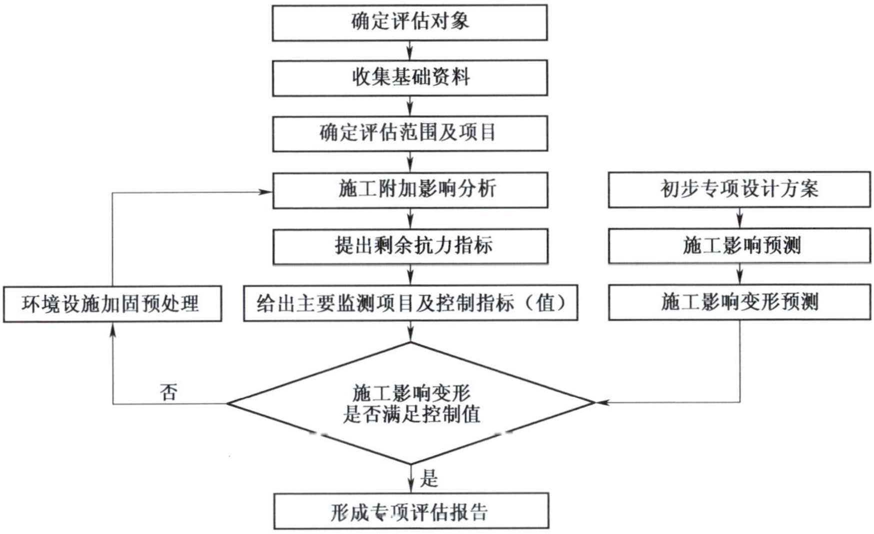

图5.1　特、一级环境风险评估流程

(4)环境影响风险分析与评价应收集相关勘察成果报告、环境调查资料、现状检测报告、环境设施原设计资料、竣工资料等基础资料。特级和一级环境设施的风险评估宜形成专项报告。

5.1.4　风险工程辨识与分级

1. 一般规定

(1)风险辨识阶段宜对影响工程自身安全和周边环境安全的风险因素和可能导致的风险事件进行识别。

(2)风险分级标准应根据工程特点、工程地质及水文地质条件、周边环境条件及可能造成的影响(危害)等,结合建设规模、技术经济和社会发展水平、建设管理经验等确定。

(3)工程自身风险和周边环境风险的等级应分别确定。工程自身风险分为一级、二级和三级,环境风险分为特级、一级、二级和三级。

(4)各设计阶段应在上一阶段风险辨识和分级的基础上,结合设计方案、工程措施、工程地质及水文地质条件、周边环境条件及其变化等,对风险等级进行核查和必要的调整。

(5)风险辨识和分级可采用事故树法、检查表法、工程类比法、专家调查法和模糊综合评判法等方法。

2. 自身风险工程辨识与分级

(1)工程自身风险辨识与分级宜根据工程规模、施工工法、结构形式、工程地质及水文地质条件等因素确定。

(2)设计阶段应对自身风险"关键部位"进行识别,针对自身风险"关键部位"进行专项设计。各种工法结构的工程自身风险关键部位参照表 5. 1-1 确定。

表 5. 1-1　各种施工方法的自身风险关键部位

施工方法	常规的关键部位
明(盖)挖法	止水基坑处于较厚粉细砂、淤泥地层段、异型基坑段、基坑阳角等
矿山法	开设马头门、接口位置、平顶直墙段、浅覆土段、暗挖断面从小变大段、临时支撑拆除、斜坡段、转弯段、小间距隧道、隧道开挖范围内存在较厚粉细砂、淤泥质地层等不良地层、止水段含有砂层等
盾构法	盾构始发、接收段,开仓检修及换刀段,联络通道及泵房,小曲线半径转弯段,小间距隧道,叠落段等
高架结构	桩基、围堰、墩台立柱、盖梁、支座、悬浇、斜拉部位等

(3)明(盖)挖法结构的工程自身风险分级宜以基坑开挖深度为基本依据,并根据基坑形式、工程地质及水文地质条件等进行修正。明(盖)挖法结构的工程自身风险分级宜符合表 5. 1-2 的规定。

表 5. 1-2　明(盖)挖法结构的工程自身风险分级表

<table>
<tr><th>自身风险等级</th><th>基本分级条件</th><th>分级修正依据</th></tr>
<tr><td>一级</td><td>地下四层或开挖深度超过 25 m(含 25 m)</td><td rowspan="3">1. 对以下情况,可上调一级:
(1)基坑结构平面或断面复杂;
(2)开挖宽度超过 35 m;
(3)存在偏压情况;
(4)地质条件复杂;
(5)基坑工程周边环境条件复杂;
(6)邻近河湖渠施工;
(7)基坑结构底板标高位于承压水水位以下,且不具备降水条件。
2. 对以下情况,可下调一级:
(1)采用盖挖逆作法施工;
(2)矿山法、盾构法竖井类基坑</td></tr>
<tr><td>二级</td><td>地下三层或开挖深度 15~25 m(含 15 m)</td></tr>
<tr><td>三级</td><td>地下一~二层或开挖深度 5~15 m(含 5 m)</td></tr>
</table>

注:风险等级修正时,最多只能调整一个等级。

(4) 矿山法结构的工程自身风险分级宜以隧道的结构层数、跨度、断面形状及大小为基本依据，并根据工程地质及水文地质条件、隧道空间状态等进行修正。矿山法结构的工程自身风险分级宜符合表 5.1-3 的规定。

表 5.1-3　矿山法结构的工程自身风险分级表

<table>
<tr><th>自身风险等级</th><th>基本分级条件</th><th>分级修正依据</th></tr>
<tr><td>一级</td><td>地下双层及以上的暗挖车站和类似结构；开挖宽度超过 16 m 的单层隧道；开挖高度超过 18 m的单跨隧道</td><td rowspan="3">对以下情况，可上调一级：
(1) 暗挖结构平面或断面复杂；
(2) 暗挖受力体系转换多；
(3) 暗挖坡度大；
(4) 覆土厚度小；
(5) 相邻暗挖隧道间距离近；
(6) 群洞效应显著；
(7) 采用平顶直墙工法；
(8) 结构进入承压水层，且不具备降水条件；
(9) 采用盾构扩挖方式形成永久结构的暗挖工程；
(10) 地质条件复杂</td></tr>
<tr><td>二级</td><td>开挖宽度在 7～16 m (含 16 m) 的单层隧道；较长范围处与非常接近状态 (隧道净距 $L \leq 0.5B$) 的并行或交叠区间隧道</td></tr>
<tr><td>三级</td><td>一般断面矿山法区间隧道或同体量隧道；较长范围处于较接近状态 ($0.5B <$ 隧道净距 $L \leq 1.5B$) 的并行或交叠隧道</td></tr>
</table>

注：风险等级修正时，最多只能调整一个等级。

(5) 盾构法结构的工程自身风险分级宜以盾构隧道相互之间的空间位置关系、地质条件的适宜性以及工程部位等为基本依据，并根据工程地质及水文地质条件、盾构机形式等进行修正。盾构法结构的工程自身风险分级宜符合表 5.1-4 的规定。

表 5.1-4　盾构法结构的工程自身风险分级表

<table>
<tr><th>自身风险等级</th><th>基本分级条件</th><th>分级修正依据</th></tr>
<tr><td>一级</td><td>较长范围处于非常接近状态 (隧道净距 $L \leq 0.3D$) 的并行或交叠盾构隧道</td><td rowspan="3">1. 对以下情况，可上调一级：
(1) 坡度大；
(2) 覆土厚度小；
(3) 地质条件复杂；
(4) 单洞双线盾构隧道；
(5) 盾构机型与地质条件适应性差。
2. 当地质条件简单时，可下调一级</td></tr>
<tr><td>二级</td><td>较长范围处于接近状态 ($0.3D <$ 隧道净距 $L \leq 0.7D$) 的并行或交叠盾构隧道；盾构区间的联络通道；盾构始发、到达区段</td></tr>
<tr><td>三级</td><td>一般的盾构法区间区段</td></tr>
</table>

注：风险等级修正时，最多只能调整一个等级。

(6)高架结构的工程自身风险分级宜以桥型、跨度、施工方法为基本依据，并根据跨度等进行修正。高架结构的工程自身风险分级宜符合表 5. 1-5 的规定。

表 5. 1-5　高架结构工程自身风险分级表

<table>
<tr><th>自身风险等级</th><th>基本分级条件</th><th>分级修正依据</th></tr>
<tr><td>一级</td><td>单跨跨径≥100 m、斜拉桥、拱桥等体系复杂桥梁</td><td rowspan="3">当斜拉桥、拱桥等体系复杂的桥梁主跨跨度小于 80 m 时，可下调一个等级</td></tr>
<tr><td>二级</td><td>40 m≤单跨跨径<100 m、存在体系转换的桥梁；独柱高架车站</td></tr>
<tr><td>三级</td><td>单跨跨径<40 m、不存在体系转换的桥梁</td></tr>
</table>

注：1. 桥梁承台、基础开挖分级参照表 5. 1-1 分级标准；
2. 存在体系转换的桥梁主要指采用悬浇、转体及顶推等施工方法的桥梁。

3. 环境风险工程辨识与分级

(1)环境风险分级宜根据周边环境设施的重要性、与城市轨道交通工程结构的接近程度、周边环境设施的状况，依据轨道交通建设对环境设施的影响程度大小综合确定。环境风险工程分级符合表 5. 1-6 的规定。

表 5. 1-6　环境风险工程分级表

<table>
<tr><th rowspan="2">环境设施重要性</th><th colspan="4">接近关系</th><th rowspan="2">分级修正依据</th></tr>
<tr><th>接近</th><th>较接近</th><th>一般</th><th>不接近</th></tr>
<tr><td>极重要</td><td>特级</td><td>特级</td><td>一级</td><td>三级</td><td rowspan="4">(1)当地质条件复杂或环境设施现状安全性较差时，可上调一级；
(2)当采用盾构法施工、环境对象在建时与新建城市轨道交通工程设计有过相关配合或预留了一定穿越条件等情况时，可下调一级；
(3)桥梁桩基施工时可下调一级</td></tr>
<tr><td>重要</td><td>一级</td><td>一级</td><td>二级</td><td>三级</td></tr>
<tr><td>极重要</td><td>二级</td><td>二级</td><td>三级</td><td>—</td></tr>
<tr><td>一般</td><td>三级</td><td>三级</td><td>—</td><td>—</td></tr>
</table>

(2)周边环境设施的重要性依据环境设施的类型、功能、使用性质、特征、规模等综合确定，并分为极重要、重要、较重要、一般四级。环境设施重要性分级符合表 5. 1-7 的规定。

表 5.1-7　环境设施重要性分级表

环境重要性等级	基本条件	修正依据
极重要	既有轨道交通线、铁路；国家级保护文物古建；国家城市标志性建筑；机场跑道及停机坪等	当遇下列情况时，可上调一级： (1)环境对象有特殊保护要求； (2)新建城市轨道交通结构下穿环境对象； (3)河湖与地下水有水力联系； (4)邻近存在季节性水位差的河湖水体且可能在汛期施工时等
重要	市级保护性文物古建；近代优秀建筑物，重要工业建筑物，10 层以上高层或超高层民用建筑物，重要地下构筑物；直径大于 0.6 m 的煤气或天然气总管，市政热力干线，雨、污水管总管；交通节点的高架桥、立交桥主桥连续箱梁；城市快速路，高速路；500 kV 及以上高压线；重要河湖等	
较重要	较重要工业建筑物，7 层～9 层中高层民用建筑物，较重要地下构筑物；直径大于 0.6 m 的自来水管总管；城市高架桥、立交桥主桥连续箱梁；110～500 kV 高压线；城市主干路，次干路；较重要河湖等	
一般	一般工业建筑物，1 层～3 层低层民用建筑物，4 层～6 层多层建筑物，一般地下构筑物；直径在 0.3～0.6 m 之间的自来水管刚性支管，直径 0.3～0.6 m 的自来水柔性支管，煤气或天然气支管，市政热力干线、户线，雨、污水管支管；立交桥主桥简支 T 梁、异形板、立交桥匝道桥，人行天桥；城市支路，人行道，广场；一般河湖等	

(3)周边环境设施与新建城市轨道交通结构的接近程度宜用接近关系表示，分为接近、较接近和一般三级。环境设施与新建城市轨道交通结构的接近关系分级宜符合表 5.1-8 的规定。

表 5.1-8　环境设施与新建城市轨道交通结构的接近关系分级表

施工方法	接近关系		
	接近	较接近	一般
明(盖)挖法	基坑周边 $0.4H$(含 $0.4H$)范围内	基坑周边 $0.4H \sim 0.6H$(含)范围内	基坑周边 $0.6H \sim 1.0H$(含)范围内
矿山法	隧道正上方 $0.7B$(含)范围内；隧道外侧 $0.5B$(含)范围内	隧道正上方 $0.7B \sim 1.5B$(含)范围内；隧道外侧 $0.5B \sim 1.0B$(含)范围内	隧道正上方 $>1.5B$； 隧道外侧 $1.0B \sim 2.0B$(含)范围内
盾构法	隧道正上方 $0.5D$(含)范围内；隧道外侧 $0.3D$(含)范围内	隧道正上方 $0.5D \sim 1.0D$(含)范围内；隧道外侧 $0.3D \sim 0.7D$(含)范围内	隧道正上方 $>1.0D$； 隧道外侧 $0.7D \sim 1.0D$(含)范围内
高架结构	桩基外侧 $1d$(含)范围内	桩基外侧 $1d \sim 3d$(含)范围内	桩基外侧 $3d \sim 5d$(含)范围内；上跨

注：H—基坑开挖深度，B—矿山法隧道毛洞设计宽度，D—盾构法隧道设计外径，d—桥梁桩径。

(4)周边环境设施状况可根据环境设施已使用年限和当前结构完好状况等确定,宜通过一般判断或专项检测等综合确定。

(5)当同一单位(子单位)工程范围内存在多个类型相近的环境设施,且采取同一环境保护处理措施时,可归并为一个环境风险群,并按其中较高的风险等级采取措施。

4. 风险工程分级评估成果形式

(1)总体设计阶段应编制形成全线特、一级风险工程清单专册。

(2)初步设计阶段应编制安全风险评估报告(包括全线风险分级表、特级和重要一级环境风险工程专项设计等内容)。

(3)风险分级表宜包括工程标段(工点)名称、风险类别与等级、风险描述、风险数量统计等内容。

(4)施工图设计阶段宜编制针对各工点的安全风险分级核查表或清单专册。

5.1.5　总体设计阶段风险工程设计

1. 一般规定

(1)总体设计阶段应遵循规避不良地质、重要周边环境的原则进行线路走向、车站站位的选择和布置。对于难以规避的重要周边环境应进行深入的风险分析与评估,并提出可有效控制风险且经济合理的技术方案。

(2)总体设计阶段风险工程设计一般以定性分析法、工程类比法等为主,特殊情况可根据具体情况,辅以定量分析。

(3)风险工程设计的基本流程包括:

①收集可研阶段地质资料(或岩土工程初勘报告)和周边建(构)物基本资料;

②识别不良地质条件和工程周边环境,分析不良地质和周边环境与工程实施的相互影响;

③编制影响线路、站位方案的重大风险工程清单;

④分析影响线路、站位方案的重大风险工程,必要时可进行施工影响预测分析;

⑤编制推荐方案的风险控制方案,并进行费用估算。

2. 总体设计阶段风险工程设计要点

(1)总体设计阶段设计任务为稳定线路方案、站位方案及系统方案、落实设计方案可实施性等。本阶段风险设计的重点为梳理全线的可能影响设计任务的重大风险工程,分析后作出判断,若风险不可接受,则应调整线路及站位方案;若风险可接受,则根据风险工程级别制定相应对策。

(2)总体设计阶段应对存在优化可能的线、站位布置方案提出初步设计阶段设计优化方向,以期进一步降低风险等级。应对初步设计阶段设计中可能遇到的特殊地段的勘察、环境调查和现状评估工作提出深度要求，提出需环境调查、勘察、评估单位配合和公司相关部门协调解决的问题及建议。

3. 总体设计阶段风险工程设计成果

总体设计阶段设计文件中应包含对线路及站位方案有影响的重大风险工程设计内容，包括重大风险工程清单、风险工程设计思路、解决方案及风险可控性分析。

5.1.6　初步设计阶段风险工程设计

1. 一般规定

(1)初步设计阶段风险工程设计应在总体设计的基础上，稳定土建方案，全面识别、分析工程风险，对工程重难点进行评估和确认，提出初步技术措施及相应设计概算。

(2)初步设计阶段风险工程设计以定性分析为主，重要风险工程辅以定量分析相结合的方法，主要分析方法有工程类比法、解析法、数值分析法等。

(3)初步设计阶段，自身及环境风险工程设计内容均应体现在初步设计文件中，给出风险工程清单，在对风险进行初步调研、收集相关资料的基础上，对设计方案进行技术经济比较，推荐在风险控制及造价控制方面均较优的方案。

(4)对于识别出的特、重要一级环境风险工程应做风险工程专项设计，专项设计作为对技术措施正确性的论证文本，其内容应与初步设计文件保持一致，且不重复计量。

(5)初步设计阶段风险工程设计的基本流程包括：

①收集岩土工程初勘报告(或岩土工程详勘报告)和环境调查资料；

②在总体设计的基础上，全面识别特、一、二、三级风险工程，进一步分析工程自身和环境的相互影响；

③编制风险工程清单，分级报审并进行风险工程初步设计；

④对重大的风险工程要进行施工影响预测；

⑤编制风险控制方案和监控量测要求；

⑥编制风险工程费用概算。

2. 初步设计阶段风险工程设计要点

(1)明挖法自身风险工程设计要点包括并不限于：

①在总体设计确定的技术条件的基础上，根据初勘资料，进一步优化设计；

②对于建设条件较差、水文地质条件特殊及邻近河湖沟渠的工程，应有针对性的技术措施；

③对于明显承受偏载作用的基坑，计算简图和计算方法应能正确反映偏载对基坑围护结构受力和变形的影响；

④对于基坑形状特殊的工程或其他非标工程，应在判断风险等级及措施时考

虑其特殊性；

⑤设计计算分析时，作用在围护桩主动区的侧土压力，应与围护桩的变形控制条件相适应。当环境保护要求必须严格控制桩身水平位移时，则桩侧土压力应根据实际情况选取；

⑥提出针对自身风险工程的监控量测要求。

（2）矿山法自身风险工程设计要点包括并不限于：

①根据初勘地质资料和场地条件等，调整和基本落实方案设计阶段初定的技术条件；

②应结合地质条件及周边环境调查，通过理论计算和进一步的比选，基本确定车站和区间隧道的结构形式和施工工法；

③当地层组成、地下水情况、环境条件比较复杂，必须采用暗挖法施工的车站，应进行多工法比选；

④暗挖车站应结合场地条件及附属结构布局，合理选择进洞方式；

⑤暗挖区间（尤其是带配线区间）应根据工程地质情况、工程数量及环境要求，合理选择竖井的数量、位置、进洞方式及方向，合理选择区间附属结构的开挖步序及方法；

⑥暗挖工程应根据开挖断面大小、工序具体需求、量测结果反分析结构受力状况，并选择合理初期支护凿除及二次衬砌砌筑方式；

⑦结合工法和施工步序，尽量减少洞室交叉等引起的群洞效应；

⑧当车站或区间隧道底板进入富水地层时，应研究降水、堵水和止水的可靠性及对策；

⑨应提出针对自身风险工程的监控量测要求。

（3）盾构法自身风险工程设计要点包括并不限于：

①结合初勘地质资料，以减少风险为原则确定区间隧道的线位和附属工程的布局；

②对于超近并行或交叠隧道，应明确掘进顺序，并根据受力和沉降要求，分段提出控制措施；

③明确附属工程施工工法和相应技术方案；

④联络通道的布设应尽量避开不良地质及周边环境，对带泵房的联络通道，应尽量减小泵房开挖尺寸，优化开挖断面，减小施工风险；

⑤盾构的始发、到达的端头部位以及区间联络通道，重点关注加固体尺寸、强度及渗透性等参数，当端头部位地层为富水砂层等复杂地层条件时，宜考虑加设降水井等辅助措施。

（4）环境风险工程设计要求

①在总体设计确定的技术条件的基础上，根据初勘及其他周边环境调查成果

资料，结合类似工程及相关规范等要求，进一步优化设计；

②对工程造价、进度、对外协调等影响较大的风险工程，应进行多方案比选，必要时进行定性及定量的数值分析；

③根据周边环境与地铁结构关系，在评价与分析基础上确定周边环境的保护措施和控制要求；

④若管线需拆改，需分析管线改移对主体及附属结构的施工影响；

⑤给出周边环境的监控量测设计；

⑥对特级和重要一级环境风险工程应重点关注并做专项研究。

(5)初步设计风险工程设计应对下阶段的工作提出具体意见和建议，如对施工图阶段设计中可能遇到的特殊地段岩土工程勘察、环境调查和现状评估工作进一步提出深度要求等。

3. 初步设计阶段风险工程设计成果

初步设计成果包括安全风险评估报告(包括全线风险分级清单及特级、重要一级环境风险专项设计)和本体设计文件。

5.1.7　施工图设计阶段风险工程设计

1. 一般规定

(1)本阶段风险工程设计采用以定量分析为主、定性分析为辅的分析方法。主要分析方法有工程类比法、解析法、数值分析法、反分析法等。

(2)在初步设计的基础上深入分析工程存在的风险，预测并评估工程施工的影响，本着控制风险的原则制定控制指标，提出具体技术措施，优选出安全、经济、方便、有实施性的最优方案。

(3)风险工程设计的基本流程包括：

①收集岩土工程详勘报告(或补充、专项勘察)和环境详细调查资料；

②提出对重要周边环境对象的评估需求；

③核实、调整风险等级，编制风险工程清单；

④结合具体施工工艺流程，深入分析潜在的工程风险；

⑤根据风险等级、环境调查报告、检测报告、评估报告及本体系的相关要求，制定施工变形控制指标；

⑥对周边环境进行施工影响预测分析，提出具体的风险控制措施、施工注意事项及应急预案等；

⑦施工过程中，根据监控量测、现场巡视等反馈信息，进行动态设计，必要时进行设计变更。

2. 明(盖)挖法施工图设计阶段风险工程设计要点

(1)自身风险工程设计要求

①在初步设计确定的技术条件的基础上，根据详勘资料，进一步优化、细化设计，反映到施工图中；

②对于风险等级较大的工程，应有相应的方案比选、风险分析、计算模拟等方案优选过程；

③对于施工步序较多、较为复杂的工程，应根据施工影响预测的结果，给出分工序变位（沉降、位移）或应力等监控指标，以及时掌握施工过程的风险信息，便于动态控制；

④根据自身风险工程特点指出关键风险点，要求施工单位针对各种可能的突发事故制定相应的应急预案。

（2）环境风险工程设计要求

①根据详勘地质资料和周边环境的详细调查结果进行施工影响性预测，提出基坑的变形控制指标，细化周边环境的保护措施；

②对于施工步序较多、环境条件复杂的工程，应根据施工影响预测的结果，给出环境对象在各工序的阶段变形或内力监控指标；

③针对周边环境的监控量测进行详细的设计如测点布置、监测频率等；

④根据周边环境特点指出关键风险点，要求施工单位针对各种可能的突发事故时制定相应的应急预案；进行管线改移时，应在设计中分析管线改移对附属结构的施工影响。

（3）常用风险控制或环境保护工程措施

①支撑加强措施：为严格将基坑开挖引起的地层变形限制在需要的范围内，一般需采取支撑加强措施；如增加钢支撑的道数、提高预加轴力值、采用混凝土支撑等；

②围护结构加强措施：当一般的围护结构设计（如钻孔桩、SMW 桩等）不能满足风险工程设计对围护结构刚度及止水性能的要求时，可采用更强的围护结构形式，如钻孔咬合桩、地下连续墙等；连续墙的槽段接头形式可根据需要采用十字钢板、工字钢、预制桩等受力性能和止水性能均较优越的接头形式；

③坑外注浆：当基坑外地层有空洞，或为保护与基坑侧壁距离较近的周边环境构筑物，可从地面或基坑内向坑外地层中注浆，以填充地层孔隙及空洞，或加固周边环境构筑物地基，达到保护基坑稳定和限制该构筑物变形的目的；

④隔离防护：对于距离基坑较近的周边环境构筑物，有条件时可采取基础隔离的保护方式，如隔离桩、隔离素混凝土墙（地下连续墙）、隔离性地层加固等，可有效减少基坑开挖对周边环境基础的影响。

3. 矿山法设计要点包括并不限于

（1）自身风险工程设计要求

①在初步设计确定的技术条件的基础上，根据详勘资料，进一步优化、细化

设计；

②特大断面：在开挖和浇筑二次衬砌过程中，对于受力转换复杂或形式复杂的结构，应着重从洞室划分、开挖步序、初期支护与临时支撑的连接构造、初期支护破除或二次衬砌浇筑过程中临时支撑的置换等方面优化设计；

③马头门：采取"加强初期支护强度并加设横向支撑再开设马头门"，大断面宜优先采用"先衬砌后开口"，提出安全技术措施；

④出入口或风道转弯段：提出出入口或风道转弯段的详细设计和施工要求；

⑤变断面：着重从开挖步序、初期支护和临时支撑的连接构造以及临时支撑的顶替与置换方面优化设计；

⑥明暗分界面：着重从明、暗挖施工步序等方面优化；

⑦根据自身风险工程特点指出关键风险点，要求施工单位针对各种可能的突发事故时制定相应的应急预案。

(2) 环境风险工程设计要求

①根据详勘地质资料和周边环境的详细调查结果对周边环境进行施工影响性预测，提出周边环境保护措施；

②对于隧道拱部横穿或平行设置的污水管、有压水管和煤气管等由于渗漏和破坏可能引发灾难性后果的管线，应提出防护措施和监控要求，包括施工前探明管线渗漏及管底土体的软化情况，对管内水体的引排、防渗或对管体的加固措施，超前探测以及对管线变形和渗漏情况的全过程监控等；

③针对周边环境的监控量测进行详细的设计如测点布置、监测频率等；

④根据周边环境特点指出关键风险点，要求施工单位针对各种可能的突发事故时制定相应的应急预案。

(3) 常用风险控制或环境保护工程措施

①超前地层加固：矿山法隧道近距离穿越桩基、地下管线等地下周边环境构筑物或重要道路前，可采用小导管注浆、长导管注浆等工法，对前方地层进行预加固，以加强地层的强度及刚度，降低隧道开挖造成的不利影响；超前地层加固措施可与大管棚等其他措施结合应用；

②隔离桩：当矿山法隧道近距离侧向穿越房屋、大型地下周边环境构筑物等重要设施前，可在隧道与重要设施之间，从地面施作隔离桩，将隧道开挖引起的地层扰动及变形限制在隧道与隔离桩范围以内，保护周边的重要设施免受或少受隧道开挖的不利影响；

③工法自身工序调整措施：对于工序较为复杂的暗挖工程，自身工序的变化对周边环境的影响较为显著，对于不同的环境特点，应采取针对性的工序安排，充分利用自身工序灵活安排，减少对环境的影响；

④建(构)筑物加固或临时功能限制措施：在采用了所有可采用的施工辅助措

施后，隧道施工仍然不能保证周边建（构）筑物的结构安全或正常使用时，可对该建（构）筑物采用结构加强措施或临时功能限制措施；如当矿山法隧道下穿既有轨道交通车站或区间、侧向穿越立交桥桩基等，可采取既有隧道衬砌加固、桩基加固或托换、限速或管制交通等措施。

4. 盾构法设计要点包括并不限于

（1）自身风险工程设计要求

①在初步设计确定的技术原则和技术方案的基础上，根据详勘提供的地质资料，完成各项施工图设计；

②明确施工管理要求，包括掌子面稳定控制，隧道线型控制、壁后注浆管理及接近施工管理等；

③盾构始发、到达端头部位：着重考虑水、砂、压力同时存在情况下的加固工法选择、加固体尺寸、加固体强度、加固体渗透性，洞门破除、临时止水装置等的优化设计，确保始发和接收的安全；

④联络通道：降止水方法选择、加固工艺选择、加固体尺寸、加固体强度、加固体渗透性，管片破除时的临时支撑的优化，确保整体的稳定；

⑤对于地质较差地层，应加强对盾构刀盘选型、土体改良、机械管理、施工参数控制、盾构换刀检修的预判等；

⑥根据自身风险工程特点指出关键风险点，要求施工单位针对各种可能的突发事故时制定相应的应急预案。

（2）环境风险工程设计要求

①根据详勘地质资料和周边环境的详细调查结果对周边环境进行施工影响性预测，提出周边环境的变形控制指标和保护措施；

②针对周边环境的监控量测进行详细的设计如测点布置、监测频率等；

③根据周边环境特点指出关键风险点，要求施工单位针对各种可能的突发事故时制定相应的应急预案。

（3）常用风险控制或环境保护工程措施

①地面加固措施：由于盾构设备的限制，很难从洞内对地层进行加固；所以，当盾构隧道近距离穿越桥桩、重要管线等设施，且在已采取加强盾尾同步注浆、衬背二次注浆等一般性施工措施后仍不能满足地层变形控制要求时，可提前在地面对需保护的设施周边地层进行加固，可有效地降低盾构施工对其的不利影响；

②径向注浆：对于盾构下穿的周边环境构筑物，为减少盾构机通过后的土体应力释放带来的工后沉降，同时改善特殊地质下盾构自身的纵向不均匀沉降，可采取管片外径向注浆的方式，在盾构管片吊装孔（或其他部位）打设径向注浆管，对管片外部土体进行注浆加固，以加强管片与地层间整体性，改善管片结构力学性质；

③地层冻结：当地下水丰富，且隧道周边地层为粉细砂、粉土、砂卵石等渗透性

地层时，盾构机掘进时的风险较大；特别是当隧道埋深也较大（或超浅），盾构机在上述地层中进行始发、接收或联络通道施工时，可考虑采用冻结法加固地层。

5. 施工图设计阶段风险工程设计成果

（1）在施工图设计阶段，设计文件中应形成特级、一级、二级和三级风险工程清单。

（2）对特级、重要一级环境风险工程应开展专项设计，形成专册；对其他环境风险工程和自身风险工程设计，应在本体施工图设计文件中明确相应的风险控制措施。

6. 控制指标的制定

（1）自身风险工程变形控制指标制定的程序一般如下：

①根据规范要求初步制定监控量测变形控制指标；

②在工程安全风险分级的基础上，进行综合分析和计算；

③结合类似工程经验修正得出工程结构和支护结构的变形控制指标。

（2）环境风险工程的变形控制指标制定时，应根据已有变形值结合剩余变形能力制定变形控制指标；没有历史变形资料时，应对其进行现状评估，根据现状评估结果确定变形控制指标。

（3）对特、一级环境风险工程的变形控制指标制定的程序一般如下：

①根据规范要求初步制定监控量测变形控制指标；

②调查周边环境构筑物现状及历史资料，并进行现状结构评估；

③进行施工影响预测及附加影响分析，当施工附加变形可满足周边环境构筑物剩余变形能力时，可将其确定为变形控制指标；

④工附加变形超过周边环境构筑物剩余变形能力时，应对施工方案进行修改加强，减少其附加变形，重复第 3 条步骤；

⑤仍无法满足周边环境构筑物剩余变形能力时，应对其进行加固处理，重新上述分析步骤；

⑥上述结果，同时参考规范、类似工程经验，制定变形控制指标。

（4）对二级及以下的环境风险工程，变形指标的制定可参考相关规范规定、类似工程经验给出变形控制指标。特殊的情况需要进行施工影响预测和施工附加影响分析参考特、一级环境风险工程变形控制指标的制定。

5.2　工程监测技术指南

5.2.1　监测项目及要求

1. 一般规定

（1）工程监测对象的选择应在满足工程支护结构安全和周边环境保护要求的

条件下，针对不同的施工方法、支护结构设计方案、周围岩土体及周边环境条件综合确定。

（2）工程监测项目应根据监测对象的特点、工程监测等级、工程影响分区、设计及施工的要求合理确定，并应反映监测对象的变化特征和安全状态。

（3）各监测对象和项目应相互配套，满足设计、施工方案的要求，并形成有效、完整的监测体系。

2. 仪器监测项目

（1）明（盖）挖法基坑、竖井围护结构和周围岩土体仪器监测项目应根据表5.2-1选择。

表5.2-1 明（盖）挖法基坑、竖井围护结构和周围岩土体仪器监测项目

序号	监测项目	工程监测等级		
		一级	二级	三级
1	支护桩（墙）、边坡顶部水平位移	√	√	√
2	支护桩（墙）、边坡顶部竖向位移	√	√	√
3	支护桩（墙）体水平位移	√	√	○
4	支护桩（墙）结构应力	○	○	○
5	立柱结构竖向位移	√	√	○
6	立柱结构水平位移	√	○	○
7	立柱结构应力	○	○	○
8	支撑轴力	√	√	√
9	顶板应力	○	○	○
10	锚杆、锚索拉力	√	√	√
11	土钉拉力	○	○	○
12	地表沉降	√	√	√
13	竖井初期支护井壁净空收敛	√	√	√
14	土体深层水平位移	○	○	○
15	土体分层竖向位移	○	○	○
16	坑底隆起（回弹）	○	○	○
17	支护桩（墙）侧向土压力	○	○	○
18	地下水位	√	√	√
19	孔隙水压力	○	○	○

注：√——应测项目，○——选测项目。

（2）盾构法隧道管片结构和周围岩土体仪器监测项目应根据表5.2-2选择。

表 5. 2-2　盾构法隧道管片结构和周围岩土体监测项目

序号	监测项目	工程监测等级		
		一级	二级	三级
1	管片结构竖向位移	√	√	√
2	管片结构水平位移	√	○	○
3	管片结构净空收敛	√	√	√
4	管片结构应力	○	○	○
5	管片连接螺栓应力	○	○	○
6	地表沉降	√	√	√
7	土体深层水平位移	○	○	○
8	土体分层竖向位移	○	○	○
9	管片围岩压力	○	○	○
10	孔隙水压力	○	○	○

注:√——应测项目,○——选测项目。

(3)矿山法隧道支护结构和周围岩土体仪器监测项目应根据表 5. 2-3 选择。

表 5. 2-3　矿山法隧道支护结构和周围岩土体监测项目

序号	监测项目	工程监测等级		
		一级	二级	三级
1	初期支护结构拱顶沉降	√	√	√
2	初期支护结构底板竖向位移	√	○	○
3	初期支护结构净空收敛	√	√	√
4	隧道拱脚竖向位移	○	○	○
5	中柱结构竖向位移	√	√	○
6	中柱结构倾斜	○	○	○
7	中柱结构应力	○	○	○
8	初期支护结构、二次衬砌应力	○	○	○
9	地表沉降	√	√	√
10	土体深层水平位移	○	○	○
11	土体分层竖向位移	○	○	○
12	围岩压力	○	○	○
13	地下水位	√	√	√

注:√——应测项目,○——选测项目。

(4)当遇到下列情况时,应对工程周围岩土体进行监测:

①基坑深度较大、基底土质软弱或基底下存在承压水且对工程影响较大时，应进行坑底隆起(回弹)监测；

②基坑侧壁、隧道围岩的地质条件复杂，岩土体易产生较大变形、空洞、坍塌的部位或区域，应进行土体分层竖向位移或深层水平位移监测；

③在软土地区，基坑或隧道邻近对沉降敏感的建(构)筑物等环境时，应进行孔隙水压力、土体分层竖向位移或深层水平位移监测；

④工程邻近或穿越岩溶、断裂带等不良地质条件，或施工扰动引起周围岩土体物理力学性质发生较大变化，并对支护结构、周边环境或施工可能造成危害时，应结合工程实际选择岩土体监测项目。

(5)周边环境监测项目应根据表5.2-4选择。当主要影响区存在高层、高耸建(构)筑物时，应进行倾斜监测。既有城市轨道交通高架线和地面线的监测项目可按照桥梁和既有铁路的监测项目选择。

(6)当工程周边存在既有轨道交通或对位移有特殊要求的建(构)筑物及设施时，监测项目应与有关管理部门或单位共同确定。

(7)采用钻爆法施工时，应对爆破振动影响范围内的建(构)筑物、桥梁等高风险环境进行振动速度或加速度监测。

表5.2-4 周边环境监测项目

监测对象	监测项目	工程影响分区	
		主要影响区	次要影响区
建(构)筑物	竖向位移	√	√
	水平位移	○	○
	倾斜	○	○
	裂缝	√	○
地下管线	竖向位移	√	○
	水平位移	○	○
	差异沉降	√	○
高速公路与城市道路	路面路基竖向位移	√	○
	挡墙竖向位移	√	○
	挡墙倾斜	√	○
桥　梁	墩台竖向位移	√	√
	墩台差异沉降	√	√
	墩柱倾斜	√	√
	梁板应力	○	○
	裂缝	√	○

续上表

监测对象	监测项目	工程影响分区	
		主要影响区	次要影响区
既有城市轨道交通	隧道结构竖向位移	√	√
	隧道结构水平位移	√	○
	隧道结构净空收敛	○	○
	隧道结构变形缝差异沉降	√	√
	轨道结构(道床)竖向位移	√	√
	轨道静态几何形位(轨距、轨向、高低、水平)	√	√
	隧道、轨道结构裂缝	√	○
既有铁路(包括城市轨道交通地面线)	路基竖向位移	√	√
	轨道静态几何形位(轨距、轨向、高低、水平)	√	√
重要的建(构)筑物、桥梁等	爆破振速	√	√

注:√——应测项目,○——选测项目。

5.2.2　监测点布设原则

1. 监测点布设原则

(1)监测点的布设应符合下列基本要求:

①监测设计之前,设计单位应对施工现场进行复核;监测点布设位置应合理可行、便于观测,不影响和妨碍监测对象的正常受力和使用,并避免因施工影响而破坏;

②监测点应综合考虑周边环境与支护结构情况进行优化布设,一般首先根据支护结构和周边环境情况布设支护结构监测点,其次选取影响范围内的建(构)筑物、桥梁进行监测点布设,再次布设地下管线监测点,布设市政道路监测点,最后结合支护结构和周边环境监测点情况布设地表监测点;

③周边环境、支护结构监测点应尽量布置在同一断面;

④监测点布置于能够反映施工影响的典型部位,能够切实反映出工程安全状态。

(2)监测设计中监测点的布设部位和监测点间距应根据施工工法、工程风险等级、地质条件及监测方法的要求综合确定,并应满足反映监测对象实际状态、位移和内力变化规律,及分析监测对象安全状态的要求。监测点布设宜符合表5.2-5~表5.2-8的规定。

表 5.2-5　明(盖)挖法基坑工程监测点布设原则

序号	监测项目	监测点布设原则
1	支护桩(墙)、边坡顶部水平位移和竖向位移	(1)监测点应沿基坑周边布设,且监测等级为一级、二级时,布设间距宜为 10~20 m;监测等级为三级时,布设间距宜为 20~30 m; (2)基坑各边中间部位、阳角部位、深度变化部位、邻近建(构)筑物及地下管线等重要环境部位、地质条件复杂部位等,应布设监测点; (3)对于出入口、风井等附属工程的基坑,每侧的监测点不应少于 1 个; (4)水平和竖向位移监测点宜为共用点,监测点应布设在支护桩(墙)或基坑坡顶
2	支护桩(墙)体水平位移	(1)监测点应沿基坑周边的桩(墙)体布设,且监测等级为一级、二级时,布设间距宜为 20~40 m;监测等级为三级时,布设间距宜为 40~50 m; (2)基坑各边中间部位、阳角部位及其他代表性部位的桩(墙)体应布设监测点; (3)监测点的布设位置宜与支护桩(墙)顶部水平位移和竖向位移监测点处于同一监测断面
3	支护桩(墙)结构应力	(1)基坑各边中间部位、深度变化部位、桩(墙)体背后水土压力较大部位、地面荷载较大或其他变形较大部位、受力条件复杂部位等,应布设竖向监测断面; (2)监测断面的布设位置与支护桩(墙)体水平位移监测点宜共同组成监测断面; (3)监测点的竖向间距应根据桩(墙)体的弯矩大小及土层分布情况确定,监测点竖向间距不宜大于 5 m,在弯矩最大处应布设监测点
4	立柱结构竖向位移、水平位移和结构应力	(1)竖向位移和水平位移监测数量不应少于立柱总数量的 5%,且不应少于 3 根。当基底受承压水影响较大或采用逆作法施工时,应适当增加监测数量; (2)竖向位移和水平位移监测宜选择基坑中部、多根支撑交汇处、地质条件复杂处的立柱; (3)竖向位移和水平位移监测点宜布设在便于观测和保护的立柱侧面上; (4)水平位移监测点宜在立柱结构顶部、底部上下对应布设,必要时可在中部增加监测点; (5)结构应力监测应选择受力较大的立柱,监测点宜布设在各层支撑立柱的中间部位或立柱下部的 1/3 部位,可沿立柱周边均匀布设 4 个监测点
5	支撑轴力	(1)宜选择基坑中部、阳角部位、深度变化部位、支护结构受力条件复杂部位及在支撑系统中起控制作用的支撑; (2)应沿竖向布设监测断面,每层支撑均应布设监测点; (3)每层支撑的监测数量不宜少于每层支撑数量的 10%,且不应少于 3 根; (4)监测断面的布设位置与相近的支护桩(墙)体水平位移监测点宜共同组成监测断面; (5)采用轴力计监测时,监测点应布设在支撑的端部;采用钢筋计或应变计监测时,可布设在支撑中部或两支点间 1/3 部位,当支撑长度较大时也可布设在 1/4 点处,并应避开节点位置

续上表

序号	监测项目	监测点布设原则
6	盖挖法顶板应力	(1)应选择具有代表性的断面进行顶板应力监测; (2)监测点宜布设在立柱(或边桩)与顶板的刚性连接部位和两根立柱(或边桩与立柱)的跨中部位,每个监测点纵横两个方向均应进行监测
7	锚杆拉力	(1)宜选择基坑各边中间部位、阳角部位、深度变化部位、地质条件复杂部位及周边存在高大建(构)筑物部位的锚杆; (2)应沿竖向布设监测断面,每层锚杆均应布设监测点,每层锚杆的监测数量不应少于 3 根; (3)每根锚杆上的监测点宜设置在锚头附近或受力有代表性的位置
8	土钉拉力	(1)宜选择基坑各边中间部位、阳角部位、深度变化部位、地质条件复杂部位及周边存在高大建(构)筑物部位的土钉; (2)应沿竖向布设监测断面,每层土钉均应布设监测点; (3)每根杆体上的监测点应设置在受力有代表性的位置; (4)监测点的布设位置与支护桩(墙)体水平位移监测点宜共同组成监测断面
9	地表沉降	(1)沿平行基坑周边边线布设地表沉降监测点不应少于 2 排,排距宜为 3~8 m,第一排监测点距基坑边缘不宜大于 2 m,每排监测点间距宜为10~20 m; (2)应根据基坑规模和周边环境条件,选择有代表性的部位布设垂直于基坑边线的横向监测断面,每个横向监测断面监测点的数量和布设位置应满足对基坑工程主要影响区和次要影响区的控制,每侧监测点数量不宜少于 5 个; (3)监测点及监测断面的布设位置应与周边环境监测点布设相结合
10	竖井井壁支护结构净空收敛	(1)沿竖向每 3~5 m 应布设一个监测断面; (2)每个监测断面在竖井结构的长、短边中部应布设监测点,每个监测断面不应少于 2 条测线
11	坑底隆起(回弹)	(1)应根据基坑的平面形状和尺寸布设纵向、横向监测断面; (2)监测点宜布设在基坑的中央、距坑底边缘的 1/4 坑底宽度处以及其他能反映变形特征的位置,当基底土质软弱、基底以下存在承压水时,宜适当增加监测点; (3)回弹监测标志应埋入基坑底面以下 20~30 cm
12	地下水位	(1)应根据水文地质条件的复杂程度、降水深度、降水的影响范围和周边环境保护要求,在降水区域及影响范围内分别布设地下水位观测孔,观测孔数量应满足掌握降水区域和影响范围内的地下水位动态变化的要求; (2)当降水深度内存在 2 个以上含水层时,应分层布设地下水位观测孔观测各层地下水位变化情况; (3)降水区靠近地表水体时,应在其附近增设地下水位观测孔,观测和分析地表水对地下水的影响

续上表

序号	监测项目	监测点布设原则
13	支护桩(墙)侧向土压力	(1)监测点应布置在受力、土质条件变化较大或其他有代表性的部位; (2)平面布置上基坑每边不宜少于 2 个监测点;在竖向布置上,监测点间距宜为 2~5 m,下部宜加密; (3)当按土层分布情况布设时,每层应至少布设 1 个测点,且布置在各层土的中部
14	土体深层水平位移	(1)宜布置在基坑周边的中部、阳角处及有代表性的部位。监测点水平间距宜为 20~50 m,每边监测点数目不应少于 1 个; (2)用测斜仪观测深层水平位移时,测斜管长度不宜小于基坑开挖深度的 1.5 倍,并应大于支护墙的深度;以测斜管底为固定起算点时,管底应嵌入到稳定的土体中
15	土体分层竖向位移	应布置在靠近被保护对象且有代表性的部位,数量视具体情况确定。在竖向布置上测点宜设置在各层土的界面上,也可等间距设置。测点深度、测点数量应视具体情况确定
16	孔隙水压力	宜布置在基坑受力、变形较大或有代表性的部位。监测点竖向布置宜在水压力变化影响深度范围内按土层分布情况布设,竖向间距宜为 2~5 m,数量不宜少于 3 个

表 5.2-6　盾构法隧道工程监测点布设原则

序号	监测项目	监测点布设原则
1	盾构管片结构竖向、水平位移和净空收敛	(1)在盾构始发与接收段、联络通道附近、左右线交叠或邻近段、小半径曲线段等区段应布设监测断面; (2)存在地层偏压、围岩软硬不均、地下水位较高等地质条件复杂区段应布设监测断面; (3)下穿或邻近重要建(构)筑物、地下管线、河流湖泊等周边环境条件复杂区段应布设监测断面; (4)每个监测断面宜在拱顶、拱底、两侧拱腰处布设管片结构净空收敛监测点,拱顶、拱底的净空收敛监测点可兼作竖向位移监测点,两侧拱腰处的净空收敛监测点可兼作水平位移监测点
2	盾构管片结构应力、管片围岩压力、管片连接螺栓应力	(1)应布设垂直于隧道轴线的监测断面,监测断面宜布设在存在地层偏压、围岩软硬不均、地下水位较高等地质或环境条件复杂地段,并与管片结构竖向位移和净空收敛监测断面处于同一位置; (2)每个监测项目在每个监测断面的监测点数量不宜少于 5 个或每环管片数量
3	地表沉降	(1)监测点应沿盾构隧道轴线上方地表布设,自身风险等级为一级时,监测点间距宜为 5~10 m;自身风险等级为二级、三级时,监测点间距宜为 10~30 m,始发和接收段应适当增加监测点;

续上表

序号	监测项目	监测点布设原则
3	地表沉降	(2)应根据周边环境和地质条件布设垂直于隧道轴线的横向监测断面，自身风险等级为一级时，监测断面间距宜为 50～100 m；自身风险等级为二级、三级时，间距宜为 100～150 m； (3)在始发和接收段、联络通道等部位及地质条件不良易产生开挖面坍塌和地表过大变形的部位，应有横向监测断面控制； (4)横向监测断面的监测点数量宜为 7～11 个，在强烈影响区监测点间距宜为 3～5 m，显著影响区间距宜为 5～10 m
4	土体深层水平位移和分层竖向位移	(1)地层疏松、土洞、溶洞、破碎带等地质条件复杂地段，软土、膨胀性岩土、湿陷性土等特殊性岩土地段，工程施工对岩土体扰动较大或邻近重要建(构)筑物、地下管线等地段应布设监测孔及监测点； (2)监测孔的位置和深度应根据工程需要确定，并应避免管片背后注浆对监测孔的影响； (3)土体分层竖向位移监测点宜布设在各层土的中部或界面上，也可等间距布设
5	孔隙水压力	(1)宜选择在隧道管片结构受力和变形较大、存在饱和软土和易产生液化的粉细砂土层等有代表性的部位进行布设； (2)竖向监测点宜在水压力变化影响深度范围内按土层分布情况布设，竖向监测点间距宜为 2～5 m，数量不宜少于 3 个

表 5.2-7　矿山法隧道工程监测点布设原则

序号	监测项目	监测点布设原则
1	初期支护结构拱顶沉降、净空收敛	(1)应布设垂直于隧道轴线的横向监测断面，车站监测断面间距宜为 5～10 m，区间监测断面间距宜为 10～15 m； (2)监测点宜在隧道拱顶、两侧拱脚处(全断面开挖时)或拱腰处(半断面开挖时)布设，拱顶的沉降监测点可兼作净空收敛监测点，净空收敛测线宜为 1～3 条； (3)分部开挖施工的每个导洞均应布设横向监测断面； (4)监测点应在初期支护结构完成后及时布设
2	初期支护结构底板竖向位移	监测点宜布设在初期支护结构底板的中部或两侧，监测点的布设位置与拱顶沉降监测点宜对应布设
3	隧道拱脚竖向位移	在隧道周围岩土体存在软弱土层时应布设隧道拱脚竖向位移监测点
4	车站中柱沉降、倾斜及结构应力	应选择有代表性的中柱进行沉降、倾斜监测。当需进行中柱结构应力监测时，监测数量不应少于中柱总数的 10%，且不应少于 3 根，每柱宜布设 4 个监测点，并在同一水平面内均匀布设

续上表

序号	监测项目	监测点布设原则
5	围岩压力、初期支护结构应力、二次衬砌应力	(1)在地质条件复杂或应力变化较大的部位布设监测断面,应力监测断面与净空收敛监测断面宜处于同一位置; (2)监测点宜布设在拱顶、拱脚、墙中、墙脚、仰拱中部等部位,监测断面上每个监测项目不宜少于5个监测点; (3)需拆除竖向初期支护结构的部位应根据需要布设监测点
6	地表沉降	(1)监测点应沿每个隧道或分部开挖导洞的轴线上方地表布设,自身风险等级为一、二级时,监测点间距宜为5~10 m;自身风险等级为三级时,监测点间距宜为10~15 m; (2)横通道(含挑高段)布点间距宜为3~5 m; (3)应根据周边环境和地质条件沿地表布设垂直于隧道轴线的横向监测断面,自身风险等级为一级时,监测断面间距宜为10~50 m;自身风险等级为二级、三级时,间距宜为50~100 m; (4)在车站与区间、车站与附属结构、明暗挖等的分界部位,洞口、隧道断面变化、联络通道、施工通道等部位及地质条件不良易产生开挖面坍塌和地表过大变形的部位,应有横向监测断面控制; (5)横向监测断面的监测点数量宜为7~11个,监测点间距宜为3~10 m
7	土体深层水平位移和分层竖向位移	(1)地层疏松、土洞、溶洞、破碎带等地质条件复杂地段,软土、膨胀性岩土、湿陷性土等特殊性岩土地段,工程施工对岩土体扰动较大或邻近重要建(构)筑物、地下管线等地段应布设监测孔及监测点; (2)监测孔的位置和深度应根据工程需要确定,并应避免管片背后注浆对监测孔的影响; (3)土体分层竖向位移监测点宜布设在各层土的中部或界面上,也可等间距布设
8	地下水位	(1)应根据水文地质条件的复杂程度、降水深度、降水的影响范围和周边环境保护要求,在降水区域及影响范围内分别布设地下水位观测孔,观测孔数量应满足掌握降水区域和影响范围内的地下水位动态变化的要求; (2)当降水深度内存在2个以上含水层时,应分层布设地下水位观测孔观测各层地下水位变化情况; (3)观测孔数量应根据工程需要确定

表 5.2-8　周边环境监测点布设原则

序号	监测项目	监测点布设原则
1	建(构)筑物竖向位移	(1)监测点应布设在外墙或承重柱上,位于强烈影响区时监测点沿外墙间距宜为10~15 m,或每隔2根承重柱布设1个监测点;位于显著影响区时监测点沿外墙间距宜为15~30 m,或每隔2~3根承重柱布设1个监测点;在外墙转角处应有监测点控制;

续上表

序号	监测项目	监测点布设原则
1	建(构)筑物竖向位移	(2)在高低悬殊或新旧建(构)筑物连接、建(构)筑物变形缝、不同结构分界、不同基础形式和不同基础埋深等部位的两侧应布设监测点； (3)对烟囱、水塔、高压电塔等高耸构筑物，应在其基础轴线上对称布设监测点，每栋构筑物监测点布设数量不应少于 3 个； (4)风险等级较高的建(构)筑物应适当增加监测点数量
2	建(构)筑物水平位移	监测点应布设在邻近基坑或隧道一侧的建(构)筑物外墙、承重柱、变形缝两侧及其他有代表性的部位，可与建(构)筑物竖向位移监测点布设在同一位置
3	建(构)筑物倾斜	(1)监测点应沿主体结构顶部、底部上下对应按组布设，必要时中部增加监测点； (2)每栋建(构)筑物倾斜监测数量不宜少于 2 组，每组监测点布设数量不应少于 2 个； (3)采用基础的差异沉降推算建(构)筑物倾斜时，监测点的布设应符合竖向位移监测点的布设要求
4	桥梁墩台竖向位移	监测点应布设在墩柱或承台上，每个墩柱和承台监测点的布设数量不应少于 1 个，群桩承台宜适当增加监测点
5	桥梁墩柱倾斜	采用全站仪监测时，监测点应沿墩柱顶、底部上下对应按组布设，每个墩柱倾斜监测的布设数量不应少于 1 组，每组监测点的布设数量不宜少于 2 个；采用倾斜仪时，监测点的布设数量不应少于 1 个
6	桥梁结构应力	监测点宜布设在桥梁梁板结构中部或应力变化较大部位
7	地下管线竖向位移、水平位移和差异沉降	(1)地下管线监测点埋设形式和布设位置应根据地下管线的重要性、修建年代、类型、材质、管径、接口形式、埋设方式、使用状况，以及与工程的空间位置关系等综合确定； (2)地下管线位于强烈影响区时，竖向位移监测点布设间距宜为 5~15 m；位于显著影响区时，布设间距宜为 15~30 m； (3)监测点宜布设在地下管线的节点、转角点、位移变化敏感或预测变形较大的部位； (4)地下管线邻近基坑或隧道时，宜采用位移杆法在管体上布设直接监测点对管线变形进行监测；距离基坑或隧道较远且无法布设直接监测点时，可在地表或土层中布设间接监测点对管线变形进行监测； (5)隧道下穿污水、供水、燃气、热力等地下管线且风险很高时，应布设管线结构直接监测点及管侧土体监测点，对管线变形及管侧土体变形进行监测，判断管线与管侧土体的协调变形情况； (6)地下管线水平位移监测点的布设位置和数量应根据地下管线特点和工程需要确定； (7)地下管线密集、种类繁多时，应对重要的、抗变形能力差的、容易渗漏或破坏的管线进行重点监测

续上表

序号	监测项目	监测点布设原则
8	高速公路与城市道路的路面路基竖向位移	(1)监测点的布设应与路面下方的地下构筑物和地下管线的监测工作相结合,做到监测点布设合理、相互协调; (2)路面竖向位移监测应根据施工工法,按地表沉降的要求布设监测点,并结合路面实际情况布设监测点和监测断面。对高速公路和城市重要道路应适当增加监测断面数量; (3)隧道下穿高速公路、城市重要道路时,应适当布设路基竖向位移监测点,路肩或绿化带上应有地表监测点控制
9	高速公路与城市道路的挡墙竖向位移	监测点宜沿挡墙走向布设,挡墙位于强烈影响区时,布设间距宜为 5~10 m;位于显著影响区时,布设间距宜为 10~15 m
10	高速公路与城市道路的挡墙倾斜	监测点应根据挡墙的结构形式选择监测断面布设,每段挡墙监测断面的布设数量不应少于 1 个,每个监测断面上、下监测点应布设在同一竖直面上
11	既有轨道交通隧道结构变形	(1)既有轨道交通隧道结构竖向位移、水平位移和净空收敛监测应按监测断面布设,既有隧道结构位于强烈影响区时,监测断面间距宜为 5 m;位于显著影响区时,监测断面间距不宜大于 10 m;每个监测断面宜在隧道结构顶部或底部、结构柱、两边侧墙布设监测点; (2)既有轨道交通高架桥结构监测点可按桥梁的要求进行布设; (3)既有轨道交通地面线的路基竖向位移监测可按道路路基竖向位移的要求布设监测断面,每个监测断面中的每条股道下方的路基及附属设施均应布设监测点; (4)既有轨道交通整体道床或轨枕的竖向位移监测应按监测断面布设,监测断面与既有隧道结构或路基的竖向位移监测断面宜处于同一里程; (5)轨道静态几何形位监测点的布设应按城市轨道交通或铁路的工务维修、养护标准的要求合理确定; (6)既有轨道交通附属设施监测点可按照建(构)筑物的要求进行布设
12	建(构)筑物、桥梁、既有轨道交通隧道结构、轨道结构的裂缝宽度	(1)裂缝宽度监测应根据裂缝的分布位置、走向、长度、宽度、错台等参数,分析裂缝的性质、产生的原因及发展趋势,选取应力或应力变化较大部位的裂缝或宽度较大的裂缝进行监测; (2)裂缝宽度监测宜在裂缝的最宽处及裂缝首、末端按组布设,每组 2 个监测点,并应分别布设在裂缝两侧,且其连线应垂直于裂缝

注:监测点应根据工程与环境对象的空间位置关系进行适当调整,一般符合近密远疏的原则。

2. 第三方监测选点原则

(1)第三方监测重点对工程周边环境、明(盖)挖法基坑及竖井的支护结构进行监测,监测项目应涵盖《城市轨道交通工程监测技术规范》(GB 50911—2013)中对以上监测对象要求的应测项目,并辅以部分选测类项目。

(2)第三方监测项目的选择应在监测对象确定的基础上,综合考虑工程地质条件与水文地质条件、工程规模与施工技术难点(支护结构形式、施工方法、埋深等)及周边环境条件等因素,同时兼顾经济性的要求。

(3)第三方监测支护结构监测范围包括:

①支护结构桩(墙)顶水平位移监测范围为主体基坑及附属结构四周的支护结构;

②支护结构桩(墙)体变形监测范围为主体基坑四周的支护结构以及邻近重要建(构)筑物、地下管线等特殊附属结构的支护结构;

③自身风险等级为一级基坑中部的立柱;

④支撑轴力监测范围为主体结构的每层支撑;

⑤锚杆拉力监测范围为主体基坑的每层锚杆。

(4)第三方监测的监测点应根据设计文件监测内容进行优化确定,并遵循下列原则:

①第三方监测的周边环境监测点应与施工监测同点位;

②支护结构和地表沉降监测应选择工程关键部位的监测点进行监测,工程关键部位主要包括基坑各边中间部位、阳角部位、深度变化部位、邻近建(构)筑物及地下管线等重要环境部位、地质条件复杂部位,盾构法隧道始发和接收段、联络通道等部位及地质条件不良易产生开挖面坍塌和地表过大变形的部位,以及矿山法隧道在车站与区间、车站与附属结构、明暗挖等的分界部位,洞口、隧道断面变化、联络通道、施工通道等部位及地质条件不良易产生开挖面坍塌和地表过大变形的部位;

③支护结构和地表沉降监测在其他部位的监测点间距可取施工监测点间距的 2 倍~3 倍;

④城市轨道交通既有线、既有铁路的变形监测点应根据评估影响及轨道防护提出的要求布设,对既有结构、道床、轨道均应布设监测点;

⑤工程穿越的既有轨道交通设施、重要建(构)筑物、高速公路、桥梁、地下管线、机场跑道等需专项监测的监测对象,应根据产权单位的要求综合确定监测点的布设位置和间距;

⑥第三方监测的监测点主要监测项目选点宜符合表 5. 2-9 和表 5. 2-10 的规定,其余必测项目选点应符合《城市轨道交通工程监测技术规范》(GB 50911—2013)规定。

5. 2. 3　监测方法及技术要求

1. 一般规定

(1)监测方法的选择应根据监测对象和监测项目特点、工程监测等级、设计要求、精度要求、场地条件、当地经验等因素综合确定,并应合理易行。

表 5.2-9　工程支护结构和周围岩土体监测点布设原则

序号	施工方法	监测项目	监测点布设原则
1	明(盖)挖法	支护桩(墙)、边坡顶部水平位移	在基坑短边的中点,基坑阳角处,基坑长边每 40 m 设一测点(包含桩顶水平位移)
2		支护桩(墙)体水平位移	对一、二级基坑,在基坑短边的中点,基坑阳角处,基坑长边每 40 m 设一测点,与桩顶水平位移监测宜处于同一断面
3		立柱结构竖向位移	不少于立柱总数量的 5%,且不少于 3 根
4		支撑轴力	对一、二级基坑,沿基坑长边每 40 m 设一组,端部斜撑每端各设 2 组,测点与桩顶水平位移宜处于同一断面
5		锚杆拉力	(1)对自身风险等级为一、二级的基坑进行锚杆拉力监测; (2)宜选择基坑各边中间部位、阳角部位、深度变化部位、地质条件复杂部位及周边存在高大建(构)筑物部位的锚杆; (3)应沿竖向布设监测断面,每层锚杆均应布设监测点,每层锚杆的监测数量不应少于 3 根; (4)每根锚杆上的监测点宜设置在锚头附近或受力有代表性的位置
6		地表沉降	1. 车站 (1)在基坑四周距坑边 10 m 的范围内沿坑边设 2 排沉降观测点,排距 3~8 m,点距 40 m; (2)对暗挖出入口、换乘通道和风道结构,在结构中线对应地表布设一排测点,测点间距 10 m; (3)在工法变化的部位、车站与区间的结合部位、车站与风道结合部位以及马头门等处均应布设测点; (4)道路和地表沉降点应结合地下管线沉降测点布设。 2. 逆做竖井 在基坑四周距坑边 10 m 的范围内沿坑边设 2 排沉降观测点,排距 3~8 m,与竖井长、短边中线和对角线相交位置各布 1 个测点。当布设范围内有重要管线时,应将测点布设在控制标准更加严格的管线或其对应的地表
7	盾构法	地表沉降	(1)纵向沿隧道轴线设置,始发 100 m 和到达井 40 m 范围内测点间距 10 m,其他范围每 40 m 设 1 个测点; (2)横向断面布置在联络通道的位置、距始发井 10 m 和 50 m,距到达井 10 m 处,每个横断面布置 7~11 个测点; (3)道路和地表沉降点应结合地下管线沉降测点布设

续上表

序号	施工方法	监测项目	监测点布设原则
8	矿山法	地表沉降	1. 车站地表 (1)从施工横通道马头门沿开挖方向布点; (2)在上层导洞和大拱拱顶对应的地表各布设 1 排测点,测点间距均为 20 m; (3)横向断面布置 2~3 个主测横断面,每个横断面布置 7~11 个测点,依据近密远疏的原则布置,最外侧位于结构外沿不小于 1 倍埋深; (4)在工法和结构断面变化的部位按照断面较大或工法复杂的断面布设监测点; (5)在暗挖施工横通道、出入口和风道结构中线位置布设 1 排测点,测点间距 10 m; (6)道路和地表沉降点应结合地下管线沉降测点布设。 2. 区间地表 (1)沿区间暗挖隧道马头门向掘进方向布点,标准断面沿中线对应地表每 30 m 设 1 个测点,大断面在结构中心线对应的地表每 20 m 设 1 点; (2)在工法和结构断面变化的部位如暗挖车站与区间结合部位,按照大断面或工法较为复杂的结构设置地表监测点

表 5.2-10　周边环境监测点布设原则

序号	监测项目	监测点布设原则
1	建(构)筑物竖向位移	(1)建筑物结构四角、拐角处及沿外墙每 15 m 处或每隔 2 根承重柱基上; (2)高低悬殊或建(构)筑物连接处、变形缝和不同埋深基础的两侧; (3)烟囱、水塔、高压塔等高耸建筑物,沿基础轴线对称布点,不少于 3 个点
2	建(构)筑物倾斜	主要影响范围内的高层建筑物、高耸建(构)筑物,每栋建(构)筑物测点不少于 2 组,每组 2 个测点,布置在面向基坑或隧道侧
3	桥梁墩台竖向位移	墩台沉降监测点应布设在墩柱或承台上,每个墩柱和承台 1 个沉降测点
4	桥梁墩柱倾斜	每个墩柱布设 1 组倾斜测点
5	地下管线竖向位移和差异沉降	1. 明挖法 (1)在基坑四周距坑边 10 m 的范围内有重要管线时,将道路和地表测点布设在控制标准更加严格的管线或其对应的地表,排距 3~8 m,点间距 20 m; (2)车站基坑影响范围内存在重要管线或建筑物时,每 40 m 左右设 1 个横向监测断面,测点间距 5 m;当存在多条重要管线时,测点应布设在变形控制要求较高的管线上或其对应的地表位置。 2. 盾构法 (1)在盾构隧道范围内存在多条平行隧道的重要管线,将测点布设在沉降控制要求最高且靠近隧道中线的管线或其对应的地表位置,点间距 20 m;取消相应范围内道路及地表沉降点的布置;

续上表

序号	监测项目	监测点布设原则
5	地下管线竖向位移和差异沉降	(2)盾构区间垂直或斜穿重要管线时,在隧道中线和两侧 10 m 位置的管线或其对应地表各布 1 个测点; (3)存在重要管线段,每 100 m 左右设一个横向监测断面,每个横向断面布置 5~7 个测点,测点间距为 5 m;当存在多条重要管线且距离较近时,测点应布设在变形控制要求较高的管线上或其对应的地表位置。 3. 矿山法车站 (1)车站顶部正上方地下管线原则上不单独设测点,施工过程中地下管线的变形值取与之最近处的地表变形值; (2)地表点距离重要管线较近时,则地表点调整到管线处;当存在多条重要管线时,测点应布设在变形控制要求较高的管线上或其对应的地表位置。 4. 矿山法区间 (1)区间标准断面,在开挖范围内存在多条平行隧道的重要管线时,将测点布设沉降控制要求最高且靠近隧道中线的管线或其对应的地表位置,点间距 30 m; (2)区间暗挖大断面隧道,在开挖范围内存在多条重要管线时,结构中线对应地表沉降点应结合管线进行布设,纵向点间距为 10 m; (3)暗挖隧道垂直或斜穿重要管线时,标准区间在隧道中线和两侧 10 m 位置的管线或其对应地表各布 1 个测点;大断面在上层导洞、结构中线和两侧 10 m 位置各布 1 个测点; (4)存在重要管线段,每 60 m 左右设 1 个横向监测断面,点间距为 5 m,当存在多条重要管线且距离较近时,测点应布设在变形控制要求较高的管线上或其对应的地表位置
6	挡墙沉降	沉降监测点设在挡墙转角位置和每段挡墙变形缝两侧,初步设计或招标设计时,沿挡墙纵向布设沉降监测点,点间距 10 m
7	挡墙倾斜	每段挡墙设 1 组倾斜监测点
8	既有轨道交通隧道结构变形	(1)既有轨道交通隧道结构竖向位移、水平位移和净空收敛监测应按监测断面布设,既有隧道结构位于强烈影响区时,监测断面间距宜为 5~20 m;位于显著影响区时,监测断面间距宜为 10~30 m;每个监测断面宜在隧道结构顶部或底部、结构柱、两边侧墙布设监测点; (2)隧道结构伸缩缝两侧宜布设竖向位移监测点; (3)既有轨道交通高架桥结构监测点布设可按桥梁的要求进行布设; (4)既有轨道交通地面线的路基竖向位移监测可按道路路基竖向位移的要求布设监测断面,每个监测断面中的每条股道下方的路基及附属设施均应布设监测点; (5)既有轨道交通整体道床或轨枕的竖向位移监测应按监测断面布设,监测断面与既有隧道结构或路基的竖向位移监测断面宜处于同一里程; (6)轨道静态几何形位监测点的布设应按城市轨道交通或铁路的工务维修、养护标准的要求合理确定; (7)既有轨道交通附属设施监测点可按照建(构)筑物的要求进行布设

续上表

序号	监测项目	监测点布设原则
9	建（构）筑物、桥梁、既有轨道交通隧道结构、轨道结构的裂缝宽度	（1）裂缝宽度监测应根据裂缝的分布位置、走向、长度、宽度、错台等参数，分析裂缝的性质、产生的原因及发展趋势，选取应力或应力变化较大部位的裂缝或宽度较大的裂缝进行监测； （2）裂缝宽度监测宜在裂缝的最宽处及裂缝首、末端按组布设，每组2个监测点，并应分别布设在裂缝两侧，且其连线应垂直于裂缝
10	地下水位观测	矿山法车站不少于4个，明挖基坑布设长短边中点，长大基坑40 m布置1个测点，可利用降水井作监测

（2）变形监测基准点、工作基点布设应符合下列要求：

①基准点应布设在施工影响范围以外的稳定区域，且每个监测工程的竖向位移观测的基准点不应少于3个，水平位移观测的基准点不应少于4个；

②工作基点应选在工程影响范围以外的相对稳定和方便使用的位置；在通视条件良好、距离较近、观测项目较少的情况下，可直接将基准点作为工作基点；

③基准点和工作基点应在施工影响前埋设，并应埋设在相对稳定土层内，经观测确定其稳定后方可使用；

④监测期间，基准点及工作基点每两个月应进行复测；

⑤基准点的埋设宜符合相关规范要求。

（3）监测仪器、设备检定周期不应大于1年，元器件应在使用前进行标定，且校核记录和标定资料齐全；监测过程中应定期进行监测仪器、设备的维护保养以及监测元器件的检查。

（4）监测传感器除应满足观测精度与量程的要求外，还应满足下列特性：

①与量测的介质特性相匹配，以减小测量误差；

②灵敏度高、线性好、重复性好；

③性能稳定可靠、漂移、滞后误差小；

④防水性好，抗干扰能力强，成活率高。

（5）对同一监测项目，监测时宜符合下列要求：

①采用相同的监测方法和监测路线；

②使用同一监测仪器和设备；

③固定监测人员；

④在基本相同的时段和环境条件下工作。

（6）工程周边环境与周围岩土体监测点应在施工之前埋设，工程支护结构监测点应在支护结构施工过程中及时埋设。监测点埋设并稳定后，应至少连续独立进行3次观测，并取其稳定值的平均值作为初始值，第三方监测测点应取施工监测与第三方监测测值的平均值作为初始值。

(7)监测精度应根据监测项目、控制值大小、工程要求、国家现行有关标准等综合确定,并应满足监测对象的受力或变形特征分析的要求,监测精度不宜大于控制值的 5%。

(8)监测过程中,应做好监测点和传感器的标识和保护工作。测斜管、水位观测孔、分层沉降管等管口应砌筑窨井,并加盖保护;爆破振动、应力应变等传感器应防止信号线被损坏。

(9)工程监测新技术、新方法应用前,应与传统方法进行验证,且监测精度应符合相关规范的规定。

2. 水平位移

(1)水平位移监测方法适用于基坑围护桩墙、边坡顶部、盾构管片结构、周边建(构)筑物、地下管线、桥梁墩台和既有线隧道结构等水平位移监测项目。

(2)测定特定方向的水平位移宜采用小角法、投点法、激光准直法、方向线偏移法、视准线法等。测定任意方向的水平位移可视监测点的分布情况,采用前方交会、后方交会、导线测量、极坐标等方法。当监测点与基准点无法通视或距离较远时,可采用 GPS 测量法或三角、三边、边角测量与基准线法相结合的综合测量方法。

(3)水平位移监测基准点的埋设应按现行行业标准《建筑变形测量规范》(JGJ 8—2016)、国家标准《城市轨道交通测量规范》执行,宜设置有强制对中的观测墩。测角、测边水平位移监测网宜布设为近似等边三角形网。水平位移监测控制网主要技术要求应符合现行国家标准《城市轨道交通测量规范》的规定。

(4)水平位移监测网宜采用假设坐标系系统,并进行一次布网。水平位移监测网应定期进行检测。每次变形监测前,应对水平位移基准点进行稳定性检查,并以稳定点为起算点。基坑桩顶水平位移、坡顶水平位移监测点的埋设宜在基坑冠梁或坡顶上设置强制对中的观测标志,观测装置宜采用棱镜连接杆。

(5)形状较规则的基坑(矩形、圆形等)桩顶水平位移和坡顶水平位移可通过计算监测点相对所在基坑边线的垂距变化来比较。监测点水平位移也可根据两次测量的坐标差值进行计算,公式为:

$$\Delta D = \sqrt{\Delta X^2 + \Delta Y^2}$$

3. 竖向位移

(1)竖向位移监测方法适用于基坑围护桩墙、边坡顶部、坑底隆起(回弹),盾构管片结构,矿山法拱顶、底板、中柱,地表、周边建(构)筑物、地下管线、桥梁墩台、既有线隧道结构和轨道结构等竖向位移监测项目。

(2)竖向位移监测可采用几何水准测量、光电距三角高程测量、静力水准测量等方法。地表、管线和建筑物等沉降监测应符合二等水准测量相关要求。

(3)采用精密水准仪测量时,工作基点和附近基准点联测取得初始高程,观测时各项限差宜严格控制，对不在水准路线上的观测点，一个测站不宜超过 3 个，如超过时，应重读后视点读数，以作核对。

（4）监测时通过测得各测点与基准点（基点）的高程差 ΔH 和基准点高程 H，可得到各监测点的高程 $\Delta h_t = H + \Delta H$，然后与上次测得高程进行比较，差值 Δh 即为该测点的本次沉降值。即：$\Delta h(1,2) = \Delta h_t(2) - \Delta h_t(1)$。

4. 深层水平位移

（1）深层水平位移监测方法适用于基坑围护桩墙和土体深层水平位移监测项目，宜采用在桩墙体或土体中预埋测斜管、通过测斜仪观测各深度处水平位移的方法。

（2）测斜管埋设可采用钻孔法，测斜管与钻孔孔壁之间宜回填密实。在地下连续墙、钻孔排桩、SMW 工法桩等围护结构中宜采用绑扎法、钢抱箍法，测斜管埋设深度应与钢筋笼或型钢深度基本相同。

（3）深层水平位移监测前，宜用清水将测斜管内冲刷干净，并采用模拟探头进行试孔检查后再使用。监测时，应将测斜仪探头放入测斜管底，恒温一段时间后自下而上以 0.5 m 间隔逐段量测。每监测点均应进行正、反两次量测，并取其平均值为最终值。深层水平位移计算时，应确定固定起算点，固定起算点可设在测斜管的顶部或底部；当测斜管底部未进入稳定岩土体或已发生位移时，应以管顶为起算点，并应测量管顶的平面坐标进行水平位移修正。

（4）滑动式测斜仪的监测方法与计算原理如下：

每次测量时，将探头导轮对准与所测位移方向一致的槽口，缓缓放至管底，待探头与管内温度基本一致、显示仪读数稳定后开始测量。一般以管口作为计程标志，按探头电缆上的刻度分划，匀速提升，每隔一定距离（宜为 500 mm）进行仪表读数，并做记录。待探头提升至管口处，旋转 180°，再按上述方法测量一次，以消除测斜仪自身的误差。

测斜仪采用带导轮的测斜探头，再将测斜管分成 n 个测段，每个测段的长度 l_i（l_i=500 mm），在某一深度位置上所测得的两对导轮之间的倾角 θ_i，通过计算可得到这一区段的变位 Δ_i，计算公式为：

$$\Delta_i = l_i \sin\theta_i$$

某一深度的水平变位值 δ_i 可通过区段变位 Δ_i 的累计得出，即：

$$\delta_i = \sum \Delta_i = \sum l_i \sin\theta_i$$

设初次测量的变位结果为 $\delta_i(0)$，则在进行第 j 次测量时，所得的某一深度上相对前一次测量时的位移值 Δx_i 即为：

$$\Delta x_i = \delta_i^{(j)} - \delta_i^{(j-1)}$$

相对初次测量时总的位移值为：

$$\sum \Delta x_i = \delta_i^{(j)} - \delta_i^{(0)}$$

5. 土体分层竖向位移

(1)土体分层竖向位移可通过埋设磁环式分层沉降标，采用分层沉降仪进行量测；或者通过埋设深层沉降标，采用水准测量方法进行量测。

(2)磁环分层沉降标可通过钻孔在预定位置埋设。安装磁环时，应先在沉降管上分层沉降标的设计位置套上磁环与定位环，再沿钻孔逐节放入分层沉降管。分层沉降管安置到位后，应使磁环与土层黏结固定。

(3)磁环分层沉降标埋设后应连续观测 1 周，至磁环位置稳定后，测定孔口高程并计算各磁环的高程。采用分层沉降仪量测时，应以 3 次测量平均值作为初始值，读数较差不应大于 1.5 mm；采用深层沉降标结合水准测量时，水准测量精度应符合二等水准测量精度要求。

(4)采用磁环分层沉降标监测时，应对磁环距管口深度采用进程和回程两次观测，并取进、回程读数的平均数；每次监测时均应测定分层沉降管管口高程的变化，然后换算出分层沉降管外各磁环的高程。沉降速率及累计值的计算可参考竖向位移监测的计算方法。

6. 倾斜

(1)倾斜监测应根据现场观测条件和要求，选用投点法、激光铅直仪法、垂准法、倾斜仪法或差异沉降法等观测方法。倾斜观测精度应符合国家现行标准《工程测量规范》(GB 50026—2007)和《建筑变形测量规范》(JGJ 8—2016)的有关规定。建筑物倾斜监测点如图 5.2-1 所示。

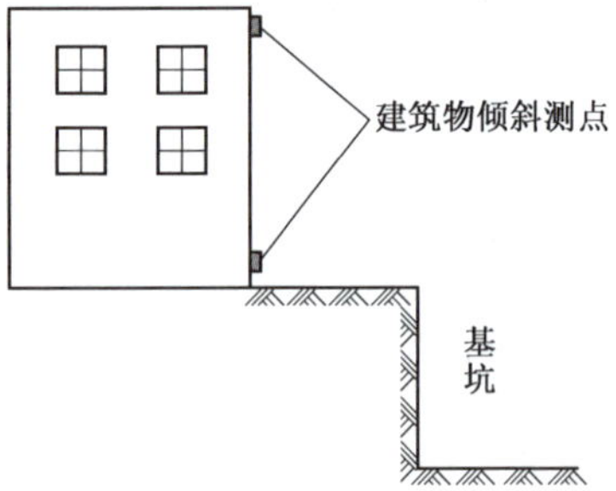

图 5.2-1　建筑物倾斜监测点示意图

(2)投点法应采用全站仪或经纬仪瞄准上部观测点，在底部观测点安置水平读数尺直接读取偏移量，正、倒镜各观测一次取平均值，并根据上、下观测点高度计算倾斜度。

(3)倾斜仪法可采用水管式、水平摆、气泡或电子倾斜仪等进行观测，倾斜仪应具备连续读数、自动记录和数字传输功能。

(4)当采用全站仪或经纬仪进行外部观测时，仪器设置位置与监测点的距离宜为上、下点高差的 1.5 倍~2.0 倍。

(5)采用投影法进行建筑物主体的倾斜观测时，应通过全站仪等测定建筑物顶部观测点相对于底部观测点的偏移值 ΔD，再根据建筑物的高度 H，计算建筑物主体的倾斜度 i，即：

$$i = \tan\alpha = \frac{\Delta D}{H}$$

7. 裂缝

(1)建(构)筑物、桥梁、既有隧道结构等的裂缝监测内容应包括裂缝位置、走向、长度、宽度，必要时应监测裂缝深度。

(2)裂缝监测可采用以下方法：

①裂缝宽度监测宜在裂缝两侧贴埋标志，用千分尺或游标卡尺等直接量测，也可用裂缝计、粘贴安装千分表量测或摄影量测等；

②裂缝长度监测宜采用直接量测法；

③裂缝深度监测宜采用超声波法、凿出法等。

(3)工程施工前应记录监测对象已有裂缝的分布位置和数量，并对监测裂缝进行统一编号，记录各裂缝的位置、走向、长度、宽度、深度以及初测日期等。裂缝监测标志应便于量测，长期观测可采用镶嵌或埋入墙面的金属标志、金属杆标志或模型板标志；需要测出裂缝纵横向变化值时，可采用坐标方格网板标志。

(4)裂缝宽度量测精度不宜低于 0. 1 mm，裂缝长度和深度量测精度不宜低于 1. 0 mm。

(5)当采用测缝传感器自动测记时，应与人工监测数据比对，且数据的观测、传输、保存应可靠。

8. 净空收敛监测

(1)矿山法初期支护结构和盾构法管片结构的净空收敛可采用收敛计、全站仪或红外激光测距仪进行监测。

(2)采用收敛计监测应符合下列规定：

①应在收敛测线两端安装监测点，监测点与隧道侧壁应固定牢固；监测点安装后应进行监测点与收敛尺接触点的符合性检查，并应进行 3 次独立观测，且 3 次独立观测较差应小于标称精度的 2 倍；

②观测时应施加收敛尺标定时的拉力，观测结果应取 3 次独立观测读数的平均值。

(3)采用全站仪进行固定测线收敛监测时应在收敛测线两端固定小棱镜或设置反射片，可通过全站仪对边测量程序或通过测线两端测点三维空间坐标值计算其相对距离。

(4)矿山法隧道开挖后，应及时设置收敛监测点，并进行初始值测量。

9. 爆破振速

(1)爆破振动监测系统由速度传感器或加速度传感器、数据采集仪及数据分析软件组成，速度传感器或加速度传感器可采用垂直、水平单向传感器或矢量一体传感器。

(2)爆破振动监测传感器的安装应与被测对象之间刚性黏结，并应使传感器的定位方向与所测量的振动方向一致。监测工作中可采用以下方法固定传感器：

①被测对象为混凝土或坚硬岩石时，宜采用环氧砂浆、环氧树脂胶、石膏或其他高强度粘合剂将传感器固定在混凝土或坚硬岩石表面，也可预埋固定螺栓，将传

感器底面与预埋螺栓紧固相连；

②被测对象为土体时，可先将表面松土夯实，再将传感器直接埋入夯实土体中，并使传感器与土体紧密接触。

(3)仪器安装和连接后应进行监测系统的测试；监测期内整个监测系统应处于良好工作状态。

(4)爆破振动监测仪器量程精度的选择应符合现行国家标准《爆破安全规程》(GB 6722—2014)的有关规定。

10. 孔隙水压力

(1)孔隙水压力应根据工程测试的目的、土层的渗透性和测试期的长短等条件，选用封闭或开口方式埋设孔隙水压力计进行监测。

(2)孔隙水压力计的量程应满足被测孔隙水压力范围的要求，可取静水压力与超孔隙水压力之和的 2 倍，精度不宜低于 0.5% F.S.，分辨率不宜低于 0.2% F.S.。

(3)孔隙水压力计的埋设可采用钻孔埋设法、压入埋设法、填埋法等。当在同一测孔中埋设多个孔隙水压力计时，宜采用钻孔埋设法；当在黏性土层中埋设单个孔隙水压力计，宜采用不设反滤料的压入埋设法，在填方工程中宜采用填埋法。采用钻孔法埋设孔隙水压力计时，钻孔应圆直、干净，钻孔直径宜为 110~130 mm，不宜使用泥浆护壁成孔。孔隙水压力计的观测段应回填透水材料，并用干燥膨润土球或注浆封孔。

(4)孔隙水压力计应在施工前埋设，并应符合下列规定：

①孔隙水压力计应进行稳定性、密封性检验和压力标定，并应确定压力传感器的初始值，检验记录、标定资料应齐全；

②埋设前传感器透水石应在清水中浸泡饱和，并排除透水石中的气泡；

③传感器的导线长度应大于设计深度，导线中间不宜有接头，引出地面后应放在集线箱内并编号；

④当孔内埋设多个孔隙水压力计，监测不同含水层的渗透压力时，应做好相邻孔隙水压力计的隔水措施；

⑤埋设后，应记录探头编号、位置并测读初始读数。

(5)孔隙水压力监测的同时，应测量孔隙水压力计埋设位置的地下水位。孔隙水压力应根据实测数据，按压力计的换算公式进行计算。

11. 地下水位

(1)地下水位监测宜通过钻孔设置水位观测管，采用测绳、水位计等进行量测。

(2)地下水位应分层观测，水位观测管的滤管位置和长度应与被测含水层的位置和厚度一致，被测含水层与其他含水层之间应采取有效的隔水措施。

(3) 水位观测管埋设稳定后应测定孔口高程并计算水位高程。人工观测地下水位的测量精度不宜低于 20 mm，仪器观测精度不宜低于 0. 5% F. S. 。

(4) 水位管的安装应符合下列规定：

①水位观测管的导管段应顺直，内壁应光滑无阻，接头应采用外箍接头；

②观测孔孔底宜设置沉淀管；

③观测孔完成后应进行清洗，观测孔内水位应与地层水位一致，且连通良好。

(5) 水位观测管宜至少在工程开始降水前 1 周埋设，且宜逐日连续观测水位并取得稳定初始值。

12. 岩土压力

(1) 基坑支护桩(墙)侧向土压力、盾构法及矿山法隧道围岩压力宜采用界面土压力计进行监测。

(2) 土压力计的测试量程可根据预测的压力变化幅度确定，其上限可取设计压力的 2 倍，精度不宜低于 0. 5% F. S. ，分辨率不宜低于 0. 2% F. S. 。

(3) 基坑工程开挖前，应至少经过 1 周时间的监测并取得稳定初始值；隧道工程土压力计埋设后应立即进行检查测试，并读取初始值。

13. 锚杆和土钉拉力

(1) 锚杆和土钉拉力宜采用测力计、钢筋应力计或应变计进行监测，当使用钢筋束作为锚杆时，宜监测每根钢筋的受力。

(2) 测力计、钢筋应力计和应变计的量程宜为对应设计值的 2 倍，量测精度不宜低于 0. 5% F. S. ，分辨率不宜低于 0. 2% F. S. 。

(3) 锚杆张拉设备仪表应与锚杆测力计仪表相互标定。

(4) 锚杆或土钉施工完成后应对测力计、钢筋应力计或应变计进行检查测试，并应将下一层土方开挖前连续 2 d 获得的稳定测试数据的平均值作为其初始值。

14. 结构应力

(1) 结构应力监测方法适用于基坑支撑、立柱、盖挖法的顶板，盾构法的隧道管片，矿山法的隧道初期支护、中柱等结构应力监测项目。

(2) 混凝土构件可采用钢筋应力计、混凝土应变计、光纤传感器等量测；钢构件可采用轴力计或应变计等量测。

(3) 结构应力监测值应考虑温度变化等因素的影响，钢筋混凝土结构应考虑混凝土收缩、徐变以及裂缝的影响。

(4) 结构应力监测传感器埋设前应进行性能检验和编号。仪器导线应引至地面，导线端部应做好防护措施。

(5) 在盾构法施工的隧道中，钢筋应力计、混凝土应变计、光纤传感器可在衬砌管片预制时安装。

(6) 钢筋应力计或应变计的量程宜为设计内力值的 2 倍，精度不宜低于

0. 25% F. S. 。

15. 现场巡视方法

(1)现场巡视可采用人工目测的方法,并辅助以量尺、锤、放大镜、照相机、摄像机等器具。

(2)巡视人员应以填表、拍照或摄像等方式将观测到的有关信息和现象进行记录,按要求填写巡视记录,并应及时整理巡视信息。

(3)巡视信息应与仪器监测数据进行对比分析,发现异常或险情时,应按规定程序及时通知建设方及相关单位。

16. 远程视频监控

(1)远程视频监控系统应包括前端采集、数据传输、显示三个部分。

(2)远程视频监控系统应能实现监视、录像、回放、备份、报警及网络浏览等功能。

(3)实况图像宜采用可通过遥控进行变焦和扫视,俯仰的摄像头,摄像头、拾音器等应安装在便于取景和录音的安全部位,并应采取防撞、防水等保护措施。

(4)视频信号和音频信号可采用无线发送设备或通过有线网络传送到管理部门的监视器中,同时应采用硬盘机或其他大容量的媒介记录图像和声音。

5.2.4 监测点布设与保护

1. 监测点布设

(1)地表沉降监测点的埋设应符合下列要求:

道路及地表沉降监测点的埋设,首先用钻机等设备钻透地面硬化层,采用洛阳铲等掏挖成孔以后埋入沉降测点,在钻孔内放入钢套筒隔离钢筋与周边土体,上部回填砂砾等。测点要埋设牢固,上部安设保护盖,同时做好标记。

(2)建筑物沉降监测点的埋设应符合下列要求:

沉降测点埋设采用直接在监测对象上直接钻孔,埋入"L"形钢筋,埋入端用水泥或锚固胶与监测对象浇筑连成一个整体,另一端打磨成半圆形,监测时放置铟钢尺保证测量的准确性。对于不具备钻孔条件的部位,经批准后可考虑采用在结构墙面上粘贴条码尺或粘贴测点的方式进行监测。建筑倾斜测点的埋设可采用安装棱镜或激光反射标志的方式进行。

(3)管线沉降监测点的埋设应符合下列要求:

①管线沉降监测测点埋设时应注意准确调查核实管线的埋设深度、位置,确保测点尽量能够准确地反应管线变形;观测范围内有检查井的管线,且检查井可方便利用时可直接打开检查井将监测点布设到管线上或者管线承载体上;正在改迁或已开挖暴露出来的重要管线,可采用抱箍法埋设,测点与管线直接抱箍连接在一起;测杆直接引出路面,测点上部采用套筒保护;不具备开挖环境条件或风险较低

的管线采用埋设地表测点模拟管线点的方式,埋设方式同地表沉降测点;

②采用钻孔埋设方式测点埋设前应探明钻孔区地下管线、线缆状况,避免对其造成破坏,确保埋设作业安全。

(4)测斜管埋设应符合下列要求:

①支护桩(墙)体测斜管埋设宜采用与钢筋笼绑扎一同下放的方法;采用钻孔法埋设时,测斜管与钻孔孔壁之间应回填密实;

②土体水平位移测斜管应在基坑或隧道支护结构施工 7 d 前埋设;

③埋设前应检查测斜管质量,测斜管连接时应保证上、下管段的导槽相互对准、顺畅,各段接头应紧密对接,管底应保证密封;

④测斜管理设时应保持固定、竖直,防止发生上浮、破裂、断裂、扭转;测斜管一对导槽的方向应与所需测量的位移方向保持一致。

(5)钢筋应力计的安装埋设应符合下列要求:

①钢筋应力计应尽量焊接在同一直径的受力钢筋上并保持在同一轴线上,焊接时尽可能使其处于不受力状态,特别不应处于受弯状态;

②钢筋应力计的焊接可采用对焊、坡口焊或熔槽焊;对于直径大于 28 mm 的钢筋,不宜采用对焊焊接,可采用并联式焊接或绑扎连接的钢筋应力计进行安装和监测;

③焊接过程中,仪器测出的温度应低于 60 ℃,为防止仪器温度过高,可采用停停焊焊的方法,可在钢筋应力计部位包上湿棉纱浇水冷却,但不得在焊缝处浇水,以免焊层变脆硬。

(6)应变计的安装埋设应符合下列要求:

①将试件上粘贴应变计的部位用丙酮等有机溶剂清除表面的油污;表面粗糙不平时,可用细砂轮或砂纸磨平,再用丙酮等有机溶剂清除表面残留的磨屑;

②在试件上划制两根光滑、清楚且互相垂直交叉的定位线,使应变计基底上的轴线标记与其对准后再粘贴;

③粘贴时在准备好的应变计基底上均匀地涂一层黏结剂,黏结剂用量应保证黏结胶层厚度均匀且不影响元器件的工作性能;

④用镊子夹住引线,将应变计放到粘贴位置,在粘贴处覆盖一块聚四氟乙烯薄膜,且用手指顺应变计轴向,向引线方向轻轻滚压应变计;挤出多余胶液和黏结剂层中的气泡,用力加压保证黏结剂凝固。

(7)光纤传感器的安装埋设应符合下列要求:

①光纤传感器应先埋入与工程材料一致的小型预制件中,再埋入工程结构中;

②钢筋混凝土结构中,光纤传感器可黏结到钢筋上,以钢筋受力、变形反映结构内部应力、应变状态;

③可先用小导管保护光纤传感器,在黏结剂固化前将导管拔出。

(8)轴力计的安装埋设宜符合下列要求：

①钢支撑轴力采用轴力计测试时，安装前须确定要预留足够的尺寸，在制作钢支撑时就予以考虑；安装轴力计处钢支撑端头的防坠托盘应在原设计基础上加长 200 mm 以上，同时钢支撑应安装防坠钢丝绳；轴力计量程应于设计值相匹配，并考虑足够的富余量；

②采用专用的轴力计安装架固定轴力计，安装架圆形钢筒上没有开槽的一端面与支撑的端头钢板电焊焊接牢固；焊接时必须与钢支撑中心轴线与安装中心点对齐，保证各接触面平整，支护结构受力状态通过轴力计正常传递；

③待焊接冷却后，将轴力计推入安装架圆形钢筒内，并用螺丝把轴力计固定在安装架上；

④在钢支撑吊装前，应将轴力计的电缆绑在安装架的两翅膀内侧，防止在吊装过程中损伤电缆；

⑤在轴力计与墙体(或围檩)中间加一块 250 mm×250 mm×25 mm 的加强钢垫板，以扩大轴力计受力面积，防止轴力计受力后陷入钢板影响测试结果。

(9)土压力计的埋设可采用埋入式，埋设时应符合下列规定：

①埋设前应对土压力计进行稳定性、密封性检验和压力、温度标定，且检验记录、标定资料应齐全；

②受力面与所监测的压力方向应垂直，并紧贴被监测对象；

③应采取土压力膜保护措施；

④采用钻孔法埋设时，回填应均匀密实，且回填材料宜与周围岩土体一致；

⑤土压力计导线长度可根据工程监测需要确定，导线中间不应有接头，导线应按一定线路集中于导线箱内；

⑥做好完整的埋设记录。

(10)拱顶沉降与收敛测点应符合下列规定：

①拱顶沉降与收敛测点可采取接触式或非接触式监测点埋设；

②接触式监测点需将监测点焊接在需布设隧道断面位置，并在喷射混凝土前需套袋保护，在喷射混凝土后，将套袋取下，每次观测前需对测点进行清理；

③非接触式测点采取反光片+监测元件，将监测元件焊接在需布设隧道断面位置后将反光片贴在监测元件上，并在喷射混凝土前需套袋保护，在喷射混凝土后，将套袋取下，每次观测前需对测点进行清理。

2. 监测点保护

(1)监测点是实施一切监测工作的基础，施工单位是现场监测点保护的第一责任单位，日常工作中要加强对监测点的巡视和保护。

(2)监测单位和施工单位要做好测点保护工作，发生测点损坏的，应及时修复。

(3)监测单位和施工单位在日常的工作中应注意做好以下测点保护工作：

①对于地表及管线沉降测点，当测点位于道路路面上时，应安装测点保护筒等装置，防止测点被碾压破坏；当测点位于场地围挡内时，除了安装保护筒等措施外，还需在临近位置设置醒目的标识，防止测点被材料或施工设备占压；

②桩(墙)顶水平竖向位移测点宜布设在冠梁侧面或顶面，并设置明显标识，防止支撑、钢筋等材料吊装施工时触碰破坏；

③支撑轴力等应力监测点安装完成后，电缆数据线应妥善安放固定，避免受触碰被拉断；冠梁等施工时做好预留空洞，以方便电缆线绕过龙门吊车轨道等设施；

④暗挖隧道内拱顶沉降及收敛测点应在测点所在断面悬挂监测点标识牌，测点应埋设牢固不晃动，高度较低易受碰撞时收敛测点宜不露出初期支护结构表面以免破坏，并用油漆标识清楚。

5.2.5　监测点编号原则

(1)监测项目代号和图例应具有唯一性。

(2)工程监测断面、监测点编号应结合监测项目及其图例，按工点统一编制。监测点编号宜符合下列规定：

①监测点编号组成格式宜由监测项目代号与监测点序列号共同组成；

②监测项目代号宜采用大写英文字母的形式表示；

③监测点序列号宜采用阿拉伯数字并按一定的顺序或方向进行编号。

(3)为便于对监测点识别和区分，同时便于自动化监测系统数据上传，测点编号时还宜符合表 5.2-11 要求。

表 5.2-11　监测点编号原则

序号	监测类型		编号	编号原则
1	地表沉降		DB	(DB)-(断面号)-(测点编号)如：DB-01-01，每一个临时工程、附属工程设唯一断面号
2	管线沉降	雨水管线	YSG	(管线类型)-(管线编号)-(测点编号)如 YSG-01-01
		污水管线	WSG	
		上水管线	SSG	
		燃气管线	RQG	
		热力管线	RLG	
		电力管线	DLG	

续上表

序号	监测类型		编号	编号原则
3	管线倾斜			管线倾斜以两个沉降点变化如：YSG-01-01(YSG-01-02)
4	建(构)筑物沉降	框架沉降	KJC	(建筑类型)-(建筑物编号)-(测点编号),沉降监测即为C,同一建筑物编号唯一
		砌体沉降	QTC	
		筏板沉降	FBC	
		条基沉降	TJC	
		桩基沉降	ZJC	
		独立基础沉降	DJC	
5	建(构)筑物倾斜	框架倾斜	KJQ	(建筑类型)-(建筑物编号)-(测点编号),倾斜监测即为Q,同一建筑物编号唯一
		砌体倾斜	QTQ	
		筏板倾斜	FBQ	
		条基倾斜	TJQ	
		桩基倾斜	ZJQ	
		独立基础倾斜	DJQ	
6	基坑围护结构监测	桩(墙)体水平位移监测	ZQT	(ZQT)-(断面号)-(测点编号)
		桩(墙)顶水平位移监测	ZQS	(ZQS)-(断面号)-(测点编号)
		桩顶沉降	ZQC	(ZQC)-(断面号)-(测点编号)
		锚索轴力	ML	(ML)-(断面号)-(层数)
		钢支撑轴力	GZL	(GZL)-(断面号)-(层数)
		混凝土支撑轴力	HZL	(HZL)-(断面号)-(层数)
		中立柱沉降	ZZC	(ZZC)-(断面号)

5.2.6 监测频率与周期

1. 一般规定

(1)监测频率应根据施工方法、施工进度、监测对象、监测项目、地质条件等情况和特点,并结合当地工程经验进行确定。

(2)监测频率应使监测信息及时、系统地反映施工工况及监测对象的动态变化,并宜采取定时监测。

(3)对穿越既有轨道交通和重要建(构)筑物等周边环境风险等级为一级的工程,在穿越施工过程中,应提高监测频率,并宜对关键监测项目进行实时监测。

(4)施工降水、岩土体注浆加固等工程措施对周边环境产生影响时,应根据环境的重要性和预测的影响程度确定监测频率。

(5)工程施工期间,现场巡视宜每天一次,并做好巡视记录,在关键工况、特殊天气等情况下应增加巡视次数。

(6)当遇到下列情况时,应适当提高监测或现场巡视频率:

①监测数据异常或变化速率较大;

②存在勘察未发现的不良地质条件,并影响工程安全;

③地表、建(构)筑物等周边环境发生较大沉降、不均匀沉降;

④盾构始发、接收以及停机检修或更换刀具期间;

⑤矿山法隧道断面变化及受力转换部位;

⑥工程出现异常;

⑦工程险情或事故后重新组织施工;

⑧暴雨或长时间连续降雨;

⑨邻近工程施工、超载、振动等周边环境条件较大改变;

⑩当监测数据达到预警标准,或者巡视过程中发现预警情况时。

(7)施工阶段工程监测应贯穿工程施工全过程,满足下列条件时,可结束监测工作:

①基坑回填完成或矿山法隧道进行二次衬砌施工后,可结束支护结构的监测工作;

②盾构法隧道完成贯通、设备安装施工后,可结束管片结构的监测工作;

③支护结构监测结束后,且周围岩土体和周边环境变形趋于稳定时,可结束监测工作;

④满足设计要求结束监测工作的条件。

(8)建(构)筑物变形稳定标准应符合现行行业标准《建筑变形测量规范》(JGJ 8—2016)的有关规定,道路、地下管线等其他周边环境的变形稳定标准宜根据地方经验或评估结果确定。

2. 明(盖)挖法

(1)明(盖)挖法基坑工程施工中支护结构、周围岩土体和周边环境应同时段监测,监测频率应符合表 5.2-12 的规定。

表 5.2-12　明(盖)挖法基坑工程周边环境及自身工程监测频率表

施工状况		监测频率
基坑开挖期间	开挖	1~2 次/d
基坑底板浇筑完成之后日期	1 d~7 d	1 次/d
	7 d~14 d	1 次/2 d
	14 d~28 d	1 次/3 d
	28 d 以后	1 次/周
	经数据分析确认达到基本稳定后	1 次/月

注:基坑工程开挖前的监测频率应根据工程实际需要确定;当工程发生异常情况时,应增大监测频率,发生红色监测预警时监测频率应≥2 次/d。

(2)对于竖井井壁支护结构净空收敛监测频率,在竖井开挖及井壁支护结构施工期间应1次/d。

(3)坑底隆起(回弹)监测不应少于3次,并应在基坑开挖之前、基坑开挖完成后、浇筑基础混凝土之前各进行1次监测,当基坑开挖完成至基础施工的间隔时间较长时,应增加监测次数。

3. 盾构法

盾构法隧道工程施工中隧道管片结构、周边环境和周围岩土体监测频率应符合表5.2-13的规定。

表5.2-13　盾构法施工周边环境和周围岩土体监测频率表

监测部位	监测对象	开挖面至监测点或监测断面的距离	监测频率
开挖面前方	周围岩土体和周边环境	$5D<L\leqslant 8D$	1次/3 d
		$3D<L\leqslant 5D$	1次/2 d
		$L\leqslant 3D$	1次/d
开挖面后方	管片结构、周围岩土体和周边环境	$L\leqslant 3D$	1次/d
		$3D<L\leqslant 8D$	1次/2 d
		$L>8D$	1次/7 d

注:D—盾构法隧道开挖直径(m),L—开挖面至监测点或监测断面的水平距离(m);当工程发生异常情况时,应增大监测频率,发生红色监测预警时监测频率应≥2次/d;监测数据趋于稳定后,监测频率宜为1次/30 d。

4. 矿山法(临时支撑拆除测量频率)

矿山法隧道工程施工中隧道初期支护结构、周围岩土体和周边环境的监测频率应符合表5.2-14的规定。

表5.2-14　矿山法隧道工程监测频率

监测部位	监测对象	开挖面至监测点或监测断面的距离	监测频率
开挖面前方	周围岩土体和周边环境	$2B<L\leqslant 5B$	1次/2 d
		$L\leqslant 2B$	1次/d
开挖面后方	初期支护结构、周围岩土体和周边环境	$L\leqslant B$	1次/d
		$B<L\leqslant 2B$	1次/d
		$2B<L\leqslant 5B$	1次/2 d
		$L>5B$	1次/7 d

注:B—矿山法隧道或导洞开挖宽度(m),L—开挖面至监测点或监测断面的水平距离(m);当工程发生异常情况时,应增大监测频率,发生红色监测预警时监测频率应≥2次/d;监测数据趋于稳定后,监测频率宜为1次/30 d;临时支撑拆除影响区域,监测频率应为1次/d,发生监测预警时监测频率应≥2次/d。

5. 地下水位

地下水位监测频率应根据水文地质条件复杂程度、施工工况、地下水对工程的影响程度以及地下水控制要求等进行确定，监测频率宜为 1 次/d。

6. 爆破振动

钻爆法施工首次爆破时，对所需监测的周边环境对象均应进行爆破振动监测，以后应根据第一次爆破监测结果并结合环境对象特点确定监测频率。重要建(构)筑物、桥梁等高风险环境对象每次爆破均应进行监测。

5.2.7 监测方案编制

1. 一般规定

(1)为保证工程监控量测工作高效有序进行，施工单位和第三方监测单位应编制监测方案作为监测工作的指导文件，过程中严格按照经审批的监测方案开展监测工作。监测方案应报送监理、业主等单位以作为监测单位工作质量检查的参考依据。

(2)第三方监测单位应编制监测总体方案和工点监测实施方案，并应组织专家对方案进行论证，修改完善后方可实施。实施过程中因现场情况发生变化需要对监测方案实施修改的，应报请有关单位批准，并将修改后的方案重新进行审批。当工程发生重大变更或监测方案内容需做较大修改时，应重新组织专家对修改后的方案进行论证。

2. 监测方案编制流程如下：

①熟悉规范、设计文件、风险评估及勘察资料，明确监测目的；

②查阅施工图设计文件，分析工程特点，结合工程影响分区和安全等级，确定影响区域(强烈、显著影响区)及监测范围；

③根据周边环境、围护结构体系对象划分，结合施工工法，分类确定具体的监测对象及监测项目；

④分析具体的监测对象特点、与设计结构的空间关系，分析它们所在的影响区域，结合施工设计文件中监测点布置，进行监测点布设设计；

⑤确定监测(巡视)的频率及周期；

⑥明确监测的精度及控制指标；

⑦统计测点数量，编制测点编号，制作监测测点清单；

⑧编写方案文字内容，整理监测设计图纸；

⑨方案审查，修改完善；

⑩依据现场实际布点情况，完善手续，修订监测测点清单和监测设计图纸。

5.2.8 测点埋设标准化

1. 基准点

(1)浅埋式基准点规格参数及埋设技术要求

①选取不锈钢材质；

②测点规格：杆长 16 cm、杆直径 1.6 cm、帽直径 2 cm（顶部带十字丝）、标识圆盘直径 6 cm、厚度 0.3 cm；

③保护筒规格：内径 15 cm、高度 10 cm、壁厚 0.3 cm，配备链条式保护盖，保护盖正面印“水准基点”字样，背面喷涂基准点点号；

④基准点应布设在施工影响范围以外的稳定区域，且每个监测工程的竖向位移观测的基准点不应少于 3 个；

⑤人工开挖坑口直径 90 cm，坑底直径 80 cm，不小于 130 cm（冻土线以下 50 cm）的圆形坑槽，开挖完成后，对底部土体进行压实处理；

⑥制作直径 70 cm、高 20 cm 的圆柱体墩台底座；底座上部制作直径 30 cm、底部直径 50 cm，高 80 cm 的圆柱体标石，标石制作同时将带盖保护筒预埋至标石中心位置，将基准点构件置于保护筒中心位置；

⑦测点埋设完成后对坑槽进行加固处理，完成后采用铸铁盖进行保护，待沉降稳定后使用。

（2）建筑物式基准点规格参数及埋设技术要求

①选取不锈钢材质；

②基准点规格：杆长 16 cm，直径 5 cm；

③在建（构）筑物基准点位置开直径 5 cm 的孔，打入不锈钢预埋件，长度嵌入建筑物 12 cm，外露 4 cm；

④孔与测点四周空隙用水泥砂浆或锚固剂填实。

2. 桩（墙）顶水平位移测点

（1）明挖基坑周边必须设置观测台，表面喷涂警示颜色，颜色与场地护栏颜色一致。

（2）观测台尺寸根据现场情况确定，以能保证作业空间和作业安全为宜。观测台与基坑边水平距离以及底座高度根据护栏高度及视线情况确定。

（3）将强制对中观测盘置于墩台底座上部。

（4）观测墩台数量应根据基坑长度确定，在满足规范监测精度要求的前提下，观测墩台间距应不大于 100 m。

（5）桩（墙）顶水平位移监测必须设置固定后视点。

（6）后视点在基坑影响区范围外开挖深 60 cm 坑，将直径 30 cm、长 220 cm 的 PVC 管件埋入坑内，保证地面硬化后外露部分不低于 100 cm，并满足后视通视条件。

（7）后视点设置保护栏，保护栏尺寸为（长×宽×高）60 cm×60 cm×100 cm，颜色与场地护栏一致。

（8）每测站后视点数量不少于 4 个。

(9)测点埋设技术要求如下：

①桩(墙)顶水平位移测点采用棱镜型制,并保证统一；

②在冠梁顶开孔,打入顶部磨圆且长度 18~22 cm、直径不小于 ϕ1.6 cm 不锈钢预埋件,长度嵌入冠梁 9 cm,孔与测点四周空隙用水泥砂浆或锚固剂填实；

③有条件部位宜结合桩(墙)顶竖向位移测点布设(推荐)；

④测点采用保护罩装置进行保护(推荐)。

3. 桩(墙)体深层水平位移测点

(1)围护结构桩(墙)体深层水平位移利用预埋在围护结构钢筋笼内的测斜管进行监测。

(2)材质及规格要求如下：

①测斜管选取 ABS 塑料或 PVC 材质；

②测斜管外径 ϕ71 mm,内径 ϕ59 mm。

(3)测斜管埋设技术要求

①测斜管绑扎固定在成型钢筋笼内侧通长的主筋上,在围护结构吊装下放前绑扎完成；

②测斜管长度应根据围护结构深度确定,相邻节应对接良好、紧密无缝隙,内壁导向凹槽顺畅;相邻管接头三重防护(螺丝紧固,密封胶密封,胶带保护),螺丝长度不得穿透测斜管内壁;底部应采用尖端橡胶材质堵头封堵,并包裹密封；

③测斜管通长应确保垂直,避免纵向扭转；

④测斜管绑扎时应调正方向,安装时将其中 1 对凹槽对准需要监测的位移方向,即埋设就位的测斜管必须保证内壁 2 对凹槽分别与基坑围护结构呈垂直、平行方向；

⑤测斜管与钢筋笼牢固绑扎,绑扎间距不宜大于 1 m;管底宜与钢筋笼底部持平或略短于钢筋笼(管底不超出钢筋笼)；

⑥测斜管顶部外套管保护(避免剔凿桩头浮浆造成管口损坏,且管口外露部分以便于醒目标记为宜),保护范围应至少覆盖冠梁底标高以下 20 cm 至冠梁顶面；

⑦测斜管放置于围护结构迎土侧。

(4)测斜管外露部分技术要求

①由于冠梁顶部设置有一定高度挡墙,应保证冠梁以上测斜管的竖向铅直和稳固,测斜管露出挡墙部位高度以便于安装保护措施为宜；

②测斜管固定在回填土内时,外露部分应高于硬化地面约 20 cm,并于管周砌筑混凝土保护墩台或采用保护箱形式进行保护。

(5)分段测斜管埋设技术要求

①当围护结构钢筋笼较长、需要分段制作且两次吊装时,测斜管应随之采取分

段处理，且分段长度与钢筋笼各段长度相一致，绑扎固定在两段钢筋笼对接的同一主筋上；

②测斜管应在钢筋笼制作后且分段前完成通长连接，测斜管分段位置应与钢筋笼分段位置保持一致，并将测斜管相邻段接头置于分段位置；

③分段钢筋笼吊装在孔口搭接的同时进行测斜管的连接，对接处测斜管内导向凹槽角度吻合，管体无缝搭接，以满足内槽连贯通顺。

(6)地下连续墙测斜管埋设

①测斜管埋设时通过直接绑扎将其固定在地下连续墙钢筋笼内，绑于槽内/槽外方向视钢筋笼加工条件及测斜管绑扎条件确定，绑扎位置以不影响地下连续墙导管浇筑、压浆施工及预留锚杆为宜；

②地下连续墙测斜管埋设同围护桩测斜管埋设技术要求一致。

(7)施测条件技术要求

基坑坑边护栏安设应充分考虑围护结构深层水平位移施测条件，测斜管固定在挡墙内或位于护栏内，监测难度较大时，应制作监测作业平台，防护标准及警示颜色与挡墙、护栏一致。

4. 支撑轴力测点

(1)测点埋设技术要求

①支撑轴力计宜布设于钢支撑固定端；

②支撑轴力计线缆应从轴力计下部引出；

③对线缆引出端进行标识，将带有编号的线缆末端引进保护箱内固定。

(2)轴力计线缆保护箱规格不小于 20 cm×30 cm×15 cm，材质为金属。

5. 道路、地表及管线(浅层点)沉降测点

(1)测点埋设技术要求

①道路、地表、管线沉降测点应布设于冻土线以下原状土内；

②道路沉降测点应穿透道路表面结构层，将其埋设在较坚实的地层中；

③埋设于道路路面的测点应埋设平整，防止由于高低不平影响人员及车辆通行；

④测点埋设稳固，做好清晰标记，方便辨识；

⑤测点应设置保护筒及保护盖。

(2)测点标志预制件要求

①测点标志采用钢筋直径不小于 $\phi 22$、长度不小于 100 cm 的螺纹钢材质；

②测点标志顶端需制作为半球状；

③测点标志顶端宜选用不锈钢材质(推荐)。

(3)测点保护要求

①测点应设置保护筒，保护筒宜采用 ABS 工程塑料、铸铁或不锈钢材质，保护

筒尺寸内径不小于 13 cm，长度不小于 20 cm，护筒壁厚不小于 0.2 cm；

②测点需设置保护盖，保护盖宜采用 ABS 工程塑料保护盖（推荐）或铸铁保护盖，应采用不同颜色的保护盖以区分地表沉降测点和管线沉降测点，颜色选择宜适合周边环境，每条线路保护盖颜色应统一。

6. 建（构）筑物沉降测点

（1）建筑物测点布设形式首选布设钻孔式测点，钻孔式测点无法布设时，可依次按螺栓式测点、粘贴式测点、条码尺测点的优先顺序选择布设形式。

（2）标志点距离地面高度不宜低于 30 cm。

（3）测点埋设稳固，做好清晰标记，方便辨识。

（4）测点标志预制件要求

①钻孔式测点采用钢筋材质或不锈钢材质，直径不小于 ϕ18，长度不少于 8 cm；

②螺栓式测点采用钢筋材质或不锈钢材质，各部尺寸应满足《建筑变形测量规范》（JGJ 8—2016）要求；

③粘贴式测点采用钢筋材质或不锈钢材质，粘贴部分为不小于 6 cm×6 cm 大小的方形；

④条码尺测点条码尺长度为 40 cm，并将条码尺标志塑封后粘贴使用。

7. 测点标识

（1）施工现场监测点应进行标记，标识牌应简洁美观，规格统一。

（2）当测点位于场地内时，应设标识牌，按断面进行标识，标识牌应含有测点类型、测点编号、埋设时间、联系人及联系方式，标识牌应采取铝塑板或铁板制作，标识牌尺寸不能小于 30 cm×20 cm。对位于围护结构周边的桩（墙）顶位移、桩（墙）体位移测点可在测点附近的护栏、围挡上悬挂或粘贴测点标识牌，标识牌应醒目端正，内容清晰。埋设于地表的测点保护盖上正反面都标识测点编号。

（3）当测点位于施工场地外时，标识内容仅为测点编号，保护盖正反两面均应设置测点标识。

（4）共用测点、仅施工测点区分颜色，标识颜色可采用共用测点为绿色，仅施工测点为蓝色。

5.3　安全风险巡视技术指南

5.3.1　巡视准备工作

（1）安全风险巡视前要对巡视部位的工程地质、周边环境、设计方案、施工方案等资料进行分析。

(2)设计方案分析重点

①设计参数:主要对支护结构、开挖及结构受力转换、端头加固范围等设计参数分析;

②受力复杂部位:主要对变断面、基坑阳角、明暗挖结合部位、管片拆除部位、施工工序转换等受力复杂部位进行分析;

③环境保护措施:主要对环境风险工程保护措施进行分析;

④地下水控制:主要对地下水控制方案(措施、参数)、预期效果进行分析。

(3)施工方案分析重点

①施工筹划:主要对工程部位及相邻施工部位等工程筹划进行分析;

②施工工艺:主要对该方案设计的施工工艺进行分析;

③地下水控制:主要对该方案的地下水控制情况进行分析。

(4)工程地质主要对巡视部位施工范围内的工程地质及水文地质情况进行分析。

(5)周边环境主要对巡视部位的周边环境及其与新建结构直接的位置关系进行分析。

(6)工程开工前需对周边环境初始状态进行巡视并采取影像、视频等方法记录其初始状态。

(7)巡视前项目技术负责人需对巡视人员进行技术交底。

5.3.2 矿山法

1. 超前支护

(1)矿山法隧道采取超前支护措施稳定围岩,根据工程地质条件、开挖方式等一般采取超前小导管注浆、超前管棚、深孔注浆等措施。

(2)超前支护施工过程中,加强对超前支护施工数量和长度巡视。

(3)开挖阶段需对超前支护施工效果巡视,开挖支护过程中,围岩稳定,无坍塌掉块现象。

(4)超前支护的长度、数量、角度及纵向搭接长度等应满足设计要求。

(5)超前小导管安装时,应从格栅拱架腹部穿过,并与拱架焊接。

(6)大管棚安装时应采取调整管节长度的方法使相邻管棚的连接部位相互错开,保证同一断面接头不超过50%。

(7)按设计要求进行注浆施工,注浆结束后,应对注浆效果进行检查。

2. 土方开挖

(1)施工中必须严格遵循“管超前、严注浆、短开挖、强支护、早封闭、勤量测”的原则。

(2)加强对开挖面地质进行观察,并判断其稳定性。当开挖面出现渗漏水时,应及时查明渗漏水的原因,对其危害进行分析,并及时采取相应的措施(如超前注浆、真空降水、引排等),对于施工风险比较大的地段(如仰挖、平顶直墙、大断面等)应严禁带水开挖。

(3)对于降水效果不佳、掌子面稳定性较差地段,应进行超前地质探测。

(4)规范核心土留设尺寸。具体根据开挖断面大小及掌子面地质条件确定尺寸,一般为距离拱顶高度约 1.6 m、两侧距边墙约 0.8 m、长度约 1.0~1.5 m、核心土边缘应设安全坡度,对于仰挖段施工,核心土长度应适当加长。

(5)规范台阶留设长度。台阶长度应根据围岩情况、施工方法、工艺来确定,一般控制在 1~1.5 倍洞径范围之内,对于需要进行洞内竖向真空降水或仰挖地段,台阶长度应适当加长。

(6)合理设置台阶开挖高度。台阶开挖高度应根据开挖面的稳定性及操作方便性来确定。一般控制在 2.5~3.5 m。

(7)分部开挖时,应合理安排各分部开挖顺序及纵向间距,减小群洞效应。

(8)两条平行隧道相距小于 1 倍洞径时,其掌子面前后错开距离不得小于 15 m。

(9)两开挖面接近贯通时,当两开挖面距离接近 2 倍洞径时,应停止一端作业,封闭掌子面,由一端开挖至贯通。

(10)隧道开挖应连续施工,因故停止施工时,对掌子面应采取临时封堵或支护措施。

(11)尽量避免仰挖施工,对确需进行仰挖施工地段,台阶开挖高度不应大于 2 m。分部开挖时,应先开挖上面洞室,待上面洞室完成后,再开挖下面洞室。

(12)降止水控制效果包括:抽水出水量、含砂量及水位变化、附近地面沉陷、止水是否存在渗漏等情况。

3. 初期支护

(1)格栅架设及挂网施工

①格栅架立纵向允许偏差为±30 mm,横向允许偏差为±20 mm,高程允许偏差为±15 mm;

②格栅安装时,应保证拱脚密实,节点板连接密贴;如出现节点板不密贴、螺栓拧不紧时,应塞钢筋或钢楔子并与节点板焊牢;出现螺栓上不齐时,应将两节格栅主筋之间帮焊连接,帮焊钢筋直径与格栅主筋直径相同,单面搭接焊不小于 10d;

③按设计要求设置纵向连接筋和锁脚锚管,打设超前小导管并预埋回填注浆管;超前导管、锁脚锚管打设后应与格栅主筋牢固焊接;

④纵向连接筋应内外交错布置,采用搭接焊或套筒连接,单面搭接焊长度不小于 10d,并与格栅主筋牢固连接;

⑤钢筋网与格栅钢架应密贴,且铺设平顺,用绑丝与格栅钢架绑扎牢固,确保

喷混凝土时不松动；

⑥钢筋网片搭接长度应不小于 10 mm，格栅的内外保护层厚度均不小于 4 cm。

(2)喷射混凝土施工

①喷射作业应分段、分层进行，喷射顺序应由下而上；一次喷射厚度，侧壁约 60~100 mm，拱顶 50~60 mm；

②喷射混凝土前应将施工缝进行清理，剔除疏松部分，拱顶喷射中出现的掉块应清除后方可继续喷射，对格栅钢架连接位置、墙角等钢筋密集处应采取不同的喷射角度以保障连接钢板或主筋后面混凝土的密实；

③喷射混凝土施工中应确定合理的风压，喷料均匀、连续，以保证混凝土密实；

④渗漏水地段，当渗水无成线涌水时，在喷射混凝土前应用高压风吹扫；开始喷射混凝土时，喷射混凝土由远而近，临时加大速凝剂掺量，缩短初凝、终凝时间，逐渐合龙喷射混凝土，当渗水成线涌水时，应先将水进行引排，再喷射混凝土；

⑤砂层地段进行喷射混凝土时，应首先紧贴砂层表面铺挂钢筋网片，并用钢筋沿环向压紧后再喷射；喷射时，应首先喷一层加大速凝剂掺量的水泥砂浆，并适当减小喷射机工作风压，待水泥砂浆形成薄壳后方可正式喷射；

⑥如发现喷射混凝土出现裂纹，应用红油漆做标记，进行观察和监测，确定其是否继续发展，若还继续发展，找出原因并作处理，对可能掉下的喷射混凝土撬下重新喷射。

4. 回填注浆

(1)初期支护背后回填注浆应跟随作业面，初期支护成环后 6 m 进行。

(2)初期支护背后回填注浆孔应沿隧道拱部及边墙布设。一般环向间距：起拱线以上为 2 m，边墙为 3 m，纵向间距为 3 m，呈梅花形布置。对于开挖过程中，出现坍塌空洞的部位，注浆管应加密布设。

(3)初期支护背后回填注浆可根据初期支护背后(或地层)孔隙大小或压水试验情况选择水泥砂浆、普通单液水泥浆或超细单液水泥浆。地层孔隙较大，压水试验时吸水率大于 30 L/min，可压注水泥砂浆；孔隙较小，吸水率小于 30 L/min，可压注单液水泥浆；基本无孔隙，吸水率小于 10 L/min，但有大面积渗水可压注超细单液水泥浆。

(4)初期支护背后回填注浆结束标准为：

①单孔标准：注浆压力逐渐上升，流量逐渐减少，当注浆压力达到设计终压时，稳定 3 min 即可结束注浆；

②全段结束标准：一次支护表面无明显漏水点。

5. 马头门施工支护结构加强处理

(1)开口前宜施作加强环梁,并留置与马头门格栅相连的钢筋甩茬,待加强环梁施作完成,并达到设计强度后方可进行开口施工,确保进洞安全。

(2)开口前,应在竖井或通道内施作斜撑或横撑,消除马头门破除后造成的偏压的不良影响。

(3)马头门断面与通道或竖井连接处设密排格栅钢架,并与加强环梁相连接,增加支护强度。

6. 临时支撑拆除

(1)临时支撑应采取分段间隔拆除,拆除的顺序为自下而上,分段长度根据监测成果确定,一般应控制在 6~8 m 内,并需进行倒换撑施工。

(2)多跨结构除纵向拆撑施工应满足设计的分段施工要求外,横向二次衬砌施工也应分部进行,尽量减少一次拆撑的范围。

(3)地层条件差或环境风险较大时,应不拆除临时支撑钢筋或工钢,直接进行防水及二次衬砌作业。

(4)临时支撑应等初期支护结构变形稳定后方可拆除。

7. 施工组织管理及作业状况

(1)设计文件落实情况

①超前支护施作:检查钻孔、管棚打设、注浆等工序是否满足设计要求;

②开挖支护施作:检查开挖、运输、拱架架设、挂网、喷混凝土等是否满足设计要求;

③检查交叉施工工序是否满足设计要求。

(2)施工组织设计及施工专项方案落实情况

检查土方开挖、出渣、支护结构施作、超前支护施作、注浆、降水等是否满足施工组织设计及施工专项方案要求。

(3)作业规范情况

检查土方开挖、支护结构施作、超前支护施作、临时支撑安装及拆卸、注浆、降水等工序、工艺、工种是否遵守操作规程。

5.3.3　明挖法工程

1. 围护结构施作

(1)对围护结构轴线施放的精准度进行监控,围护结构外皮与工程结构外边的最小距离不得小于围护结构喷护面(桩及土钉)+找平层+防水层+保护层的厚度和,同时还应考虑围护结构 0.5% 的垂直度偏差。

(2)围护结构施作的垂直度偏差不大于 0.5%,嵌入基底深度不得小于设计值。

(3)浅基坑(冠梁上部挡墙、连续墙导墙)开挖必须采取可靠的临时支挡措施,防止土体坍塌。

(4)正确选择正、反循环成孔工艺,并根据土层情况调配泥浆稠度(泥浆比重采用1.2~1.5为宜),防止塌孔、缩孔。

(5)对已就位的钢筋笼采取可靠的抗浮措施,防止在混凝土浇筑中钢筋笼上浮。

(6)混凝土浇筑时严格控制灌注管的提升量,确保管口埋深不小于2 m。

2. 降(堵)水工程施工

(1)检查井点布设是否形成封闭状态及对不封闭部位的处置措施。

(2)检查成井的各工序是否符合设计及相关工艺要求,包括成孔的直径、垂直度、井深及下管、填滤料、洗井的质量。

(3)预降时间及预降效果。

(4)帷幕止水应设置试验区验证设计方案的可靠性。

(5)对帷幕体取样检查结构分析。

(6)对存在缺陷的止水帷幕拟采取的补救措施。

(7)坑内辅助降、排水的措施。

3. 土方开挖

(1)土方开挖应采取纵向分段、竖向分层、横向分块或拉槽的方法,基坑宽度达到20 m(含)以上的应尽可能采取中间拉槽的方法,避免锅底形开挖。

(2)收口段土方开挖以不影响支撑架设为原则,应尽可能采用垂直提升方式。

(3)桩间土及时分层挂网喷护,每层高度不宜超过2 m,挂网前填实桩间空洞。

(4)对桩间渗漏水的部位用砂袋封堵,并埋设抱有80目以上滤网的排水管引水,防止土颗粒流失,及时挂网喷护。

(5)土方开挖阶段合理分布基坑边施工荷载(含堆土),严格限制坑边堆载不大于20 kPa(盾构井30 kPa)。

(6)纵向坡面过陡或停置时间过长时应适当采取临时防护措施或分梯级开挖。

(7)铺盖法、盖挖法土方开挖时限制顶板上的使用荷载或堆土量,以保证荷载不超过设计给定值。

4. 支护体系施作

(1)钢围檩纵向各段应在同一平面内,段间连接应符合设计要求。

(2)钢围檩背后应与围护结构顶紧,与喷护面间的空隙用细石混凝土填实。

(3)明挖基坑支撑体系中间临时立柱不能简化,铺盖支撑结构应设置必要的横向连接构件,保证沿基坑纵向结构的稳定性。

(4)支撑体系挠度应严格控制,支撑上不得吊挂或堆放其他荷载。

(5)支撑安装要避免支撑端头板与支座承压板间点接触,保证锚头锁孔与锚索在同一直线上。

(6)支撑架设后及时施加应力,锚索及时拉拔锁定。

(7)支撑及钢围檩应分别设置与围护结构有可靠连接的防坠落装置。

(8)斜撑钢围檩后的抗剪凳必须按照设计要求设置。

(9)对支撑(锚索、土钉)定期检查、维护,确保正常的工作状态。重点是支撑端头是否松动,钢围檩是否滑动,锚索的锚头、锁片是否松动,土钉钢筋与纵、横向的压筋是否脱开。

(10)支护体系应按照设计要求及时架设。

5. 结构施工及支撑拆除

(1)倒撑和拆撑应严格按照设计及内衬结构施工的顺序拆除,不得提前或超范围拆除支撑。

(2)严格控制支撑拆除的时间,内衬结构各层板的混凝土强度未达到设计强度的 70% 以上(含)不得拆除邻近支撑。

(3)设有肥槽的基坑,随着支撑体系的拆除应及时回填肥槽。

6. 坑边堆载

(1)严禁基坑边未有加固措施长期有重型设备作业。

(2)严禁基坑强烈影响区堆载超出设计值。

5.3.4　盾构法工程

1. 端头加固

(1)始发接受段端头加固是确保盾构安全始发和接收的重要手段,需重点巡视。

(2)端头加固长度、宽度、深度应符合设计要求。

(3)端头加固后应进行检查,符合要求后盾构方可始发。

2. 盾构始发和到达

(1)洞门安装止水橡胶帘布和扇形压板,确保洞门处止水效果。

(2)加强对端头加固效果的检查,确保端头加固效果达到要求。

(3)盾构在加固区内的施工,土压建立前(始发)和土压降低后(到达)应严格控制出土量,正确使用加固后土体松散系数确定合理出土量。

(4)盾构始发出加固区时需要转换土压力,在出加固区时应将土压建立到略高于正常值,盾构出加固区时不至于出现土压过低,发生地表塌陷事故。

(5)盾构到达进入加固区后应逐步减小土压直至降为 0,同时降低推进速度(速度)和推力,缓慢向洞门推进,防止端头处土体被盾构推出洞门,发生塌陷事故。

(6)盾构到达施工过程中,当刀盘距离围护结构小于4环(4.8 m)时,应该停止注入土体改良剂、添加剂(泡沫、膨润土等)。

3. 盾构检修、换刀

(1)对于土层,优先选择从地面开挖明挖竖井或人工挖孔井(桩)来进行开舱检修和换刀。

(2)对于砂卵石等磨蚀性较强的地层,应提前对开舱位置进行选择,并提前进行相关施工,做到主动开舱检修盾构。

4. 盾构掘进过程

(1)盾构穿越重要环境风险工程时,应适当提高土压力,确保开挖面和地层的稳定,有效控制地表沉降和风险工程的变形。

(2)加强土体改良(尤其是砂层、砂卵石地层)降低刀盘扭矩,减小刀盘和刀具的磨损。

(3)盾构在沙层、卵砾石层和砂、卵石复合地层中掘进时,为减小磨损,应该采用低转速、高贯入度等措施,对沉降要求严格的组段,应匀速推进。

(4)同步注浆和二次补浆不能采用同种性质的浆液,同步注浆和二次补浆参数、浆液质量标准及补浆频率参见《盾构施工管理办法》(BJMTR/RM-PF-03)。

(5)盾构施工前开挖基坑或者竖井时取样进行试验确定土体松散系数,确定合理出土量。盾构掘进过程中,应根据出土量和土车容积来细化每个土车与盾构推进距离的关系,并做好记录。

5.3.5　施工过程周边环境巡视、预警与评估

(1)周边建构筑物主要应巡视、评估以下内容:

①建构筑物开裂、剥落:包括裂缝宽度、深度、数量、走向,剥落体大小、发生位置、发展趋势等;

②地下室渗水:包括渗漏水量、发生位置、发展趋势等。

(2)周边桥梁主要应巡视、评估墩台或梁体开裂、剥落情况,包括裂缝宽度、深度、数量、走向,剥落体大小、发生位置、发展趋势等。

(3)周边既有线(铁路)主要应巡视、评估以下内容:

①结构开裂、剥落:包括裂缝宽度、深度、数量、走向,剥落体大小、发生位置、发展趋势等;

②结构渗水:包括渗漏水量、发生位置、发展趋势等;

③道床结构开裂:包括裂缝宽度、深度、数量、走向、发生位置、发展趋势等;

④变形缝开合及错台:包括变形缝的扩展和闭合大小、变形缝处结构有无错开、位置、发展趋势等。

(4)周边道路(地面)主要应巡视、评估以下内容：

①地面开裂：包括裂缝宽度、深度、数量、走向、发生位置、发展趋势等；

②地面沉陷、隆起：包括沉陷深度、隆起高度、面积、位置、距墩台的距离、距基坑(或隧道)的距离、发展趋势等；

③地面冒浆/泡沫：包括出现范围、冒浆/泡沫量、种类、发生位置、发展趋势等。

(5)周边河流湖泊主要应巡视、评估以下内容：

①水面漩涡、气泡：包括水面有无出现漩涡、水泡，出现范围、发生位置、发展趋势等；

②堤坡开裂：包括裂缝宽度、深度、数量、走向、位置、发展趋势等。

(6)周边地下管线主要应巡视、评估以下内容：

①管体或接口破损、渗漏：包括位置、管线材质、尺寸、类型、破损程度、渗漏情况、发展趋势等；

②检查井等附属设施的开裂及进水：包括裂缝宽度、深度、数量、走向、位置、发展趋势、井内水量等。

(7)周边邻近施工情况主要应巡视、评估邻近在施工程项目规模、结构、位置、进度，与轨道交通工程水平距离、垂直距离等。

5.4　视频监控技术指南

5.4.1　系统建设

1. 摄像机的安装位置

(1)明(盖)挖法：

①明挖车站及区间两对角线各安装一对现场摄像机，沿长边两侧每不超过40 m各安装一个现场摄像机；

②盖挖工程现场摄像机安装要求同明挖工程，且随着盖挖工程的进展，需及时跟进现场摄像机位置；

③现场视频监控要求基坑现场监控全覆盖，对于异形基坑等，应根据基坑情况增设现场摄像机。

(2)矿山法：

矿山法工程标准断面开挖面，大断面隧道拱部各导洞开挖面各安装一个现场摄像机；洞桩(柱)法暗挖车站各导洞、其他工法暗挖车站拱部各导洞及其初期支护扣拱的开挖面，附属结构拱部开挖面各安装一个现场摄像机。

(3)盾构法：

①管片安装区域；

②螺旋输送机出土口位置；

③盾构机操作室;

④盾构法联络通道,摄像机安装要求同矿山法。

(4)其他部位:施工竖井、通道、洞口等重点部位安装现场摄像机;

(5)穿越特级环境风险的矿山法工程,以及开挖面渗漏水或地层不稳定处以及其他需加强监控的作业面,可增设现场摄像机数量加强监控。

2. 现场视频监控内容

(1)矿山法工程

①地层变化情况;

②是否有渗水;

③是否有坍塌情况;

④上台阶核心土留设情况;

⑤台阶留设是否规范;

⑥钢格栅安装情况;

⑦锁脚锚管打设情况;

⑧网片铺设情况;

⑨壁后回填注浆情况;

⑩超前小导管打设情况;

⑪分层喷射混凝土情况。

(2)明挖法工程:

①地层变化情况;

②是否发现不明管线;

③是否有渗水;

④支撑架设及时性;

⑤横支撑是否施加预应力;

⑥锚杆(索)施工;

⑦桩间挂网及分层喷射混凝土情况;

⑧注浆情况;

⑨基坑周边堆载及作业车辆来往情况等。

(3)施工竖井:提升设备挂钩,吊装作业情况,井底作业情况等。

(4)各作业面劳动力组织和专兼职安全员到位情况。

5.4.2　系统运营

1. 视频监控台账管理

(1)视频监控工作相关单位均应建立所辖线路、标段的管理台账,清晰、真实地记录视频监控系统建设及运行状况。

（2）施工单位视频管理台账：包括系统建设方案、实施计划报送及监理审批时间；现场监控室和前端摄像机的建成或安装以及拆除时间；摄像机故障类型、原因及起止时间；视频专网开通及撤销时间。

（3）监理单位视频管理台账：包括系统建设方案、实施计划的接报及审批时间；现场监控室、前端摄像机验收及拆除时间；摄像机移位时间、工作状态情况（包括故障类型、原因、起止时间）。

（4）建设管理单位管理台账：包括所辖线路各标段工点（工区）名称和 IP 地址、视频专网开通及撤销时间、各标段摄像机运行情况（含故障类型、原因、起止时间）。

（5）视频专网建设单位管理台账：包括专网开通及撤销计划接报时间；现场踏勘及开始施工时间；专网开通及撤销的时间；故障接报及修复时间，故障原因以及专网建设过程中出现的其他情况。

2. 摄像机移位

（1）施工单位根据工程进展及时移动摄像机，并确保现场摄像机可清晰监控掌子面作业状况。

（2）矿山法工程现场摄像机距掌子面距离应不超过 20 m。

（3）施工单位应根据需要及时进行补点。

（4）前端摄像机安装及移位完毕后，施工单位应及时提请监理单位组织验收。

3. 摄像机拆除

施工现场满足下列条件时，方可进行摄像机拆除：

（1）明（盖）挖法二次衬砌施工完毕。

（2）矿山法工程二次衬砌施工完毕。

（3）盾构隧道贯通。

（4）施工竖井、通道、洞口等重点部位停止使用。

5.4.3　系统维护

（1）施工单位应编制系统维护管理方案，并依据方案进行视频监控系统日常维护和保养，保障视频监控系统设备应 7×24 h 工作。

（2）施工单位负责系统设备成品保护、正确使用及故障修复，确保现场拥有足够的备品备件。当视频监控系统出现故障时，应立即利用备品备件恢复系统运行，确保视频监控不中断，并于 24 h 内对故障设备进行修复。

5.5　地下水控制指南

5.5.1　降水施工技术要点

1. 一般规定

（1）降水施工应满足绿色施工要求，合理抽降，减少对地下水资源浪费。同时应符合现行国家标准《建筑与市政降水工程技术规范》和《建筑基坑支护技术规程》(JGJ 120—2012)的有关规定。

(2)降水施工前应以降水工程设计为依据,明确工程范围及相关技术要求,编制降水工程施工组织设计,并满足《危险性较大的分部分项工程安全管理办法》相关规定。

(3)降水工程施工组织设计内容:

①工程概况及工程环境;

②施工要求;

③技术方法;

④工程布置、工程数量;

⑤施工组织、设备材料、加工计划、降水井与排水设施、施工程序;

⑥工程措施与辅助措施,质量检查与安全措施;

⑦工期安排;

⑧附相关图表。

(4)每个降水井、孔、排水设施竣工后,均应单独进行调试,合格满足设计要求后,方可进行降水检验。

(5)施工降水进场后,可进行施工阶段抽水试验验证水文参数及设计参数的合理性。

(6)开挖至地下水位标高前的超前抽水时间不少于 20 d。

(7)对地下水控制等级为一级的工程,宜委托具备资质的第三方机构进行质量检测。

2. 管井

(1)成井施工优先考虑采用泵吸反循环钻井法,根据地层条件也可选用冲击钻、回转钻及旋挖钻进。

(2)当上部含水层水质较差,需要评价多层地下水混合管井降水对下部含水层水环境的影响;当采用混合管井降水时,应在降水停止后采取有效措施确保管井不使上下含水层连通。

(3)管井安装后应立即进行洗孔,用空压机自上而下冲洗干净,洗井后安装水泵进行单井试抽。抽水时应做好工作压力、水位、抽水量的记录,如抽水量及水位降值与设计不符,应及时调整降水方案

(4)管井施工过程中应对下列内容进行验收:

①管井井深:以深度控制的井孔,其允许偏差应为$^{+1\,000}_{-200}$ mm;以井底地层控制的井孔,应以地质勘察报告为依据计算井深;

②管井滤料含泥量应不大于 3%,滤料级配应符合设计要求;

③管井实际填料量应不小于计算量的 95%;

④管井直径允许偏差应为-20 mm；

⑤管井滤水管垂直度应不大于 1%；

⑥成井后应用清水洗井至水清砂净或上下含水层串通；

⑦管井滤水管孔隙率：钢管应不小于 10%，无砂水泥管应不小于 15%。

(5)施工成井后应对单井出水量进行现场抽水复测，以确保满足设计要求。

3. 轻型井点

(1)对易塌、易缩孔的松软地层，钻探施工应采用清水或稀泥浆钻进或高压水套管冲击施工，达到设计孔深后，应加大泵量、冲洗钻孔、稀释泥浆；对于不易产生塌孔、缩孔的地层，可采用长螺旋钻机施工成孔。

(2)轻型井点系统由井点管、连接管、集水总管及抽水设备等组成；沿基坑周围以一定的间距埋入井点管(下端为滤管)，地面上用水平铺设的集水总管连接各井点管，在一定位置设置离心泵和水力喷射器。

(3)轻型井点施工应满足下列要求：

①滤料应填至地面以下 1.0~2.0 m，再用黏土封孔；滤料以中粗砂为宜；

②真空度是判断井点系统是否良好的尺度，应不低于 55.3 kPa；

③轻型井点井深应不小于设计深度，且应比井点管深 500 mm；

④轻型井点真空度应不小于 60 kPa。

4. 喷射井点

喷射井点真空度应不小于 93 kPa。

5. 辐射井

(1)辐射井的施工应符合下列要求：

①集水井施工当场地狭小时宜采用沉井法或人工挖井法，有场地条件时宜采用泵吸反循环钻进法，井深应超过最底部降水目的含水层 1.0 m 以上，钻进井径应大于 3.0 m，并以满足井内水平井施工为准；

②水平井施工宜采用水力双壁钻杆反循环法或顶进水力正循环法，垂直方向上水平井沿各含水层底部施工，平面上水平井沿结构外缘及不同方向上布设。

(2)辐射井的安装应符合下列要求：

①集水井安装要求：集水井井壁管可采用预制钢筋水泥管，壁厚 0.15~0.2 m，每节管长 1~2 m，管节之间做防水处理，并连接牢固，沉井法采用自重整体均匀润滑下沉，井底用混凝土封闭；反循环钻进法的井管安装采用漂浮法，最底节为封闭的圆底；沉井法下端带有刃角，施工到设计井深后用混凝土封底，并处理刃角周围；

②水平井管安装要求：成孔后立即安装水平井管或随钻安装，水平管均为滤水管，可用 PVC 波纹缠丝管、钢丝骨架缠土工织布管和钢管打眼缠丝包网管，全孔下入井管，井管顶端封闭，井管口周围应做密封处理。

(3)沉设时,沉井混凝土强度应达到设计强度的70%及以上,或符合设计要求。

(4)封底结束后的位置:刃脚平均标高与设计标高的允许偏差应不大于100 mm;刃脚平面中心线位移应不大于1%H(H为下沉总深度),$H<10$ m时,应不大于100 mm。

(5)钢材、对接钢筋、水泥、骨料等原材料的质量应符合设计要求。检验数量:施工单位全数检验,监理单位按施工单位检验数的30%作见证检验或按10%作平行检验。

6. 集水明排

(1)排水沟的施工应符合下列规定:

①排水沟的位置距坡脚应不小于300 mm;

②排水沟宽易取300~600 mm;

③排水沟深度应为400~500 mm;

④排水沟应设一定纵坡,坡度应不小于3‰。

(2)集水井位置距坡脚应不小于400 mm,深度应不小于800 mm。

(3)一般采用人工开挖集水井,下入钢护筒或水泥砾石滤水管护壁,下入滤水管时,滤水管外围应回填滤料。

(4)宜采用污水泵抽水,泵头应包以滤网,以防泥砂进入水泵。

(5)基坑侧壁如有渗水,应设置导管,将水导出。

(6)导流管导管长度应为500~1 000 mm;导管滤管部分孔隙率应不小于10%,且应缠尼龙纱网防止出砂;导管应设置在含水层底部或渗水处。

(7)排水沟沟底防水施作前,槽底土体应不受长时间浸泡;排水沟宽度应保证水不溢出泡槽。

(8)集水井滤料粒径宜为2~7 mm,含泥量应不大于3%;实际填料量应不小于计算量的95%。

(9)集水井潜水泵的泵量和扬程应保证集水井内的水及时排出。检验数量:施工单位、监理单位全数检验。

5.5.2 止水施工技术要点

1. 一般规定

(1)止水帷幕施工应满足绿色施工要求,同时应符合现行国家标准的有关规定。

(2)止水帷幕施工前应以止水帷幕工程设计为依据,明确工程范围及相关技术要求,并编制止水帷幕工程施工组织设计。

(3)止水帷幕施工组织设计内容:

①工程概况及工程环境；

②施工要求；

③技术方法；

④工程布置、工程数量；

⑤施工组织、设备材料、加工计划、疏干井与排水设施、施工程序；

⑥工程措施与辅助措施，质量检查与安全措施；

⑦工期安排；

⑧附相关图表。

(4)止水帷幕与支护结构施工顺序应符合下列规定：

①当采取连续性止水帷幕时，先施工止水帷幕，后施工支护结构；

②当采取嵌入型止水帷幕时，先施工支护结构，后施工止水帷幕。

(5)止水帷幕施工前宜进行现场试验，确定加固体范围，检验施工方法、施工技术参数有效性。

(6)对于闭合式封闭式止水帷幕，在基坑开挖前应做坑内抽水试验，并通过坑内外的观测井观察水位变化、抽水量变化等确认检验止水帷幕的隔水效果和质量可靠性。当存在渗漏时，应根据具体情况采取封堵、加固措施。

(7)基坑开挖前应根据场地特点和项目特点编制有针对地应急预案，开挖前物质、设备、人力等落实到位。

(8)当止水帷幕后土体出现渗漏水的情况时，应及时采取有效堵漏止水措施。

(9)止水帷幕漏水、流砂使坑外地面下沉、建筑物倾斜、管道断裂时，应立即停止坑内降水和挖土，并采取措施封堵止水帷幕，必要时重新补做止水帷幕。

(10)止水帷幕施工完成后均应进行止水效果监测，对于环境条件复杂的工程，应进行全段检查。

2. 地下连续墙

(1)地下连续墙的施工应符合《建筑基坑支护技术规程》(JGJ 120—2012)有关规定。

(2)导沟、导墙中心线与地下连续墙轴应重合，内外导墙面的净距应等于地下连续墙的设计宽度加 50 mm，净距误差小于 5 mm，导墙内外墙面垂直。

(3)导墙顶部宜高出地面少许。导墙之间净宽略大于连续墙厚度的 4~6 cm，导墙的埋深一般为 1~2 m，墙厚 0.1~0.2 m。

(4)导墙拆模后，沿导墙纵向每隔 1 m 设两道木支撑，导墙混凝土没有达到设计强度以前，禁止重型机械在导墙侧面行驶，防止导墙受压变形。

(5)成槽机械操作要平稳，不能猛起猛落，防止槽内形成负压区，产生槽坍。

(6)槽壁附近堆载不超过 20 kN/m^2，起吊设备及载重汽车的轮缘距离槽壁不小于 3.5 m。

(7)放钢筋笼前,对槽段接头和相邻墙段的槽壁混凝土面用刷槽器等方法进行清刷,清刷后的接头和混凝土面不得夹泥;对设置防渗构件的接头,应将防渗构件装配到位,以保证接头的隔水效果。

(8)施工工序间的衔接要紧凑,成槽至浇灌完混凝土时间控制在 24 h 以内。

(9)应有专人能够负责补充泥浆,并随时观察液面高度,泥浆面高度不得低于导墙顶面 0.5 m。

(10)在施工中,一旦出现塌槽后,要及时填入砂土,用抓斗在回填过程中压实,并在槽内和槽外(离槽壁 1 m 处)进行注浆处理,待密实后再进行挖槽。

(11)连续墙施工应重点控制墙体强度、垂直度、墙体连接等项目。

3. 深层搅拌止水

(1)深层搅拌止水成桩应符合下列规定:

①根据设计先用经纬仪放出轴线,再用钢卷尺丈量出具体桩位,允许偏值为 50 mm;

②桩机定位:搅拌桩机到达指定桩位后,进行对中、调平,允许偏差 50 mm;

③搅拌机钻孔时,下沉速度易控制在 1.2 m/min,以利于土体充分破碎,在下沉过程中应边送浆边钻进;

④浆液必须按设计配方投料制浆,送浆前必须不停搅拌,防止浆液离析,浆液储备时间不应超过 1 h;

⑤当搅拌机下沉到设计深度时停止下沉,然后边搅拌边提升,提升速度控制在 0.97 m/min;

⑥ 当搅拌机提升到设计桩顶标高时,重复下沉搅拌,使浆液与土体搅拌均匀;

⑦ 待下沉到设计深度时,边喷浆、边搅拌、边提升,直至提升至地面,控制提升速度 0.97 m/min。

(2)两轴搅拌桩的搭接不应小于 200 mm。

(3)搅拌桩应通过试成桩试验等确定工艺参数、成桩工艺与施工步骤。

(4)搅拌机头下沉与提升速度宜控制在一定范围内,并保持匀速下沉或提升。浆液泵送量应与搅拌机头的下沉或提升速度相匹配,保证搅拌桩中水泥掺量的均匀性。

(5)单桩搅拌次数或搅拌时间应能保证水泥土搅拌桩的成桩质量。对含砂量大的土层,宜增加搅拌次数。

(6)深层搅拌桩冷缝要记录处理,并在冷缝搭接处采取隔水加强措施。

(7)深层搅拌止水质量控制应符合下列规定:

①每根桩开钻前检查钻头直径,要求偏差小于 5 mm;

②桩位控制:严格进行定位控制,要求桩位偏差小于 1 cm;

③垂直度控制:每次开钻之前,钻机就位后,检查钻杆垂直度,垂直度偏差要求小于 1%;

④相邻桩施工间隔时间不能超过水泥土硬化时间 6 h，以 2 h 内为宜，以保证有效搭接。如超出 16 h，采取补桩或增加水泥用量等措施进行处理。

(8)深层搅拌止水质量检验应符合下列规定：

①在施工 28 d(72 h)后，采用钻机在墙体内钻取墙体芯样，并描述芯样的完整性和芯样的均匀情况；对于取出的芯样进行单轴抗压强度、渗透系数、抗渗比降等参数的检测；钻孔的布置为每 300 m 布设 1 孔，每孔要求取样 2 组，取样的部位为钻孔的中部和底部；钻孔必须用水泥砂浆封填密实，每标段钻孔不少于 3 个；

②沿防渗墙轴线每 500 m 开挖一处，每处长 3~5 m，深 2.5~4 m；对开挖出的墙体，要求墙体外观质量好，无蜂窝、孔洞；桩间搭接、墙厚满足设计要求，且墙体整体性好；切割桩体截面，观察搅拌均匀程度；凿取一段桩体，加工成立方体试块，进行抗压强度试验；

③围井试验所测得的渗透系数应满足设计要求，即不大于 $i\times10^{-6}(i=1\sim3)$ cm/s；无损检测试验主要是检测墙体的连续性及墙体实际深度。

4. SMW 工法

(1)SMW 工法要求连续施工，故在施工前应对围护施工区域进行场地平整和地下障碍物探测清理，保证施工顺利进行。

(2)根据提供的坐标基准点，按照设计图进行放样定位及高程引测工作，并做好永久及临时标志。

(3)根据基坑围护内边控制线，采用挖土机开挖沟槽，开挖沟槽余土应及时处理，以保证 SMW 工法正常施工，并达到文明工地要求。

(4)桩机就位，认真检查定位情况并及时纠正，桩机应平稳、平正，线锤实施观测以确保钻机的垂直度。

(5)根据设计要求并结合工程实际情况确定其基本配合比，确保水泥土发挥复合效应，起到共同止水挡土的效果。

(6)水泥浆配制好后，停滞时间不得超过 2 h，搭接施工的相邻搅拌桩施工间隔不得超过 24 h。注浆时通过 2 台注浆泵 2 条管路混合注入。注浆压力：0.2~0.6 MPa，注浆流量：150~200 L/min/每台。

(7)根据具体施工情况，确定搅拌桩钻进速度，合理控制供浆量，确保每幅桩水泥用量。

(8)根据设计要求深度，搅拌桩在下沉和提升过程中均应注入水泥浆液(两次喷浆工艺)，同时严格控制下沉和提升速度。根据经验，搅拌桩下沉速度不大于 1 m/min，提升速度不大于 2 m/min，在水泥搅拌桩底部分重复搅拌注浆，停留 2 min左右，并做好原始记录。

(9)涂刷减摩剂时应符合下列规定：

①清除 H 型钢表面的污垢及铁锈；

②减摩剂必须用电热棒加热至完全熔化，用搅棒搅拌时感觉厚薄均匀，才能涂敷于 H 型钢上，否则涂层不均匀，易剥落；

③如遇雨天，型钢表面潮湿，先用抹布擦干其表面后涂刷减摩剂；不得在潮湿表面上直接涂刷，否则将剥落；

④如 H 型钢在表面铁锈清除后不立即涂减摩剂，必须在以后涂料施工前抹去表面灰尘；

⑤型钢表面涂上涂层后，一旦发现涂层开裂、剥落，必须将其铲除，重新涂刷减摩剂。

(10)插入型钢时应符合下列规定：

①水泥搅拌桩施工完毕后，吊机应立即就位，准备吊放 H 型钢；H 型钢使用前，在距其顶端 250 mm 处开一个中心圆孔，孔径约 80 mm，根据设计的高度控制点，用水准仪引放到定位型钢上，误差控制在±5 cm 以内；

②H 型钢下插至设计深度后，用槽钢穿过吊筋将其搁置在定位型钢上，待水泥土搅拌桩达到一定硬化时间后，将吊筋及沟槽定位型钢撤除；

③若 H 型钢插放达不到设计标高时，则重复提升下插使其达到设计标高，此过程中始终用线锤跟踪控制 H 型钢垂直度。

(11)H 型钢回收时应符合下列规定：

①H 型隔离措施：浇筑压顶圈梁时，H 型钢挖出并清理干净露出部分 H 型钢表面的水泥土后，在扎圈梁钢筋前，埋设在圈梁中的 H 型钢部分腹板和翼板两侧必须先用泡沫塑料包裹，再用油毛毡片包裹泡沫塑料两层，油毛毡片包裹高度高出圈梁顶 15 cm，并用 U 型粗铁丝固定好油毛毡片；

②H 型起拔：拆除插板或直接装上 T 字形接头，用夹具、液压千斤顶，逐步将 H 型钢顶出地面；用吊车吊牢 H 型钢，待 H 型钢全部拔起后，现场放平并堆放现场；

③型钢拔除时须考虑对周边环境的影响，应对型钢拔除后的空隙采用注浆填充等措施。

(12)SMW 桩主要施工技术参数见表 5.5-1。

表 5.5-1　SMW 桩主要施工技术参数表

序号	项　目	技术指标
1	水泥掺量	不小于 22%
2	下沉速度	0.8～1.0 m/min
3	提升速度	2.0 m/min
4	搅拌转速	30～50 r/min
5	浆液流量	40 L/min

(13)保证SMW桩体的垂直度,可采用以下措施:

①在铺设道轨枕木处要整平整实,使道轨枕木在同一水平线上;

②在开孔之前用水平尺对机械架进行校对,以确保桩体的垂直度达到要求;

③用2台经纬仪对搅拌轴纵横向同时校正,确保搅拌轴垂直;

④施工过程中随机对机座四周标高进行复测,确保机械处于水平状态施工,同时用经纬仪经常对搅拌轴进行垂直度复测。

(14)为了保证加固体强度均匀,可采用以下措施:

①压浆阶段时,不允许发生断浆和输浆管道堵塞现象;若发生断桩,则在向下钻进50 mm后再喷浆提升;

②采用“二喷二搅”施工工艺,第一次喷浆量控制在60%,第二次喷浆量控制在40%;严禁桩顶漏喷现象发生,确保桩顶水泥土的强度;

③搅拌头下沉到设计标高后,开启灰浆泵,将已拌制好的水泥浆压入地基土中,并边喷浆边搅拌约1~2 min;

④控制重复搅拌提升速度在0.8~1.0 m/min以内,以保证加固范围内每一深度均得到充分搅拌;

⑤相邻桩的施工间隔时间不能超过24 h,否则喷浆时要适当多喷一些水泥浆,以保证桩间搭接强度;

⑥预搅时,软土应完全搅拌切碎,以利于与水泥浆的均匀搅拌。

(15)为保证型钢的顺利插入起拔,易采用以下相关措施:

①为保证型钢表面平整光滑,其表面平整度控制1‰以内;

②型钢表面应进行除锈,并在干燥条件下涂抹减摩剂,搬运使用应防止碰撞和强力擦挤;搅拌桩顶制作围檩前,事先用牛皮纸将型钢包裹好进行隔离,以利拔桩;

③型钢应在水泥土初凝前插入。插入前应校正位置,设立导向装置,以保证垂直度小于1%,插入过程中,必须吊直型钢,尽量靠自重压沉。若压沉无法到位,再开启振动下沉至标高;

④型钢回收。采用2台液压千斤顶组成的起拔器夹持型钢顶升,使其松动,然后采用振动锤,利用振动方式或履带式吊车强力起拔,将H型钢拔出。采用边拔型钢边进行注浆充填空隙的方法进行施工。

5. 高压喷射注浆止水

(1)高压喷射注浆时,应先采用工程钻机引孔。引孔钻进时,原则上采用清水钻进,若出现垮孔,采用优质膨润土作为制浆用主要材料,新制泥浆配合比拟为:水750 L,黏土650 kg,碳酸钠6~8 kg,如采用双重管引孔旋喷一体机,则引孔由旋喷台车自身完成。

(2)高喷灌浆采用32.5普通硅酸盐水泥或复合水泥,浆液水灰比应满足设计要求，采用高速搅拌机搅拌，纯拌和时间不少于 1 min，且应连续制浆。

(3)施工时应保证钻孔的垂直度满足设计要求，旋喷桩之间或与灌注桩相互搭接不宜小于 200 mm。

(4)喷管先至指定深度后，拌制水泥浆液，即可供浆、供风、供水开喷。待各压力参数和流量参数均达到要求，且孔口已返出浆液时，即可按既定的提升速度进行喷射灌浆。

(5)喷射压力、提升速度对成桩直径（喷射板墙的有效长度）有较大影响，应根据深度及土质条件进行调控。

(6)高喷灌浆保持全孔连续一次作业，作业中因拆卸喷射管而停顿后，重复高喷灌浆长度不小于 0.3 m。

(7)在高喷灌浆过程中，出现压力突降或骤增、孔口回浆浓度和回浆量异常，甚至不返浆等情况时，查明原因后及时处理。

(8)当孔内出现严重漏浆，拟采取以下措施进行处理：

①降低喷射管提升速度或停止提升；

②降低喷水压力、流量进行原地灌浆；

③喷射水流中掺加速凝剂；

④加大浆液密度或灌浆水泥砂浆、水泥黏土浆；

⑤向孔内充填砂、土等堵漏材料。

(9)在高喷灌浆过程中，水泥用量根据现场土层情况确定，保证 180~250 kg/m (180°摆喷)。

(10)供浆正常情况下，孔口回浆密度变小、不能满足设计要求时，拟采取加大进浆密度或进浆量的措施予以处理。

(11)装、卸喷射管时，采取措施密封、加快装卸动作以防止喷嘴堵塞。

(12)高喷灌浆结束后，充分利用孔口回浆或水泥浆液对已完成孔进行及时回灌，直至浆液面不下降为止。

(13)施工中如实记录高压旋喷灌浆的各项参数、浆液材料用量、异常情况及处理等。

(14)旋喷止水施工时还应按照相关规范要求对其施工质量进行严格控制。

6. 压力注浆止水

(1)当土层比较均匀时，可采用全孔注浆法进行施工。当土层变化大需分段注浆时，可采用套管护壁注浆法或袖阀管注浆法，进行分段注浆。

(2)当土层存在动水或土层较软弱时，可采用双液注浆法来控制浆液的作用范围，并应控制好两种浆液混合后的凝固时间，两种浆液混合后在管内的时间应小于浆液的凝固时间。

(3)注浆孔钻孔直径可为 50 mm、75 mm 或 91 mm（终孔直径）。

(4)钻孔过程中每循环钻进5~10 m便进行注浆加固(根据钻孔探测到孔内实际情况适当调节钻孔深度),如此循环钻孔和注浆两个步骤,逐步深入,直至钻孔、加固至设计深度。

(5)注浆前应进行注浆试验,确定最佳的注浆压力、扩散半径、单孔注浆量及合适的浆液配合比。

(6)注浆初期采取低压力中流量注入,注浆过程中压力逐步上升,流量逐渐减少,当压力升至注浆终压时,继续压注5 min,即可结束注浆。

7. 冻结法止水

(1)冻结孔施工应符合下列规定:

①在打钻设备就位前,用仪器精确确定开孔孔位,以提高定位精度;

②冻结孔开孔钻进每3 m时测斜一次,用灯光测斜,如果偏斜不符合设计要求,立即采取调整钻孔角度及钻进参数等措施进行纠偏,如果钻孔仍然超出设计规定,则进行补孔;

③冻结孔应按设计深度施工,冻结孔开孔时,准确丈量钻杆尺寸,控制钻进深度。钻孔到底后应用泥浆冲孔,再下冻结管;

④冻结管必须采用无缝钢管。每批新钢管应抽样进行压力试验,其压力应为7 MPa,无渗漏现象为合格;当复用旧钢管时,应逐根除锈,试验压力与新钢管同;

⑤冻结管的连接,可采用钢制管接头或加管箍焊接,当采用管接头连接时,应预先在地面预组装进行渗漏试验;当采用管箍焊接时,对焊缝应进行检测;所有管箍的材质应与管材材质相同;

⑥冻结管下入钻孔后,必须进行试压;试验压力应为全冻结管内盐水柱与管外清水柱的压力差及盐水泵工作压力之和的2倍,经试压30 min压力下降不超过0.05 MPa,再延续15 min压力不变为合格;

⑦测温孔应布置在偏值较大的冻结孔的界面上,孔数不应少于3个,孔深应按设计规定施工;

⑧冷冻站不得占用工业广场永久建筑物位置,距被冻结场地不宜大于50 m,易布置在冻结孔布线的中线处,使之距离两端相等;站房结构应通风良好,并应设置防火、防毒、避雷等安全设施;

⑨盐水管路系统必须进行压力试验,试验压力不得小于盐水泵工作压力的1.5倍,并持续15 min压力不下降为合格;

⑩冷媒宜采用氯化钙溶液,其比重应根据设计盐水温度确定;

⑪冷冻的低温管路必须进行隔热和防潮处理,冷量的损失不得超过冷冻站工作制冷能力的20%;

⑫当室外气温高于35 ℃时,高压贮液槽、冷凝器、氨瓶等应设遮阳凉棚;

⑬冷冻站安装完成后要进行试漏和抽真空,确保安装质量符合设计要求。

(2)正式运转前应进行试运转,检验系统是否达到设计要求;运转过程中应有日志记录,并应采取措施保证冻结站的冷却效率,正式运转后不得无故停止或减少供冷,必要时要采取应急预案。

(3)质量控制应符合下列要求:

①全孔偏斜率应控制在3‰之内;

②盐水中固体氯化钙含量应满足设计要求;

③冻结孔单孔流量不小于5 m^3/h;

④盐水降温的梯度:当盐水温度处于正温时,每天降温梯度不宜大于5 ℃;当盐水降至0 ℃或负温后,每天降温梯度不宜小于2 ℃;

⑤下管深度不得小于设计深度0.5 m;

⑥积极冻结期的温度不高于-28 ℃;

⑦维护冻结期的温度不高于-25 ℃;

⑧冻结壁平均温度不高于-10 ℃。

(4)冻结法施工检测内容应符合下列规定:

①冻结孔应全孔检测孔深和偏斜率;

②检查冻结管的质量检验报告和试压试验记录;

③监测氯化钙的含量和盐水的温度;

④检验测温孔的温度是否满足设计要求;

⑤检验冻结壁的发展速度是否满足设计冻结速度。

5.5.3 洞内渗漏水治理

1. 开挖面渗漏水处置程序

(1)施工单位对隧道施工开挖面渗漏水的来源和原因进行系统分析,对渗漏水造成的施工危害进行系统评估。

(2)在评估的基础上,判定是否需要进行风险等级调整。当出现下列情况时,宜对自身风险工程等级进行相应调整,对上调为一级的自身风险工程,应按照公司《风险工程分级与设计指南》(BJMTR/RM-CF-03)的相关要求进行专项设计。

①仰挖、平顶直墙段及盾构联络通道施工,开挖面存在渗漏水时,宜调整为一级;

②隧道拱部或上半断面地层以粉细砂、中粗砂层为主,开挖面存在渗漏水时,宜调整为一级;

③施工受承压水影响,但现场不具备降水条件或降水达不到预期效果时,宜调整为一级。

(3)当开挖面遇到下列几种渗漏水情况时,应重点分析以下因素:

①开挖面存在层间滞水时,应重点分析交界面处的降水效果、开挖面的稳定性等;

②施工受承压水影响时，应重点分析承压水降水效果及承压水对隧道开挖施工影响等；

③施工受承压水影响，且现场不具备降水条件、降水不封闭时，应分析地层渗透系数、孔隙率和颗粒组成、地下水位、水流方向等对开挖面的影响。

（4）施工单位应根据对渗漏水情况的分析，采取相应措施（如管内积水抽排、雨污水管导流、洞内引排等）进行处置。

（5）涉及设计方案变更的，由设计单位进行相应的设计变更，并明确提出渗漏水治理的技术措施，施工单位按照变更后的方案实施。

2. 初期支护结构渗漏水处置程序

（1）施工单位对初期支护结构渗漏水的来源和原因进行系统分析，对渗漏水的危害进行评估。

（2）在评估的基础上，制定渗漏水治理方案，并上报监理单位审批。

（3）按照审批后的方案实施，监理单位负责监督。

（4）实施完成后，进行效果检查。

3. 开挖面渗漏水处置技术措施

（1）开挖面渗漏水处置技术措施分为洞内技术措施和洞外技术措施。

（2）洞内技术措施主要包括超前深孔注浆、洞内降水、引排等。

（3）洞外技术措施主要包括地表降水、地面隔离帷幕、注浆加固、管线改移、导流等。

4. 开挖面渗漏水处置措施选用原则

（1）开挖面渗漏水处置技术措施选取应本着“保证安全、经济合理、技术可行、工期兼顾”的原则进行。

（2）开挖面渗漏水处置时，应结合开挖面地层、渗水量、渗水部位及隧道周边环境风险、自身风险选取一种或多种技术措施来控制施工风险。

（3）开挖面渗漏水遇到以下几种情况，宜采取洞外技术措施：

①管线渗漏时，应优先考虑采取导流、防渗处理直至改移等措施；

②降水达不到设计效果时，应分析原因，宜采取增设降水井、洗井、调整降水井间距等措施；

③邻近河湖等地表水体施工，存在地表水渗入补给时，宜采取在地面施作止水帷幕、铺衬等措施。

（4）开挖面渗漏水遇到以下几种情况，宜采取洞内超前深孔注浆措施：

①周边存在对变形控制要求高的环境风险工程（如特级及重要一级风险工程），隧道开挖存在突泥、涌水或坍塌风险；

②邻近或穿越河湖等水体施工，存在地表水渗入补给；

③仰挖、平顶直墙段及盾构联络通道施工；

④开挖面拱部及上半断面地层以砂层、粉土层为主,开挖施工存在突泥、涌水或坍塌风险;

⑤开挖面下半断面或仰拱部位地层以砂层、粉土层为主,且采用洞内引排措施不能保证开挖面稳定;

⑥开挖面地层以黏土层为主,当采用洞内引排措施不能保证开挖面稳定。

(5)开挖面渗漏水遇到以下几种情况,宜采取洞内降水措施:

①开挖面下半断面或仰拱部存在渗漏水,地层以粉质黏土、粉细砂层为主;

②开挖面存在砂层、黏土层界面水;

③开挖面以粉质黏土为主,开挖施工存在突泥、涌水或坍塌风险;

④地面无降水作业条件或降水效果差,洞内具备降水条件。

(6)开挖面渗漏水遇到以下几种情况,宜采取洞内引排措施:

①止水或降水未达到预期效果,但开挖面已具有一定自稳能力;

②开挖面以卵石层、黏土层为主,且具有一定自稳能力;

③渗漏水不影响掌子面稳定性。

5. 超前深孔注浆

(1)超前深孔注浆应根据工程地质、隧道埋深、周边环境等条件,选取有针对性注浆参数、注浆材料、注浆方式及机械设备等。

(2)注浆施工前,应对注浆参数进行精心设计,注浆参数设计主要包含以下几个方面:

①加固范围:一般纵向为8~15 m,横向为开挖轮廓线外1.5~3 m,根据现场需要,既可以采用全断面注浆,也可以采用局部注浆(如半断面注浆)。

②扩散半径:一般为0.5~0.8 m。

③注浆终压:一般为0.5~1.5 MPa。

④注浆量:按公式计算:

$$Q = \pi R^2 L n \alpha \beta$$

式中 Q——单段注浆量(m^3);

R——浆液扩散半径(m);

L——分段长度(m);

n——地层孔隙率;

α——地层填充系数,粉质黏土填充率取20%~25%;杂填土取30%~35%;粉细砂、砂层取25%~40%;中粗砂、砂卵石层取45%~60%;

β——浆液消耗系数,一般为1.1~1.2。

⑤注浆速度:砂层、粉质黏性土20~40 L/min,砂卵石层40~60 L/min。

(3)渗漏水注浆堵水材料主要有普通水泥—水玻璃双液浆、普通水泥单液浆、超细水泥—水玻璃双液浆、超细水泥单液浆和硫铝酸性类水泥(TGRM、HSC等)浆等。注浆材料的选取应充分考虑浆液的性能及对地层的适应性。

(4)机械设备包括成孔设备、注浆设备和其他设备三个方面。

(5)注浆方式主要有前进式分段注浆、后退式分段注浆和全孔一次性注浆三种方式。注浆方式的选取应充分考虑各自的特点及对地层的适应性。

①前进式分段注浆:可以适用于任何地层,并且可以利用孔口管防止出现大量流砂涌泥,但工序比较繁杂,扫孔工作量比较大,一般常用于容易出现流砂涌泥的富水粉细砂层和淤泥质等地质较差地层;前进式注浆施工工艺流程如图 5. 5-1 所示;

②后退式分段注浆:有袖阀管后退式注浆和二重管后退式注浆两种形式,注浆施工工艺流程如图 5. 5-2 所示;

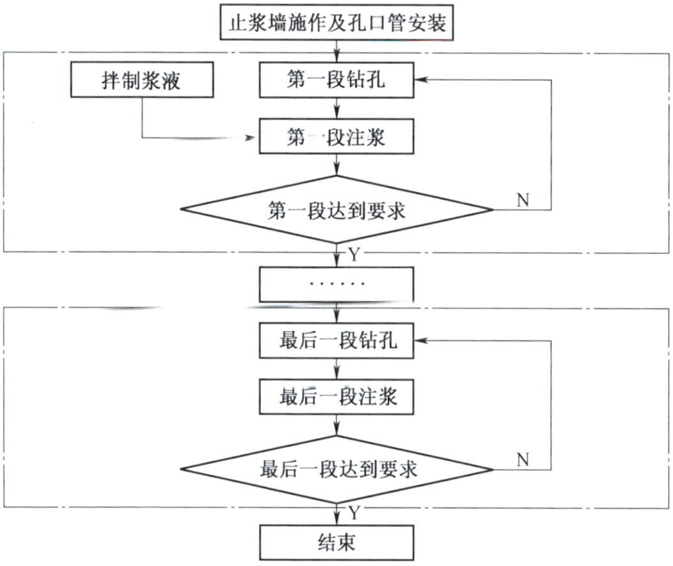

图 5. 5-1　前进式分段注浆施工工艺流程图

③全孔一次性注浆:一般只适用于硬岩,注浆效果较差,在北京地区很少使用。

(6)注浆施工时,应加强对止浆墙施工、钻孔施工、浆液配制、注浆量及注浆压力等进行控制,具体要求如下:

①注浆前应采用 C20 喷射混凝土在开挖面处施作止浆墙,止浆墙厚一般为 50 cm;

②按设计孔位、角度及孔深进行钻孔,若现场钻孔孔位因客观条件限制不能满足设计要求,应进行移位并计算确定参数,必要时应进行补孔;

③按设计配比进行浆液配制,浆液要搅拌充分;

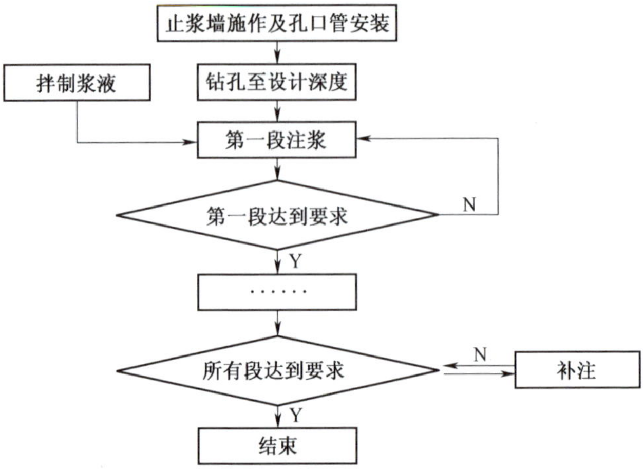

图 5.5-2　后退式分段注浆施工工艺流程图

④洞内如出现冒浆现象,应立即调整浆液凝胶时间,或采用间歇法注浆,并用棉纱对冒浆或串浆部位进行堵塞;同时还应加强对地表巡视,防止地表出现冒浆,如地表出现冒浆,应立即调整浆液凝胶时间,或采用间歇法注浆,严重时,可暂停注浆施工;

⑤若地层吸浆量很大,注浆压力长时间不上升,可通过调换浆液、调整浆液配比,缩短浆液凝胶时间,进行大泵量、低压力注浆,使浆液在地层裂隙中有相对停留的时间,以便凝胶,以达到控域注浆目的;

⑥应严格控制注浆压力,同时应加强监测,防止注浆对初期支护或隧道周边环境造成破坏。

(7)单孔或单孔单段注浆结束标准如下:

①定量注浆:达到设计注浆量,或注浆终压达到设计终压时注浆速度小于 5 L/min;

②定量—定压注浆:前序孔达到设计单孔单段注浆量 1.2~1.5 倍,后序孔达到设计终压,注浆速度小于 5 L/min。

(8)全段注浆结束标准如下:

①所有注浆孔均符合单孔或单孔单段注浆结束标准;

②注浆孔无漏注;

③对注浆效果进行检查评定,注浆效果达到设计标准。

6. 洞内降水

(1)洞内降水是指通过降低地下水位,以减少和避免地下水对开挖施工的影响。洞内降水一般采用真空降水,包括竖向和水平两种形式。

(2)降水施工前,应对降水进行精心设计,降水设计主要包含以下几个方面:

①竖向真空降水井群长度：一般为 12～15 m，随开挖面开挖而前进；

②水平真空降水循环长度：一般为 10～20 m，降水与土方开挖交替进行，两循环搭接长度不小于 2 m；

③井点布设：竖向真空井点一般沿上台阶或仰拱的两侧布置，纵向间距为 0.6～1.2 m，外插角一般为 0～30°，井点布置如图 5.5-3 和图 5.5-4 所示；水平向真空降水井点沿隧道周边环向布置或沿受界面水影响部位周边布置；井点间距为 1～2 m，外插角 5°～20°，井点布置如图 5.5-5 所示；

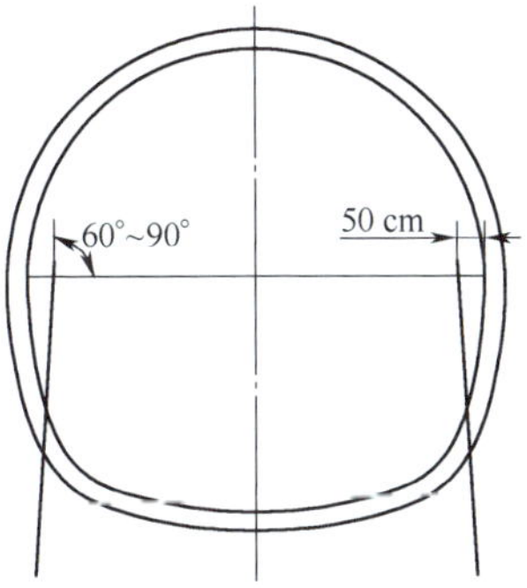

图 5.5-3　井点剖面布置示意图

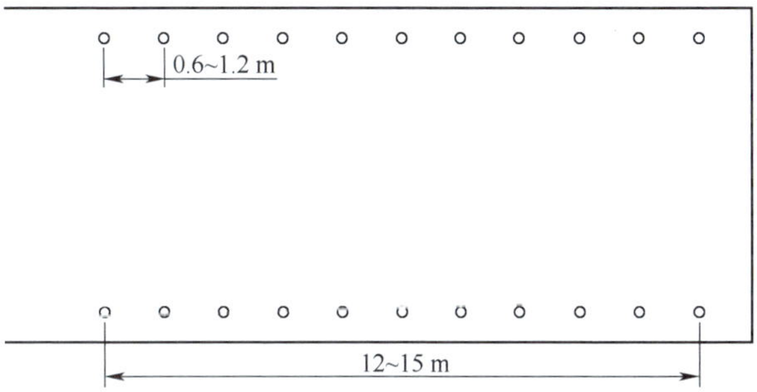

图 5.5-4　上台阶井点平面布置示意图

④井管一般采用 $\phi40$～$\phi80$ 钢管制作；

⑤滤管：在 $\phi40$～$\phi80$ 钢管管壁周围钻设直径 8～10 mm 的孔，径向间距约 50 mm，梅花形布置，滤管长度由地下水位标高和降深要求确定；

⑥总管一般采用 $\phi100$～$\phi150$ 钢管；

⑦真空度：一般不低于 0.06 MPa。

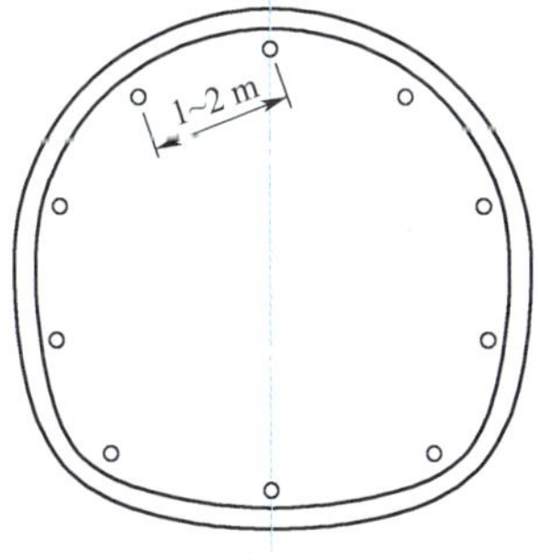

图 5.5-5　水平向井点环向布置图

(3)施工时，应加强对井管及滤管制作、井点管埋设、管路连接等过程进行控制，具体要求如下：

①井管及滤管应严格按照设计要求进行加工，滤管应外包 2～3 层 50 目左右细滤网；

②井点管埋设

竖向真空降水井点管的成孔常用高压风成孔法和高压水冲孔法，冲孔深度应比滤管深 0.5～1 m，以保证滤管埋设深度。井点管埋设时，地面以下 1.0 m 深度内井点管与孔壁之间应用黏土填实，以防漏气；地面 1.0 m 深度以下，井点管与孔壁之间应用粗砂填实。

水平向真空降水管成孔采用钻机成孔，当成孔困难时，应采用套管施工，为方便下管，钻孔深度一般比设计深度深 0.5～1 m。井点管下入设计深度后，应采用

C15 水泥砂浆进行封孔，深度 1 m 左右，以防漏气。

③井点管埋设并与总管和抽水设备接通后，先进行试抽水，如无漏水、漏气，无淤塞现象后，方可正式使用；井点系统的真空度一般应不低于 0.06 MPa。

④一套抽水设备的总管长度一般不大于 100 m。当主管过长时，可采用多套抽水设备；井点系统可以分段，各段长度应大致相等，宜在拐角处分段，以减少弯头数量，提高抽吸能力；分段宜设阀门，以免管内水流紊乱，影响降水效果；

⑤真空降水必须根据掌子面开挖及时推进，为防止开挖造成井点管漏气，须在井点管和总管边接处安装球阀，以便及时封闭。

7. 洞内引排

(1)洞内引排是指在利用导流管、导流槽、明沟和集水坑将隧道内渗漏水集中起来，采用潜水泵进行抽排，以减少地下水对隧道施工的影响。

(2)导流管一般采用长 0.5 m 的 F25 mm 塑料管或钢管，做成花管并缠 80 目尼龙纱网。

(3)明沟一般布置于隧道两侧，明沟宽约 300 mm，深约 300 mm。

8. 隔离帷幕

(1)隔离帷幕是指在地面利用旋喷、摆喷、深孔注浆技术在隧道和建(构)筑物之间形成一道止水帷幕，以切断隧道和建(构)筑物之间的水力联系，减小隧道施工对周边建(构)筑物的影响。

(2)隔离帷幕施工时应注意对钻孔孔位和角度控制，保证帷幕厚度均匀，避免产生注浆盲区。

9. 其他措施

(1)开挖面渗漏水处置措施除选用深孔注浆、洞内降水、洞内引排和隔离帷幕外，还可以采取施工工序和方法的优化、建(构)筑物加固及管线导流、防渗处理直至改移等措施。

(2)拱腰格栅连接板位置受界面水影响时，可以通过调整上下台阶高度或采用三台阶开挖方式，减小界面水对施工的影响。

(3)开挖面渗漏水导致隧道周边建(构)筑物变形过大时，可以通过对建(构)筑物进行注浆加固等措施，以控制变形。

(4)管线渗漏引起开挖面渗漏水时，可以通过对管线进行导流、防渗处理直至改移等措施隔断水源，避免管线渗漏对施工的影响。

5.5.4 初期支护结构渗漏水处置技术措施

(1)初期支护结构渗漏水是指隧道初期支护封闭成环并完成背后回填注浆后，初期支护结构仍出现渗漏水现象，通常采用背后径向注浆进行处置，但局部出现点状渗漏水且水量比较小时，可采用“水不漏”进行封堵。

(2)径向注浆施工前,应根据工程地质和现场情况进行注浆设计,注浆材料及机械设备的选取,应按照设计进行施工。

(3)注浆材料选取:一般选用单液水泥浆和水泥—水玻璃双液浆,选用原则及配合比参照本文“5.3.3 明挖法工程”。

(4)机械设备含钻孔设备和注浆设备两个方面:

①钻孔设备:常用的有 YT-28 风钻等;

②注浆设备:常用的有 KBY-50/70、ZBSB-70-11 等。

(5)注浆方式通常采用全孔一次性注浆。

(6)注浆施工时,应加强对钻孔施工、浆液配制、注浆量及注浆压力等过程和参数的控制。

(7)用“水不漏”封堵时,应先在渗水点用冲击钻钻一直径为 $\phi32$ 的孔,然后将“水不漏”材料按水∶粉 = 0.35∶1 比例和好拌匀,并做成圆锥状,待凝固 0.5 min 左右,迅速将其塞入孔中,按压 1 min 左右,即可将渗水点堵住。

5.5.5　渗漏水处置效果检验

(1)开挖面渗漏水处置后应保证开挖面稳定,开挖时不发生坍塌和突泥、涌水,能确保隧道施工及周边环境安全。

(2)初期支护结构渗漏水处置后初期支护结构表面应无渗漏,不影响防水及二次衬砌施工,能确保周边环境安全。

(3)渗漏水处置完成后,应根据处置措施,采取相应的检查方法,如检查孔取芯法、P-Q t 曲线法、渗透系数测试法、直观检验法或超前钻探等,达到要求后,方可开挖。

(4)检查孔取芯法是通过对检查孔取芯率、岩芯的完整性、岩芯强度试验等进行综合分析,检验注浆效果。该方法一般只针对注浆要求较高的工程采用,是目前公认的最为可靠的一种方法。

(5)P-Q-t 曲线法是通过对注浆施工中所记录的注浆压力 P、注浆量 Q 进行 P-t、Q-t 曲线绘制,根据地质特征、注浆机制、设备性能、注浆参数等对 P-Q-t 曲线进行分析,从而对注浆效果进行检验。

(6)渗透系数测试法是通过向地层注水测试注浆后地层渗透系数,一般用于注浆截水帷幕施工效果检验。

(7)直观检验法是指在隧道开挖过程中,通过对开挖面进行观察,宏观评定注浆加固或降水效果,为完善和修改下一循环注浆或降水设计提供依据。

(8)超前钻探法是指采用洛阳铲或钻机施作探孔,探明开挖面前方地层地下水情况。一般用于洞内降水效果检验。

5.6 地层超前预加固施工技术指南

5.6.1 超前预加固方案

(1)超前小导管注浆是沿着隧道开挖轮廓线外一定的范围,以一定的角度将管壁带孔的小导管打入前方的地层内并加注浆液,形成一定范围的加固体,小导管本身起到加筋作用,既能提高围岩的整体稳定性,又能封堵地下水。

(2)管棚超前预加固是指在隧道开挖之前,沿隧道开挖轮廓线外一定范围内,以一定的外插角把钢管打入到前方的围岩中,通过钢管上预留的梅花形注浆孔把浆液注入到周围的岩层中,形成一个类似“拱壳”的加固体,与钢拱架共同作用构成一个棚架预支护加固体系,承受管棚上部的荷载。

(3)深孔注浆加固是超前小导管注浆的发展形式,通过钻机打入更长的注浆管,实现长距离注浆加固地层目的。

(4)冻结法超前预加固是指在地层中安装冷冻管,通过低温液体或气体在管内循环,使周围的含水地层结冰形成冻土帷幕,在冻土帷幕的保护下进行施工的加固方法。

(5)高压旋喷超前预加固指以高压旋转的喷嘴将水泥浆喷入土层与土体混合,以形成连续搭接的水泥加固体。

5.6.2 超前预加固技术要点

1. 超前小导管注浆要点

(1)超前小导管注浆是地铁矿山法隧道施工最为常用的超前注浆预加固处理方法,是浅埋暗挖隧道的常规施工工序,在Ⅳ级及其以上围岩,无特别风险源的情况下被大量采用。

(2)超前小导管主要用作矿山法隧道、倒挂井壁法竖井超前支护,适用于无水或降水后的地层。

(3)超前小导管参数设计应满足以下要求:

①隧道拱部一般按照120°~150°布设小导管,位于填土、粉细砂等土层时按照180°布设;

②一般应采用单排小导管,当地层稳定性较差或隧道受力转换复杂时,可局部采用双排小导管;

③超前小导管环向间距一般采用300 mm,必要时可加大,但不应超过400 mm;

④隧道位于填土、粉土等松软地层时,小导管一般采用$\phi 42$、$t=3.25$ mm钢焊管,其他地层采用$\phi 32$、$t=3.25$ mm钢焊管;

⑤隧道初期支护格栅间距为 500 mm 时，填土层中打设的超前小导管宜按照两榀打设，打设角度为 15°～25°，长度为 2. 5～3 m；其他地层打设的超前小导管宜每榀打设，打设角度为 15°～25°，长度 2～2. 5 m；同时，应满足前后相邻两排超前小导管水平投影搭接长度不小于 1 m；

⑥隧道初期支护格栅间距为 750 mm 时，超前小导管宜按照每榀打设，打设角度为 10°～20°，长度为 2. 5 m；超前小导管参数及打设要求见表 5. 6。

表 5. 6　超前小导管参数及打设要求参考表

初期支护厚度(mm)	格栅间距(m)	小导管设置	小导管建议参数	
			外插角	长度(m)
250	0. 75	每榀	15°～21°	2. 1～2. 3
250	0. 50	每榀	15°～21°	1. 8～2. 0
250	0. 50	两榀	15°～21°	2. 5～2. 8
300	0. 75	每榀	20°～25°	2. 2～2. 4
300	0. 50	每榀	20°～25°	1. 9～2. 1

(4)小导管采用焊接钢管加工而成，小导管前端加工成锥形，以便插打，并防止浆液前冲。小导管中间部位钻 ϕ6～10 mm 溢浆孔，呈梅花形布置(防止注浆出现死角)，间距 20 cm，尾部 0. 8 m 范围内不钻孔防止漏浆，末端焊 ϕ6 环形箍筋，以防打设小导管时端部开裂，影响注浆管连接，如图 5. 6-1 所示。

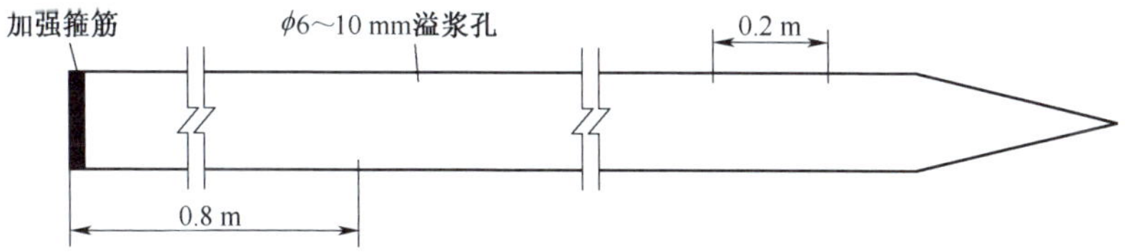

图 5. 6-1　小导管加工示意图

(5)超前小导管的安设满足以下要求：

①依据不同地质采用不同成孔设备打孔，成孔方向要求顺直，不得弯曲和塌孔；

②采用吹管将孔内砂石吹出成孔，孔径按与注浆管径配套确定，一般不大于 50 mm，孔深视导管长度而定；

③用风镐、凿岩机顶入小导管；

④在孔口用沾有 CS 胶泥的麻丝缠绕成不小于孔径的纺锤形柱塞；把管子插入孔内，带好丝扣保护帽，再用冲击设备把管子打入到要求的深度，使麻丝柱塞与

孔壁充分挤压紧;然后再用 CS 胶泥填充孔口;

⑤小导管外露长度一般为 30 cm,以便连接孔口阀门和管路;

⑥小导管安设后必须对工作面进行喷射混凝土或模筑混凝土封闭;喷射厚度以 5~10 cm 为宜,范围为整个掌子面及其后的 3 m 范围的环向开挖面;注浆管应设防护帽。

(6)超前小导管注浆施工需满足以下要求:

①调查地质情况,按渗透系数确定注浆类型,进行注浆参数设计;

②超前小导管注浆浆液一般采用单液水泥浆、改性水玻璃或水泥—水玻璃双液浆,若需要采用 TGRM、HSG 等浆液时,需经专项论证确定;

③填土层、砂卵石地层宜采用单液水泥浆,粉细砂、细中砂地层宜采用改性水玻璃,其余地层宜采用水泥—水玻璃双液浆;

④按设计要求通过现场试验确定浆液配比、注浆压力等注浆参数;通过试验确定或调整注浆半径、注浆压力和单管注浆量;

⑤水泥浆液应采用搅拌桶配制,根据搅拌桶容量大小,严格按要求投料;

⑥配制水泥浆或稀释水玻璃浆液时,禁止水泥包装纸等杂物混入;拌好的浆液在进入贮浆槽及注浆泵之前应对浆液进行过滤;未经过滤网过滤的浆液不允许进入泵内;

⑦小导管安装完成后,旋紧孔口阀,连接注浆管路后进行压水试验;配制好的浆液应在规定时间内注完,随配随用;

⑧注浆压力按分级升压法控制,由注浆泵油压控制调节;浆液先稀后浓、注浆量先大后小,浆液必须充满钢管及其周围的空隙;

⑨发生串浆现象,采用多台泵同时注浆或堵塞串浆孔隔孔注浆;注水泥浆压力突然升高应立即停机检查;水泥浆单液进浆量很大,压力上不去,则应调整浆液浓度及配合比,缩短凝胶时间,进行小量低压力注浆或间歇式注浆,但停留时间不能超过混合浆的凝胶时间;

⑩注浆结束以终压控制为主,注浆量校核。注浆终压为 0.5 MPa,扩散半径为 0.25 m。

(7)超前小导管施工应注意以下事项:

①导管应在开挖轮廓线上按设计位置及角度打入,孔位误差不得大于 10 cm,角度误差不得大于 3°;超过允许误差时,应在距离偏大的孔间补管后再注浆;

②钢管每根实际打入长度不得短于设计长度,否则开挖 1 m 后补管、注浆;

③检查钻孔、打管质量时,应画出草图,以孔位编号、逐孔、逐根检查并认真填写记录;

④单孔注浆量不得小于计算值的 80%,超过偏差必须补管注浆;

⑤在注浆过程中,如发生串浆现象时,则安装止浆塞或采用多台注浆机同时

注浆；

⑥水泥浆压力突然升高，则可能发生堵塞，应停机检查，泵压正常后再进行注浆；

⑦固结效果检查宜在搭接范围内进行，主要检查注浆量偏少和存在异常钢管；采用撬棍或小锤轻轻敲击钢管附近，判断固结情况，固结不良或厚度不够时要补管注浆。

(8)超前小导洞注浆施工质量应满足以下要求：

①钻孔前，按设计精确画出钻孔位置；

②钻机应在技术人员的指导下摆正，按设计调整好钻孔角度；开钻速度要慢，待钻杆进入岩体 30 cm 左右后，常速钻进；

③钻孔平面误差≤15 cm，钻孔角度误差≤0. 5°；

④控制钻孔角度，成孔要孔壁圆、角度准、孔身直、深度够；

⑤注浆前先注水清孔、引流；注浆时应准确掌握浆液配比，并使浆液在管内充填密实。

2. 管棚施工要点

(1)管棚一般作为隧道进出口段及大断面隧道施工的超前支护，也是邻近或穿越既有建筑物、公路、铁路及地下结构物等对沉降有特殊要求工程的辅助施工方法。

(2)管棚的施工方法分为钻孔法、顶管法和夯管法三种。钻孔法是目前较为常用的施工方法，适用于各种地层；顶管法主要适用于软弱地层；夯管法主要用于软塑地层。

(3)钻孔法施工时先采用钻机成孔，而后放入钢管，但在软弱地层中，由于经常出现钻孔卡钻和塌孔等问题，所以一般采用钻孔和进管同时进行的水平导向跟管钻进技术。

(4)顶管法主要是指在软弱地层中采用顶推技术将钢管直接顶入地层，顶管法通常分为压入式、水平钻进式、螺旋钻进式、泥浆加压式等。

(5)夯管法是指在软塑地层中采用夯管锤直接将钢管打入地层形成管棚。

(6)管棚的布置形状取决于地形、地层、地质的性质以及地表或周围结构物的位置关系等。一般会采用以下几种布置形式：

①扇形布置：用于隧道断面内的地层稳定，但起拱线附近的地层不稳定的情况；半圆形布置是扇形的一种特殊形式，如图 5. 6-2 所示；

②门形布置：用于隧道基础稳定，但断面内地层及拱部以上地层不稳定的情况，如图 5. 6-3 所示；

③全周形布置：用于软弱地层、膨胀性及挤出性围岩等比较差的围岩，如图 5. 6-4 所示；

④上半单侧布置：用于隧道一侧有建筑物、公路、铁路等重要结构物需要保护，或者隧道位于斜坡地层中形成偏压情况，如图 5. 6-5 所示；

⑤“一”字形布置：用于在公路、铁路或结构物下方施工，如图 5. 6-6 所示；

⑥双层布置：用于隧道上部有重要设施，或拱部地层是崩塌性和不稳定性的地层，需要大断面的隧道施工，突破河海底段施工等，如图 5. 6-7 所示。

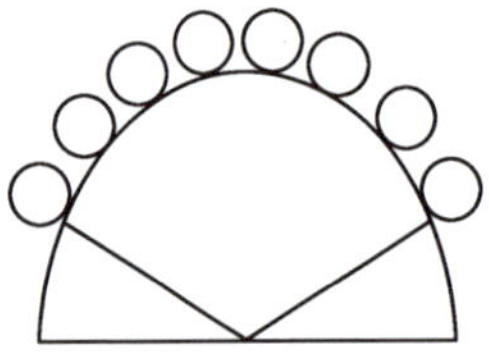

图 5. 6-2　扇形布置

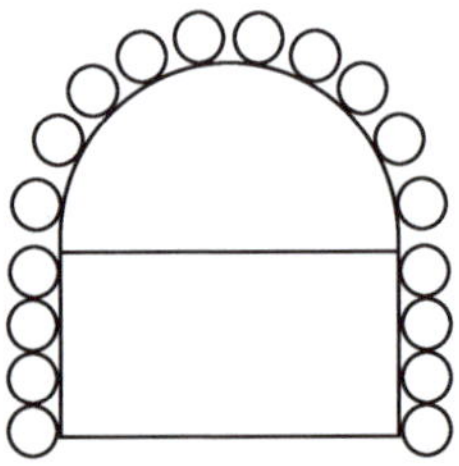

图 5. 6-3　门形布置

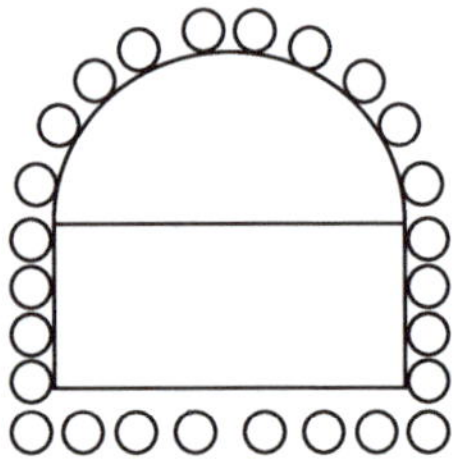

图 5. 6-4　全周形布置

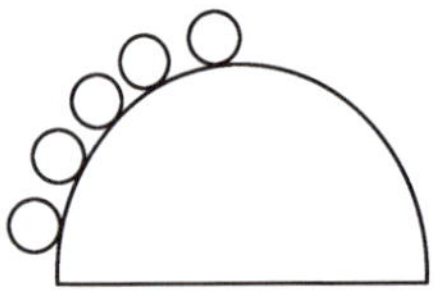

图 5. 6-5　上半单侧布置

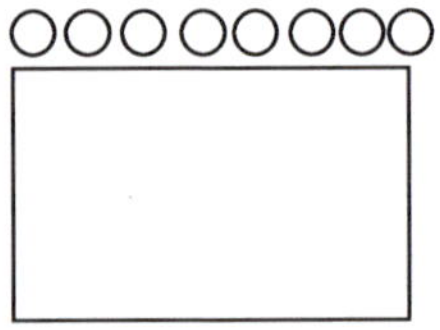

图 5. 6-6　一字形布置

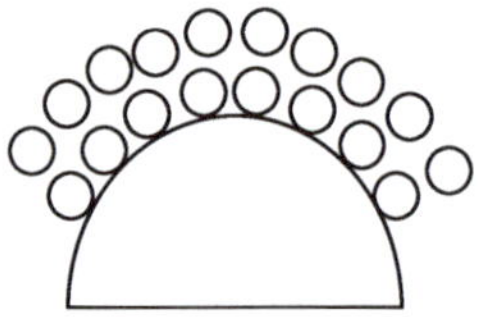

图 5. 6-7　双层布置

(7)管棚一般选用 ϕ70～180 mm 热轧钢管，环向间距 0. 3～0. 5 m，以不大于3～5 倍管径为宜。管节长度根据设计长度及现场情况确定，一般采用丝扣焊接连接。

(8)管棚安装应符合以下要求：

①根据设计图纸精确测量定位导向钢管，施作导向墙；

②钻机安装要求与导向管方向平行，精确核定钻机位置，确保钻机钻杆轴线与导向管轴线相吻合；

③钻头直径宜比管径大 20 mm 左右，钻进时产生坍孔、卡钻时，需补注浆后再钻进；

④钻机开钻时，应低速低压，待成孔 10 m 后可根据地质情况逐渐调整钻速，并注意钻进状态判断成孔质量；

⑤打设过程中应注意观察钻头角度的变化，如有偏差通过调整钻机从而调整钻头钻进方向；

⑥管棚钢管安装前应清孔验孔，确保孔径孔深符合设计要求；

⑦接长钢管应满足受力要求，相邻钢管的接头应前后错开；同一横断面内的接头数不大于 50%，相邻钢管接头至少错开 1 m。

(9)管棚注浆应满足以下要求：

①管棚注浆前，先将钢管口外径与孔口周边的岩石用水泥密封，并预留通气孔；

②注浆时，使钢管与孔壁的环形空隙内的空气容易从此通气孔冒出，向管口注浆时，直至浆液由通气孔冒出为止；

③注浆可采用多孔同时注浆，或先灌注"单"号孔，待 1~2 d 固结后，再灌注"双"号孔；

④为了提高管棚注浆效果，浆液选用 1∶1 水泥砂浆，水灰比控制在 1∶1 左右；

⑤注浆采用压力、流量双条件控制，建议注浆初压力为 0.5~1.0 MPa，终压力为 2.0 MPa，具体由现场试验确定；

⑥注浆结束后用 M10 水泥砂浆填充，形成钢管混凝土。

(10)管棚注浆施工出现异常情况处理：

①在注浆过程中发生串浆时，在有多台注浆机的条件下，应同时注浆，无条件时应将串浆孔及时堵塞，串浆孔注浆时拔下堵塞物，用铁丝或细钢筋将孔内杂物清除并用高压风或水冲洗，然后注浆；

②注浆压力突然升高时，改注清水，待泵压正常时，再进行注浆；

③注浆量大，压力长时间不升高，则应调整浆液浓度及配合比，缩短凝胶时间，进行小泵量低压力注浆或间歇式注浆，使浆液在裂隙水中有相对停留时间，以便凝胶，但停留时间不能超过水泥砂浆的凝胶时间。

(11)管棚施工质量应满足以下要求：

①钻孔前，按设计图纸精确测量钻孔位置；

②管棚钻机应在技术人员和测量人员的指导下摆正大臂，按设计调整好钻孔角度；开钻速度要慢，待钻杆进入岩体 30 cm 左右后，常速钻进；

③ 钻孔平面误差≤15 cm，钻孔角度误差≤0.5°；

④控制钻孔角度，尤其接长钻杆后钻进角度应严格控制；成孔要孔壁圆、角度准、孔身直、深度够；

⑤注浆前先注水清孔、引流，要检查管节两端连接丝扣，有脱扣和裂纹的管节不得使用；

⑥注浆时应准确掌握浆液配比，并使浆液在管内充填密实；

⑦大管棚接头处要错开，以利于整体受力。

3. 深孔注浆要点

(1)深孔注浆主要用于地铁工程的地层加固及止水施工，包括矿山法隧道超前支护、隧道及明挖基坑止水、盾构端头加固及地层改良等。通过采用不同注浆材料、浆液配比、注浆工艺，可适用于各种地层，尤其二重管双液浆技术通过不同浆液配比组合，不仅能达到加固作用，还能起到止水作用。

(2)深孔注浆超前预加固主要有前进式分段注浆、袖阀管后退式分段注浆及WSS后退式分段注浆三种形式。

(3)前进式分段注浆是一种采取钻、注交替作业的注浆方式。在施工过程中，需根据地层状况，将钻孔注浆长度分为若干段，分段长度一般控制在1.0~2.0 m，采用地质钻机从孔口管内进行钻孔，钻一段注一段，直到设计长度。

(4)袖阀管后退式分段注浆是利用钻机一次性钻到设计深度，退出钻杆，在孔内下入PVC袖阀管，然后进行封孔，在袖阀管内下入带止浆系统的$\phi22$镀锌管，从孔底向外分段进行注浆，一般分段长度为0.5~1.0 m。

(5)WSS后退式分段注浆实现了钻注一体化。施工时利用采钻机一次性钻到设计深度，利用中空的钻杆将浆液输送到钻头出口，通过一定压力将浆液注入地层。当注浆压力或注浆量达到设计要求后，后退钻杆进行下一段注浆，分段长度一般为1.5~2.0 m(钻杆长度)。

(6)不同的注浆方式，其优缺点及适用范围各不相同。其中：

①前进式分段注浆适用范围广，可以适用于任何地层，并且可以利用孔口管防止出现大量流砂涌泥现象；其缺点为：工序转换比较多，需重复扫孔，工作量大，施工效率比较低，成本较高；

②袖阀管后退式分段注浆能很好地保证注浆效果；其缺点为：需要成孔并下入袖阀管，为确保下管顺利，一般都需要带套管进行施工，工艺复杂，工期长，适用范围比较窄；

③WSS后退式分段注浆与袖阀管后退式注浆相比，工艺得到简化，不需要成孔下入管材，缩短了工期，适用范围得到扩大；其缺点为：止浆困难；在注单液浆时，容易造成浆液回流，不但造成材料浪费，而且影响注浆效果；注双液浆时，容易造成钻杆抱箍现象。

(7)超前深孔注浆所采常用的注浆材料有普通水泥单液浆、超细水泥单液浆、普通水泥—水玻璃双液浆、超细水泥—水玻璃双液浆、AB/AC双液浆、改性水玻璃等，不同的注浆材料，其性能及适用范围各不相同，其中：

①普通水泥单液浆

浆液优点：凝胶时间长，具有较长的可注期；结石体强度较高；价格低廉。

浆液缺点：初凝时间长，易被地下水稀释；终凝时间长，强度上升缓慢，不利于注浆完成后立即开挖作业；可注性差；凝固后，有一定的收缩性等。

适用范围：适宜于宽度大于0.2 mm的裂隙水注浆；渗透系数大于1×10^{-2} cm/s且地下水流速不大于80m/d的中粗砂、砂卵石等地层。

②超细水泥单液浆

浆液优点：凝胶时间长，具有较长的可注期；结石体强度高；可注性好。

浆液缺点：价格昂贵；初凝时间长，易被地下水稀释；终凝时间长，强度上升缓慢，不利于注浆完成后立即开挖作业；凝固后，有一定的收缩性等。

适用范围：适用于渗透系数大于 1×10^{-2} cm/s 且地下水流速不大于80 m/d的中细砂层中，有较好的渗透能力。

③普通水泥—水玻璃双液浆

浆液优点：凝胶时间可控，几秒至几十分钟均可调控；早期强度高，利于注浆后立即进行开挖作业；注浆体结石率高，可达 95% 以上。

浆液缺点：抗压、抗剪强度较低，易被高压水击穿；可注性差；耐久性较差。

适用范围：适用于渗透系数大于 1×10^{-2} cm/s 的中粗砂、粗砂、砂卵石以及断层破碎带注浆堵水工程。

④超细水泥—水玻璃双液浆

该种浆液在配制工艺方面与普通水泥—水玻璃双液浆没有太大差别。由于超细水泥粒径小，与水玻璃的反应更充分，因而在相同配比下结石体的强度会更高，凝胶时间也有变化。

⑤改性水玻璃浆液

浆液优点：材料来源广，成本较低；凝胶时间具有一定的可控性，空气中为 30~240 min，细砂中为 5~30 min；可注性好。

浆液缺点：固砂体抗压强度低；浆液性能受地下水影响非常大。

适用范围：一般只用于无水或潮湿的粉细砂层。

(8)深孔注浆参数设计应满足以下要求：

①采用深孔注浆加固隧道周围地层时，一般情况下，深孔注浆宜沿隧道拱部 120°~180°设置，隧道初期支护外注浆加固厚度 1~1.5 m；当风险较大时，按照相关评审程序确定；

②采用深孔注浆止水时，应根据地下水特性(有无承压性)、土层特性、地下水水头、水位与隧道的关系等综合确定，注浆厚度一般可选择 2~3 m，并应专项论证；

③采用深孔注浆加固地层时，优先选择单液水泥浆，根据现场需要经各方协定也可采用水泥—水玻璃双液浆；

④采用深孔注浆止水时，宜选择水泥—水玻璃双液浆；

⑤填土层、砂卵石地层中，注浆压力宜控制在 0.5~1 MPa，其余地层中注浆压力宜控制在 1~2 MPa，扩散半径按照 0.4~0.6 m 考虑。

(9)隧道内深孔注浆布孔方式需满足以下要求：

①优先选择平行隧道初期支护布孔，无操作空间时，可自隧道掌子面斜向隧道初期支护外打设，起点可设在掌子面位于初期支护向内 0.5 m 位置；

②注浆孔端部间距宜为 0.6~0.8 m；

③砂卵石地层中，注浆孔沿隧道纵向轴线的投影长度宜为 8~10 m，其余地层宜为 10~15 m；

④采用多排成孔注浆时，应选择梅花形布孔；

⑤沿隧道分段深孔注浆情况下，用于加固地层时应考虑2 m长的搭接，用于止水时应考虑不小于隧道外注浆厚度的搭接。

(10)深孔注浆钻孔前、钻孔施工前必须封闭掌子面，施作止浆墙，以防止在注浆时漏浆。

(11)止浆墙宜选择喷射混凝土，厚度200~300 mm，内设单层钢筋网片，墙体范围内设置1.5~2 m长，直径为ϕ22，间距500 mm×500 mm钢筋锚杆。

(12)钻孔前在掌子面标示出孔口位置，钻孔角度根据现场具体情况调整；孔位偏差不得大于20 mm，钻孔角度偏差不得大于1°；在凿孔定点上，施工人员要严格按照辐射角度要求进行钻孔注浆。

(13)严格掌握钻杆深度，要慢速运转；掌握地层对钻机的影响情况，以确定该地层条件下的钻进参数；密切观察溢水出水情况，出现大量溢水时应立即停钻，分析清楚实际原因后方可继续施工。

(14)严格按照注浆参数控制每孔注浆量，提升速度、注浆压力。注浆时还应密切关注浆液流量，当压力突然上升、下降、浆液溢出时应立即停止注浆，查明异常原因，采取必要的措施(调节注浆参数、移位、打斜孔等方式)后方可继续注浆。

(15)注浆结束标准应严格按照定量—定压相结合原则进行，即前序孔达到设计单孔单段注浆量1.2~1.5倍，后序孔应达到设计终压，注浆速度小于5 L/min。若注浆过程中，地层吸浆量很大，注浆压力长时间不上升，可通过调换浆液、调整浆液配比、缩短浆液凝胶时间的方式，进行大泵量、低压力注浆，使浆液在地层裂隙中有相对停留的时间，以便凝胶，达到控域注浆目的。

(16)深孔注浆完成后，在隧道正式开挖前应检验注浆效果，并需满足以下要求：

①用于隧道周围地层加固时，注浆后土体无侧限抗压强度为0.5~0.8 MPa；

②用于止水施工时，注浆后土体无侧限抗压强度为0.5~0.8 MPa，渗透系数不大于1×10^{-6} cm/s。

4. 冻结法施工要点

(1)冻结法是一种对含水地层进行加固的特殊方法，主要用于地铁盾构隧道端头加固、双线区间隧道联络通道和泵房井施工、地下工程堵漏抢救施工等方面。

(2)冻结孔施工应符合下列规定：

①在打钻设备就位前，用仪器精确确定开孔孔位，以提高定位精度；

②冻结孔开孔钻进每3 m时，测斜一次，用灯光测斜，如果偏斜不符合设计要求，立即采取调整钻孔角度及钻进参数等措施进行纠偏，如果钻孔仍然超出设计规定，则进行补孔；

③冻结孔应按设计深度施工，冻结孔开孔时，准确丈量钻杆尺寸，控制钻进深

度;钻孔到底后应用泥浆冲孔,再下冻结管;

④冻结管必须采用无缝钢管;每批新钢管应抽样进行压力试验,其压力应为7 MPa,无渗漏现象为合格;当复用旧钢管时,应逐根除锈,试验压力与新钢管同;

⑤冻结管的连接,可采用钢制管接头或加管箍焊接,当采用管接头连接时,应预先在地面预组装进行渗漏试验;当采用管箍焊接时,对焊缝应进行检测;所有管箍的材质应与管材材质相同;

⑥冻结管下入钻孔后,必须进行试压;试验压力应为全冻结管内盐水柱与管外清水柱的压力差及盐水泵工作压力之和的2倍,经试压30 min压力下降不超过0.05 MPa,再延续15 min压力不变为合格;

⑦测温孔应布置在偏值较大的冻结孔的界面上,孔数不应少于3个,孔深应按设计规定施工;

⑧冷冻站不得占用工业广场永久建筑物位置,距被冻结场地不宜大于50 m,易布置在冻结孔布线的中线处,使之距离两端相等;站房结构应通风良好,并应设置防火、防毒、避雷等安全设施;

⑨盐水管路系统必须进行压力试验,试验压力不得小于盐水泵工作压力的1.5倍,并持续15 min压力不下降为合格;

⑩冷媒宜采用氯化钙溶液,其比重应根据设计盐水温度确定;

⑪冷冻的低温管路必须进行隔热和防潮处理,冷量的损失不得超过冷冻站工作制冷能力的20%;

⑫当室外气温高于35 ℃时,高压贮液槽、冷凝器、氨瓶等应设遮阳凉棚;

⑬冷冻站安装完成后要进行试漏和抽真空,确保安装质量符合设计要求。

(3)正式运转前应进行试运转,检验系统是否达到设计要求;运转过程中应有日志记录,并应采取措施保证冻结站的冷却效率,正式运转后不得无故停止或减少供冷,必要时要采取应急预案。

(4)在积极冻结过程中,根据实测温度数据判断冻土帷幕是否交圈和达到设计厚度,测温判断冻土帷幕交圈并达到设计厚度后进行探孔试挖,确认冻土帷幕内土层无流动水后进行正式开挖。

(5)正式开挖后,通过调整冻结系统运行参数,提高或保持盐水温度,降低或停止冻土的继续发展,进入维护冻结阶段。

(6)质量控制应符合下列要求:

①全孔偏斜率应控制在3‰之内;

②盐水中固体氯化钙含量应满足设计要求;

③冻结孔单孔流量不小于5 m^3/h;

④盐水降温的梯度:当盐水温度处于正温时,每天降温梯度不宜大于5 ℃;当盐水降至0 ℃或负温后,每天降温梯度不宜小于2 ℃;

⑤下管深度不得小于设计深度 0.5 m；

⑥积极冻结期的温度不高于-28 ℃；

⑦维护冻结期的温度不高于-25 ℃；

⑧冻结壁平均温度不高于-10 ℃。

(7)冻结法施工检测内容应符合下列规定：

①冻结孔应全孔检测孔深和偏斜率；

②检查冻结管的质量检验报告和试压试验记录；

③监测氯化钙的含量和盐水的温度；

④检验测温孔的温度是否满足设计要求；

⑤检验冻结壁的发展速度是否满足设计冻结速度。

5. 高压旋喷施工要点

(1)高压旋喷注浆施工主要用于明挖基坑地层加固及止水，盾构区间始发与接收段、联络通道地层加固。

(2)高压喷射注浆法是利用钻机把带有喷嘴的注浆管钻进土层的预定位置后，以高压设备使浆液或水(空气)成为 20～25 MPa 的高压射流从喷嘴中喷射出来，冲切、扰动、破坏土体，同时钻杆以一定速度逐渐提升，将浆液与土粒强制搅拌混合。浆液凝固后，在土中形成一个圆柱状固结体(即旋喷桩)，以达到加固地基或止水防渗的目的。

(3)旋喷工艺优先选择二重管方式，用于明挖基坑桩外止水时，优先采用桩间旋喷或桩外单排咬合旋喷。

(4)旋喷桩直径一般采用 600～800 mm，咬合宜为 200～300 mm。采用多排咬合旋喷时，应采用梅花形布置。

(5)高压旋喷注浆参数设计应满足以下要求：

①旋喷注浆浆液宜采用普通硅酸盐水泥浆；

②对盾构区间始发与接收段、联络通道或泵房自地面旋喷注浆加固时，隧道周围加固厚度范围内进行注浆，其余成孔范围内不注浆，但应对孔位回填；

③盾构区间始发与接收段、联络通道或泵房周围土体加固厚度宜为 3 m；

④隧道范围内存在地下水时，盾构区间始发段加固长度宜为盾构机身长度范围内，接收段加固长度宜为盾构机身长度加 2 m 范围内；隧道范围内无地下水时接收段加固长度为盾构机身长度；

⑤盾构区间联络通道隧道范围内存在地下水时，应沿联络通道通长范围加固；无地下水时，自正线位置向联络通道加固长度宜为 3 m。

(6)高压喷射注浆时，应先采用工程钻机引孔。引孔钻进时，原则上采用清水钻进，若出现垮孔，采用优质膨润土作为制浆用主要材料，新制泥浆配合比拟为：水 750 L、黏土 650 kg、碳酸钠 6～8 kg，如采用双重管引孔旋喷一体机，则引孔由旋喷台车自身完成。

(7)高喷灌浆采用 32.5 普通硅酸盐水泥或复合水泥,浆液水灰比应满足设计要求,采用高速搅拌机搅拌,纯拌和时间不少于 1 min,且应连续制浆。

(8)施工时应保证钻孔的垂直度满足设计要求,旋喷桩之间或与灌注桩相互搭接不宜小于 200 mm。

(9)喷管先至指定深度后,拌制水泥浆液,即可供浆、供风、供水开喷。待各压力参数和流量参数均达到要求,且孔口已返出浆液时,即可按既定的提升速度进行喷射灌浆。

(10)喷射压力、提升速度对成桩直径(喷射板墙的有效长度)有较大影响,应根据深度及土质条件进行调控。

(11)高喷灌浆保持全孔连续一次作业,作业中因拆卸喷射管而停顿后,重复高喷灌浆长度不小于 0.3 m。

(12)在高喷灌浆过程中,出现压力突降或骤增、孔口回浆浓度和回浆量异常,甚至不返浆等情况时,查明原因后及时处理。

(13)当孔内出现严重漏浆,拟采取以下措施进行处理:

①降低喷射管提升速度或停止提升;

②降低喷水压力、流量进行原地灌浆;

③喷射水流中掺加速凝剂;

④加大浆液密度或灌浆水泥砂浆、水泥黏土浆;

⑤向孔内充填砂、土等堵漏材料。

(14)在高喷灌浆过程中,水泥用量根据现场土层情况确定,保证 180~250 kg/m(180°摆喷)。

(15)供浆正常情况下,孔口回浆密度变小、不能满足设计要求时,拟采取加大进浆密度或进浆量的措施予以处理。

(16)装、卸喷射管时,采取措施密封、加快装卸动作以防止喷嘴堵塞。

(17)高喷灌浆结束后,充分利用孔口回浆或水泥浆液对已完成孔进行及时回灌,直至浆液面不下降为止。

(18)施工中如实记录高压旋喷灌浆的各项参数、浆液材料用量、异常情况及处理等。

(19)旋喷止水施工时还应按照相关规范要求对其施工质量进行严格控制。

(20)盾构区间始发与接收段、联络通道旋喷注浆加固完成后,隧道开挖前应检验注浆效果,加固后土体无侧限抗压强度为 0.5~0.8 MPa,渗透系数不大于 1×10^{-6} cm/s。

第6章　北京轨道交通安全风险管控信息化

北京轨道交通安全风险信息化是根据安全风险管理体系需求，全面采用了计算机信息、网络通信、地理地质信息、无线通信等技术，集多种监控方式（人工监测、实时监测、现场巡视、视频监控）于一体，实现了监测、巡视、状态评价、预警与响应处置等管理要素的高度集成化信息平台。整个安全管理信息化平台由施工安全风险监控系统、盾构施工实时监控系统、视频监控系统三个子系统构成。

6.1　施工安全风险监控系统

6.1.1　系统总体架构

北京轨道交通施工安全风险监控信息平台，根据工程风险管理的需要，按“风险信息采集”、“风险状态分析”、“风险成果报送”、“控制效果评价”、“风险状态展示”、“风险管理考核”这六大类工作，共划分了十二个子系统。这十二个子系统，都包含有大量的功能模块，既相对独立，又互有联系，涵盖了轨道交通施工安全风险管理工作的全过程。风险监控信息平台架构如图 6. 1-1 所示。

6.1.2　各子系统功能

1. 平台主界面

系统登录页面包括系统的标题、线路地图、登录和注册、解冻申请入口，加入相关文件下载等其他内容。

登录后首页，主要显示当前工作的汇总情况，图形化显示及进入详细工作的各项按钮。根据角色、权限的不同显示不同的界面内容。首页整体布局采用模块式布局，整个首页分为线路状态图、通知公告、履约得分、本周关注重点、当前预警、工点信息和风险工程七大模块，并根据角色权限设置快捷导航栏、我的工作等模块。平台登录后页面如图 6. 1-2 所示。

2. 基础信息管理

基础信息管理子系统主要作为平台最基础信息的管理，主要功能大部分为建设单位负责，并设有专门的管理员账户。主要功能包括对在建线路工点的添加、编辑，对参建单位、部门、项目部的添加、权限划分等管理，对参建人员的注册账户审批、权限划分、冻结等管理，对系统中的身份角色进行功能的设定。建设单位可通过新闻公告功能对全网发布公告。线路管理页面如图 6.1-3 所示。

图 6.1-1　风险监控信息平台架构

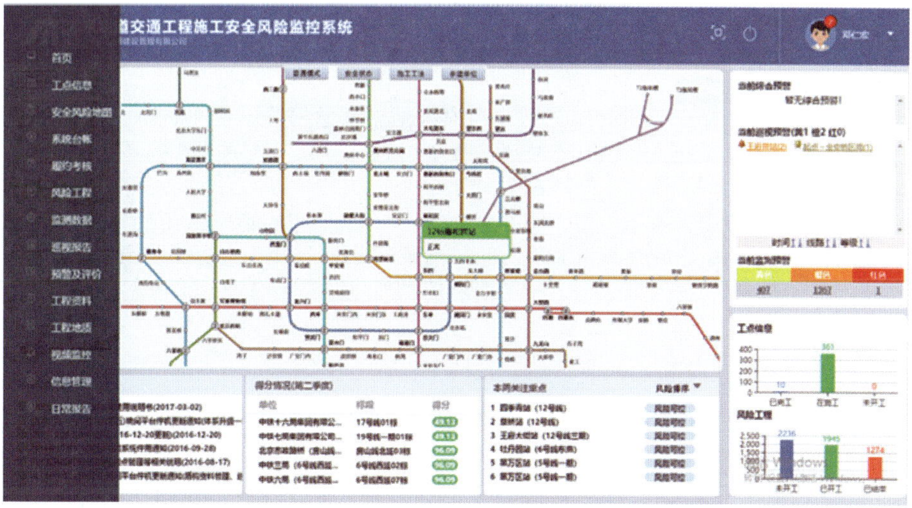

图 6.1-2　平台登录后页面

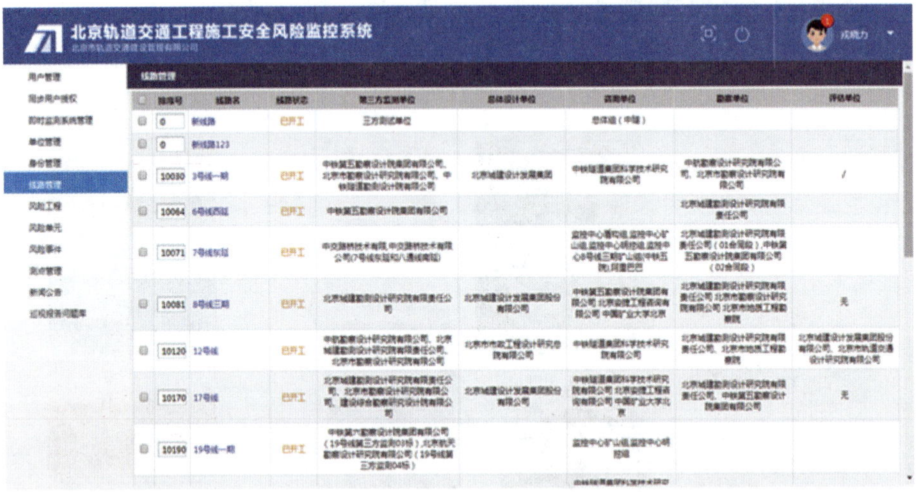

图 6.1-3　线路管理页面

3. 风险工程库

风险工程库作为安全风险信息平台的主要基础信息之一,分为“初设风险工程”与“施工图风险工程”两大部分,主要由第三方监测单位负责录入。第三方监测单位根据设计文件在对应风险工程开工前建立风险工程库,包括工程部位、自身风险工程、环境风险工程,并根据工程进展、现场实际情况更新、完善风险工程库内容。风险工程管理页面如图 6.1-4 所示。

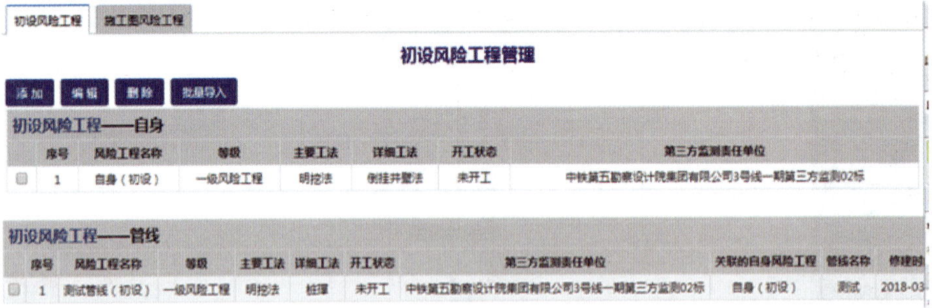

图 6.1-4　风险工程管理页面

因风险工程存在大量的信息,系统提供了批量录入功能,可通过模板将同一线路的风险工程信息批量导入系统。

通过与平台其他子系统的数据对接,平台会自动记录每个风险工程全施工过程的主要信息,包括风险工程的开完工情况、预警情况、施工关键节点记录、测点对应关系等。

4. 工程进度

工程进度子系统相关功能，是为实现施工现场工程进度信息的电子化、图形化，既可查看现场不同工作面、不同施工阶段的详细工程进度数据，也可以以图形形式形象的展示进度信息。工程进度子系统主要包括降止水、明挖法、矿山法、盾构法四大类工程进度信息及工程进度资料5个功能模块。工程进度信息分类如图6.1-5所示。

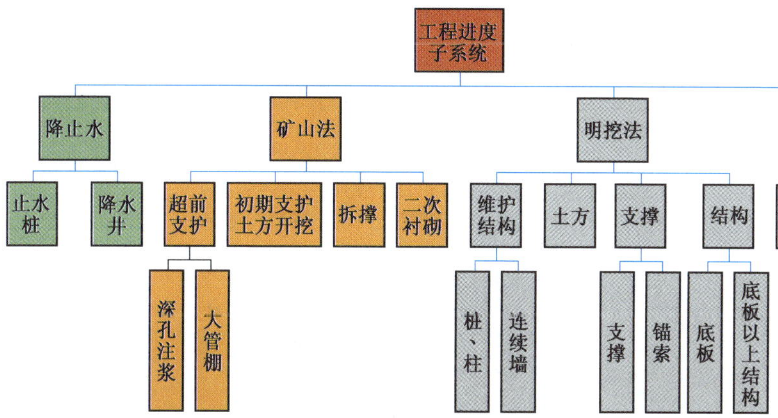

图6.1-5　工程进度信息分类

第三方监测单位通过CAD图、Excel表等形式，在开工前将工程进度信息进行基础设置和初始化工作。施工单位依据现场每日的实际施工情况，进行进度信息上报。系统依据工程进度信息自动生成图形、表格及相关记录供查阅。

5. 监测

监测子系统主要包含测点库、监测数据管理、监测对比、仪器库四个主要功能模块，在风险工程状态中增加了沉降区域显示、差异沉降两个图形化辅助功能。

测点库主要由第三方监测单位负责录入及管理，需将所有测点的测点名称、阈值、坐标等基本信息录入系统。系统还依据管理办法，对测点的破坏、占压、停测、修改等动作设置了一系列的管理审批流程。测点库界面如图6.1-6所示。

第三方监测单位及施工单位通过模板或即时监测手持端，将每日监测数据上传至系统，系统依据数据信息，自动生成数据记录、数据曲线等。系统会自动列出每日施工、第三方的同监测测点，供监理单位在系统进行数据对比工作。测点曲线图如图6.1-7所示。

6. 巡视

根据安全风险巡视管理办法内容要求，在安全风险平台上实现对巡视内容及流程的管理。巡视子系统分为三个主要功能模块：安全风险巡视，专家巡视和管理巡视。

测点名称	测点一级分类	测点二级分类	测点类型	对应风险工程	测点坐标	测点里程	监测用户类型	初测
RLG-01-01	支护结构及周边环境	沉降(竖向位移)	管线	主体结构邻近2900×2300热力方沟	(307254.9,500927.53)		共用测点	2017-12-
DB-15-17	支护结构及周边环境	沉降(竖向位移)	地表	主体暗挖初支结构	(307255.44,500922.56)		仅施工方	2018-05-
DB-15-18	支护结构及周边环境	沉降(竖向位移)	地表	主体暗挖初支结构	(307263.62,500923.1)		仅施工方	2018-05-
RLG-01-02	支护结构及周边环境	沉降(竖向位移)	管线	主体结构邻近2900×2300热力方沟	(307263.47,500928.16)		共用测点	2017-12-
RLG-01-03	支护结构及周边环境	沉降(竖向位移)	管线	主体结构邻近2900×2300热力方沟	(307268.34,500928.28)		共用测点	2017-12-
DB-15-19	支护结构及周边环境	沉降(竖向位移)	地表	主体暗挖初支结构	(307268.53,500923.44)		仅施工方	
DB-15-20	支护结构及周边环境	沉降(竖向位移)	地表	主体暗挖初支结构	(307278.75,500924.12)		仅施工方	
RLG-01-04	支护结构及周边环境	沉降(竖向位移)	管线	主体结构邻近2900×2300热力方沟	(307278.2,500928.84)		仅施工方	2018-01-
DB-15-23	支护结构及周边环境	沉降(竖向位移)	地表	主体暗挖初支结构	(307289.38,500921.56)		仅施工方	
DB-15-22	支护结构及周边环境	沉降(竖向位移)	地表	主体暗挖初支结构	(307289.25,500923.5)		仅施工方	
DB-15-21	支护结构及周边环境	沉降(竖向位移)	地表	主体暗挖初支结构	(307289.22,500925.62)		仅施工方	
RLG-01-05	支护结构及周边环境	沉降(竖向位移)	管线	主体结构邻近2900×2300热力方沟	(307289.03,500929.44)		共用测点	2017-11-
RLG-01-06	支护结构及周边环境	沉降(竖向位移)	管线	主体结构邻近2900×2300热力方沟	(307298.84,500930.03)		共用测点	2017-11-
DB-15-24	支护结构及周边环境	沉降(竖向位移)	地表	主体暗挖初支结构	(307299.1,500925.4)		仅施工方	
DB-15-25	支护结构及周边环境	沉降(竖向位移)	地表	主体暗挖初支结构	(307309.28,500925.97)		仅施工方	
RLG-01-07	支护结构及周边环境	沉降(竖向位移)	管线	主体结构邻近2900×2300热力方沟	(307308.84,500930.53)		共用测点	2017-11-
RLG-01-08	支护结构及周边环境	沉降(竖向位移)	管线	主体结构邻近2900×2300热力方沟	(307313.72,500930.78)		共用测点	2017-11-
DB-15-26	支护结构及周边环境	沉降(竖向位移)	地表	主体暗挖初支结构	(307314.06,500926.3)		仅施工方	2018-04-

图 6.1-6　测点库界面

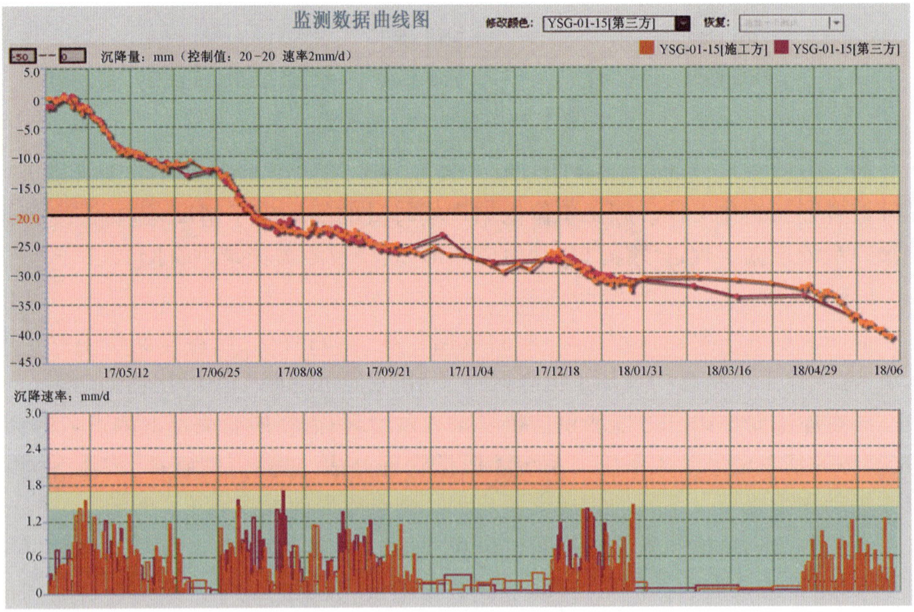

图 6.1-7　测点曲线图

安全风险巡视主要在系统的在建工点中，根据工作面、环境风险工程及工程进度实现对安全风险的管控，在系统中实现咨询单位、第三方监测单位、监理单位巡视报告填报流程。巡视报告查看页面如图 6.1-8 所示。

专家巡视主要对工点相关问题进行专家巡视安排并进行处理，将原线下流程和工作内容均移至线上处理。主要分申请巡视计划、审核计划、上传汇报材料、上传咨询报告专家意见、审核报告、整改报告、整改审核。系统会依据每次专家巡视，自动汇总记录，生成风险平台专家库。专家巡视页面如图 6. 1-9 所示。

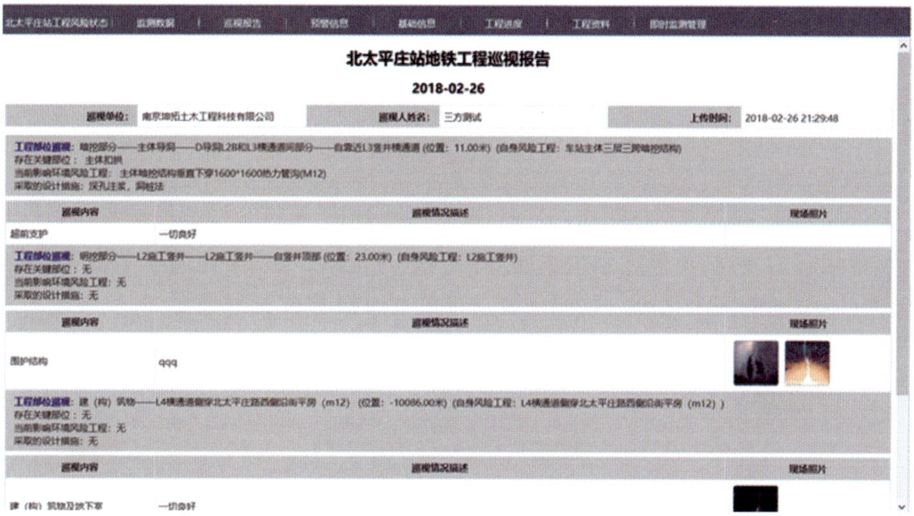

图 6. 1-8　巡视报告查看页面

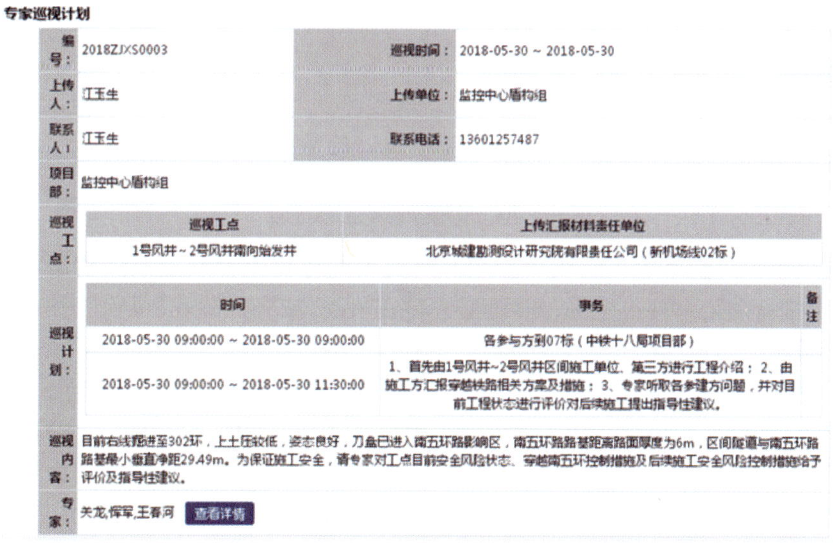

图 6. 1-9　专家巡视页面

日常管理巡视功能为现场检查单位通过系统，将现场发现的问题向对应的责任单位发布“违约整改通知单”，责任单位进行整改回复，发布单位进行审核的线上工作流程。系统已内置了现场问题的分类，为后期的统计分析提供基础信息积累。

7. 预警及安全风险状态评价

本部分主要包括监测预警及分析标注、巡视预警、安全风险状态评价、综合预警四个主要功能模块。

监测预警是根据第三方监测单位通过手动上传 Excel 数据表或即时监测上传监测点数据，系统对数据超过预警控制值的测点进行筛选，由第三方监测单位发布，并且由工程参与单位按管理办法进行响应跟踪。发布监测预警后，系统还提供了对新增监测预警（橙色、红色）或延续预警但有较大变化的测点进行监测预警分析评价的功能，评价为“存在风险”或“存在较高风险”时，触发综合预警机制。监测预警状态的测点，不但在系统主要界面会进行提示，在安全风险状态图中，测点也会显示不同的安全状态。监测预警发布单页面如图 6.1-10 所示。

图 6.1-10　监测预警发布单页面

现场单位可在系统对巡视工作面及环境风险工程进行安全风险状态评价工作，系统将自动记录评价结果，如评价为“存在风险”或“存在较高风险”时，触发综合预警机制。

巡视预警及综合预警均为将管理办法中的预警管理流程及主要工作，自线下移至线上，建设参与单位在线上完成巡视预警及综合预警的发布、响应、跟踪、处置及消警工作。系统将记录预警的整个处理过程，并在系统主要界面及安全风险状态图形中进行当前预警的重点显示。巡视预警查看页面如图 6.1-11 所示。

8. 安全风险地图

安全风险地图分为风险地图及工程风险状态两个主要功能模块。主要是通过 GIS 技术，将风险管理的主要信息进行图形化显示，实现工程安全管理可视化、信息化，对完善工程安全管理体系起到非常重要的作用。以清晰直观的图形界面显示工程数据，将极大改善施工质量，用最直观的方式呈现给各部门工作人员风险工程安全状态。

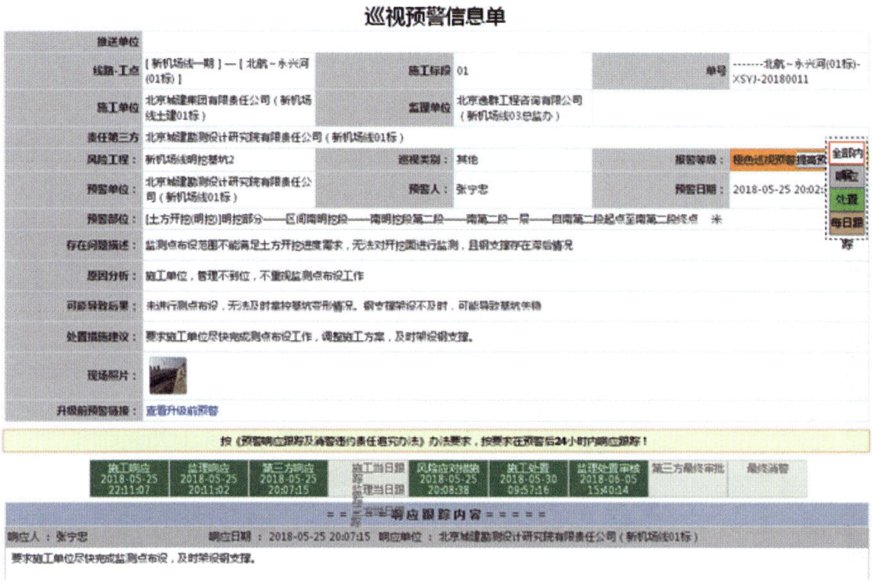

图 6.1-11 巡视预警查看页面

工程风险状态将每个工点的详细风险管理信息,集中到一张图上进行显示。可查询地形数据、结构信息、周边环境信息(包括:建筑物、电力管线、污水管线、燃气管线等)和工程进度等信息,并将预警信息、监测数据信息、视频信息等进行集中显示。系统在工程风险状态页面还为用户提供了大量的辅助功能,如测点检索、测点对比、框选测点、新增预警、差异沉降、明挖剖面、云图等。工程风险状态页面如图 6.1-12 所示。

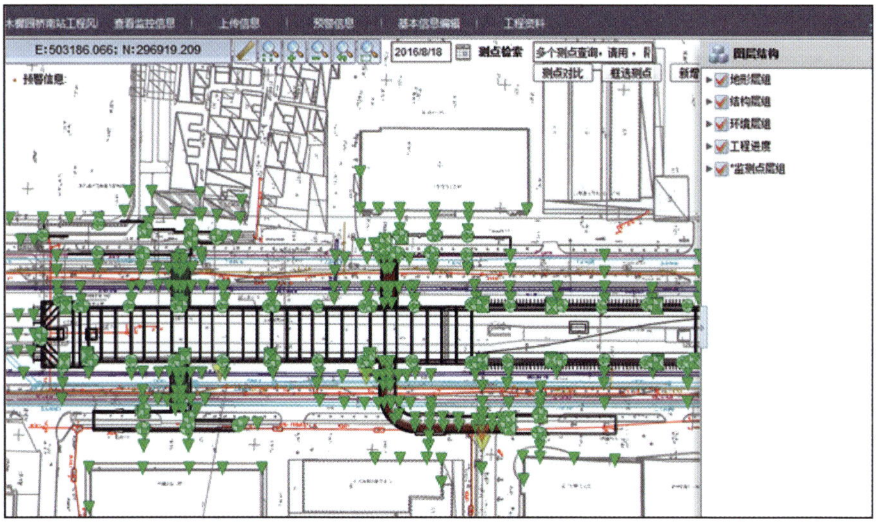

图 6.1-12 工程风险状态页面

风险地图是指将工程风险管理中的自身风险及环境风险，以图形化的形式在北京市地图上按行政区域、线路、工点不同级别进行展示，并可进行分类检索和展示。风险地图页面如图 6. 1-13 所示。

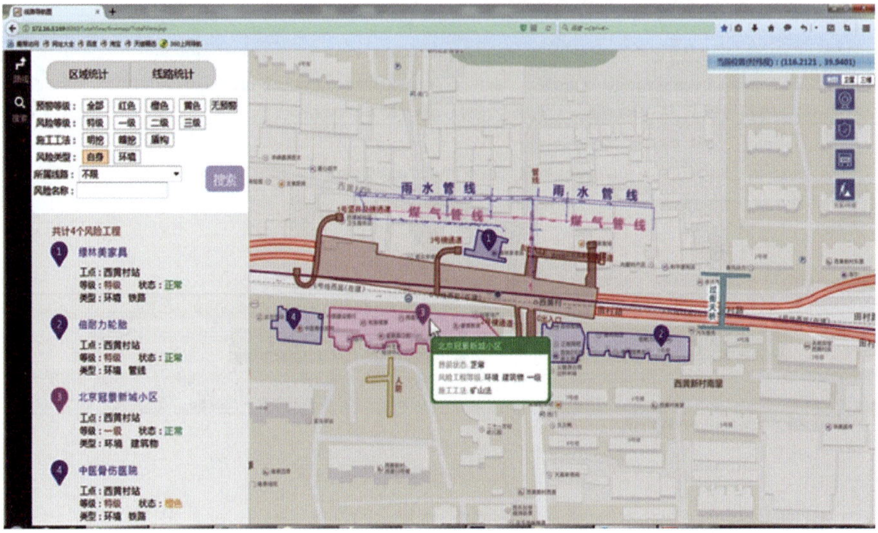

图 6. 1-13　风险地图页面

9. 工程地质

工程地质子系统，由第三方监测单位按照系统模板内容，填写相应的钻孔、土层信息上传至系统。系统依据上传地质数据，自动生成二维、三维的地质图形，并与 GIS 图形、工程进度图形相结合，形成完成的图形查看展示功能。工程地质页面如图 6. 1-14 所示。

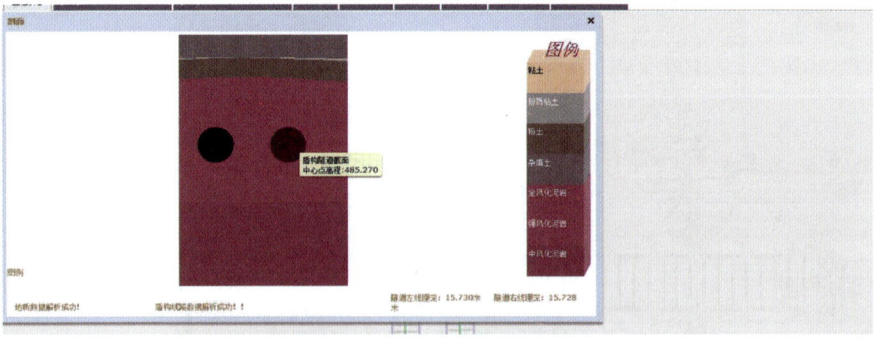

图 6. 1-14　工程地质页面

10. 视频监控

视频监控子系统主要包括专网管理、视频管理、视频值班、视频资料四个主要部分。组成包括专网接入、暂停、故障、撤销流程线上化,视频监控各相关单位的线上考核,视频监控接入、暂停、故障、撤销,视频值班等的信息记录。

通过视频摄像头的设置,与视频服务器的数据对接,实现将摄像头显示在安全风险状态图的具体显示,并调用对应的视频图像。

11. 工程资料

工程资料子系统包括工程实施资料、日常报告资料、子系统资料汇总三个主要部分。

工程实施资料管理模块是基于 WEB 的工程文档管理平台,可实时上传、下载查阅工程资料,包括勘察、设计及施工等各类型。系统对各种工程档案资料进行编号和分类,定义阅读和下载的权限,保证全文索引的可靠性,实现资源共享。可以完成文档管理、信息交流、信息统计、信息检索等多种资料信息管理的功能。

日常报告包括现场单位的日简报、周报、月报、年报等日常材料的线上发送接收和查阅。

子系统资料汇总是指对风险平台其他的十一个子系统的所有功能中,需上传各类文档类资料的汇总显示,实现了用户在平台一个界面,即可查阅工点所有文档资料的功能。工程资料查看页面如图 6. 1-15 所示。

图 6. 1-15　工程资料查看页面

12. 履约考核

履约检查子系统分为工作检查、违约整改通知单、违约处置单、履约排名四个主要功能模块。实现管理单位、检查单位对现场的各项安全风险管理工作检查的线上操作与记录。履约考核子系统分类如图 6. 1-16 所示。

工作检查按管理办法分为专项检查、日常履约、季度履约、年度履约四类,其中日常履约又分为人工履约和系统自动检查。系统依据管理办法对检查项进行了分类,并设置了对应的扣分标准。

违约责任单位需在系统中对违约行为进行整改,并对违约整改通知单进行回

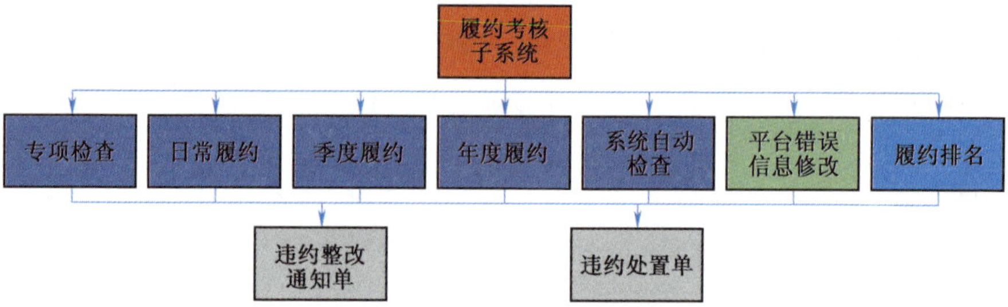

图 6.1-16　履约考核子系统分类

复，违约整改通知单由发布单位进行审核，系统自动发布的违约整改通知单由系统进行自动审核。违约处置单设置了对应的申诉流程。

系统按时间，如季度、年度，对参建单位的整体扣分情况，分不同单位类型进行履约排名，并提供各类打分查询，自动生成对应的图表等。

13. 统计台账

系统提供了大量的统计台账以及查询功能，便于日常工作的使用，主要分为全网类台账、明挖法台账、矿山法台账、盾构法台账四大类。

全网类台账主要针对管理进行统计查询，如几类预警台账、巡视台账、监测台账、资料上传台账、风险工程台账等。

三大工法台账主要针对不同工法的风险管理特点，如特殊工法台账、区间大断面台账、深孔注浆台账等，形成了总体管理与工法技术管理相结合的风险管理台账功能。

6.2　盾构施工实时监控系统

6.2.1　系统架构

盾构施工实时监控系统能够对盾构施工过程中采集的数据进行有效管理，提供形象的显示界面和图形可视化的数据分析界面，对盾构施工全过程进行远程实时监控。盾构施工实时监控系统由盾构区间风险管理、工程进度、刀盘、螺旋输送机、时间统计、进度统计、材料消耗、参数分析几个界面组成。其中盾构区间风险管理、工程进度、刀盘和螺旋输送机属于显示界面，其主要功能是显示盾构施工过程中的各项参数和盾构施工进度以及施工进度与盾构区间重要风险工程的关系；时间统计、材料消耗、进度统计和参数分析属于数据分析界面，此种分析界面的主要功能是对盾构工作过程中实时参数进行统计和分析并形成图形界面，以便于施工人员进行查看、分析和管理生产之用。系统基本结构如图 6.2-1 所示。

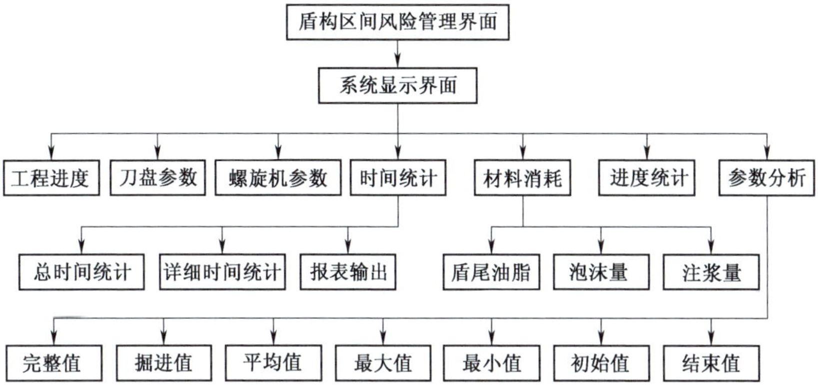

图 6.2-1　盾构施工实时监控系统基本结构图

6.2.2　模块化设计

盾构施工实时监控系统由四个模块组成，如图 6.2-2 所示，各模块具体功能如下：

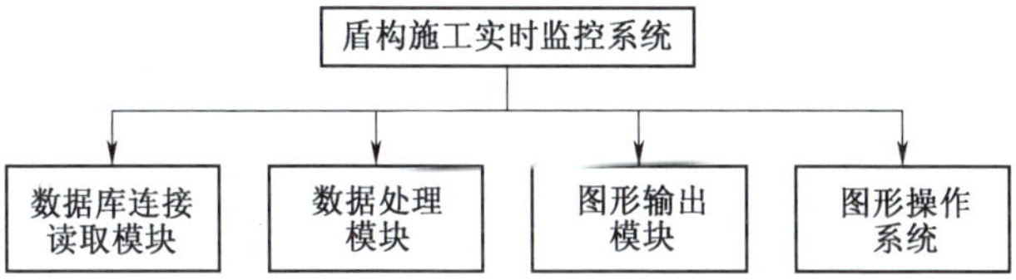

图 6.2-2　系统模块结构示意图

1. 数据库连接读取模块

盾构施工实时监控系统运行时为了实时的显示盾构工作时的参数值，必须每隔 1 min 就去读取服务器上数据库中最新的数据，而且做数据分析的各种原始数据也必须从服务器上数据库中读取，所以稳定的数据库连接和快速的数据读取是系统稳定、安全、准确运行的充分条件。数据库连接读取模块的主要功能有三个，如图 6.2-3 所示。

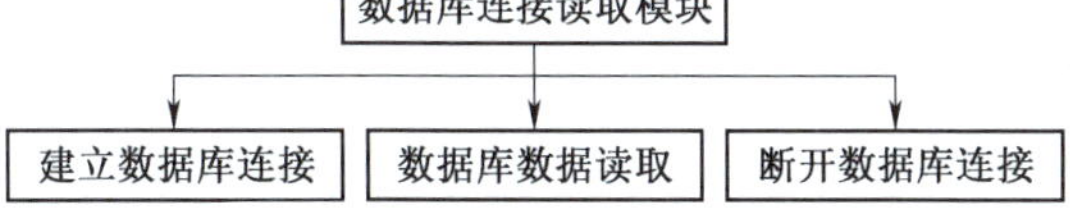

图 6.2-3　数据库连接读取模块功能示意图

2. 数据处理模块

数据处理模块主要是对读取的数据库数据进行查找、筛选、排序等操作，其主要功能是查找和排序,如图 6. 2-4 所示。

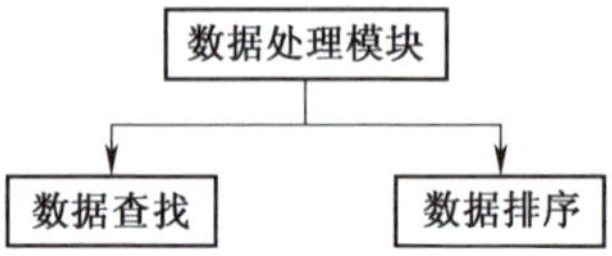

图 6. 2-4　数据处理模块功能示意图

3. 图形输出模块

图形输出模块是本系统的核心模块,主要包括平面图输出、柱状图输出和曲线图输出,如图 6. 2-5 所示。

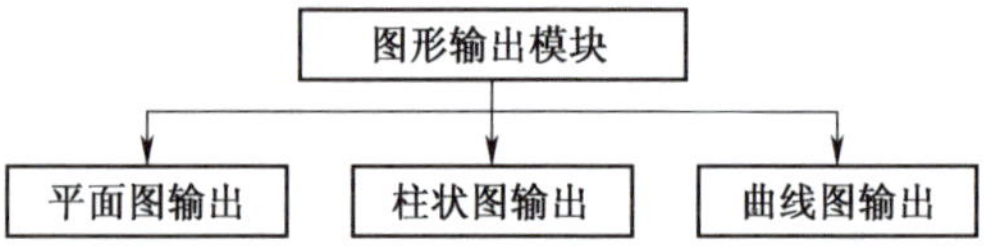

图 6. 2-5　图形输出模块功能示意图

4. 图形操作模块

图形操作模块的主要功能有:图形打印、图形放大和图形还原,如图 6. 2-6 所示。

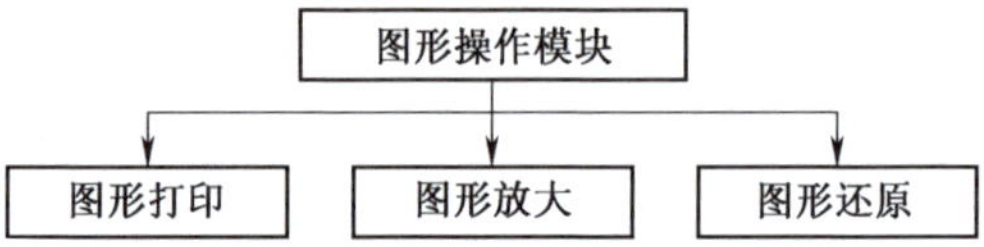

图 6. 2-6　图形操作模块功能示意图

6. 2. 3　系统功能

本系统能够对盾构/TBM 施工全过程进行远程实时监控,形象实时地显示盾构/TBM 施工参数,提供可视化图形数据分析界面,并对盾构施工中耗材进行统计分析,既便于分析盾构施工的全过程及其可能出现的各种问题,也可以对盾构施工成本和质量进行控制,形象的显示工程进度和盾构所处的位置,盾构施工实时监控系统具有以下几个特点:

1. 盾构/TBM 施工全过程远程实时监控

对施工管理者而言,所处的办公地点也不是固定的,可能在施工现场,可能在公司总部,也有可能在外地。通过数据传输系统将各个盾构区间盾构施工数据实时传输至轨道公司服务器上,用户不管所处何地只要能够上网即能通过互联网访问公司服务器读取最新的盾构施工数据,从而实现对盾构/TBM 施工全过程远程实时监控。实现管理人员能够准确、全面的掌握最新的盾构施工情况。

2. 形象地显示工程进度

为便于用户形象的了解工程进度，我们将盾构隧道平面图预先输进“盾构区间风险管理”和“工程进度”界面中，然后将正在掘进的环号在平面图上定位并且使其自动闪烁让用户清楚地看到盾构正在掘进的位置，最后将盾构已开挖过的部分在平面图上涂成绿色，从而形象的显示工程的进度。

通过盾构区间风险管理界面和工程进度界面，用户还可以直观地看到盾构目前的掘进方向是左转、右转还是直行，对于不同的掘进方向用户可以调整施工参数来适应盾构的掘进。

3. 清晰地显示盾构区间重要风险工程

盾构区间风险管理界面能够清晰地显示盾构区间重要风险工程的影响区域，并与盾构工程进度相结合明确风险工程与盾构施工进度的关系，实现风险预告、风险提醒，方便用户掌控区间整体风险分布状况，明确管控重点。

4. 直观形象的参数显示界面

盾构施工实时监控系统中的显示界面都是中文的，而且为了便于用户形象的了解各个参数的意义我们将盾构的主要部件如：刀盘、螺旋输送机、铰接油缸等在显示界面上绘成图像并在图像上相应的位置显示参数的数值。这样用户不仅可以看到盾构机工作参数的数值，而且可以知道各个参数的意义。

5. 材料消耗的统计和分析以及工程成本控制

材料消耗界面经过统计分析得出盾尾油脂用量、泡沫用量和同步注浆量，这三种材料对工程成本影响较大，也是控制盾构施工质量和确保施工安全等的重要数据。统计分析得出这三种材料每一环的消耗量和从指定起始环到指定结束环总的消耗量，便于对工程各方面进行分析和控制。

例如，材料消耗界面中的注浆量统计分析可以帮助我们有效地控制工程施工安全、确保地层移动（如地面隆起和地表下沉等）在允许的范围之内，从而保证工程质量。

6. 参数分析能显示该环完整的参数变化曲线

单环参数分析可分析盾构推进参数在整环施工过程中的变化情况，并绘出相关参数变化曲线。与海瑞克、石川岛等盾构设备原有的数据分析系统相比，单环参数分析界面的最大特点是输出任意一环完整的参数变化曲线，而盾构设备自带系统本身所具有的数据分析功能有限，不能完整反映盾构施工情况。

7. 能对两种不同类型的参数进行分析

参数分析能对两种不同类型的参数进行分析，显示它们的变化曲线，以便于分析参数间相互关系。图6.2-7显示的是第1452~1462环的参数“土压【上】”和“盾构总推力”的变化曲线，通过输出的曲线可以分析参数“土压【上】”和“盾构总推力”之间的相关关系。

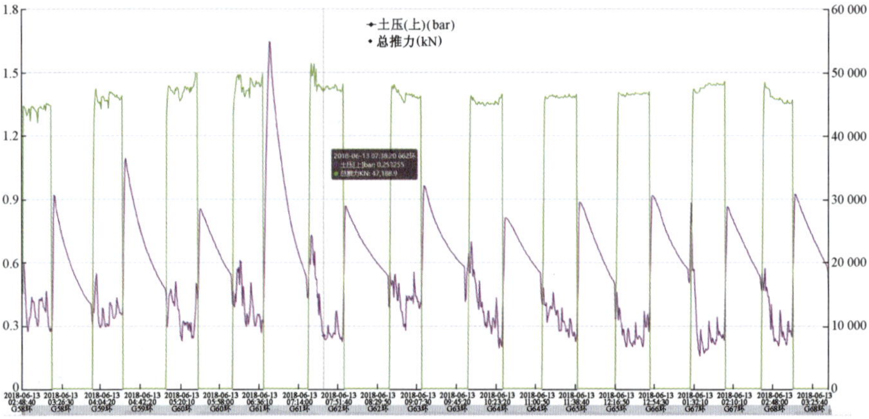

图 6. 2-7　土压力与盾构总推力变化曲线

8. 施工参数的实时预警

盾构施工实时监控系统能够对盾构主要施工参数进行实时监控与预警，并在数据分析时自动显示主要施工参数的控制范围（根据上传的组段划分资料进行控制），如图 6. 2-8 所示。这对规避盾构施工过程中由于施工参数设置或者控制不当造成的安全风险事件有着显著的效果，而且对于综合评价盾构施工目前的安全风险状态也起到很大的作用。

图 6. 2-8　参数提示界面

本系统作为一套中文操作界面的盾构远程管理系统既能对盾构/TBM 施工全过程进行远程实时监控和自动预警，形象、实时地显示盾构/TBM 施工参数，提供可视化图形数据分析界面，并对盾构施工中耗材进行统计分析，既便于分析盾构施工的全过程及其可能出现的各种问题，也可以对盾构施工成本和质量进行控制，还能形象的显示工程进度和风险工程的影响区域，实现风险预告、风险提醒，方便用户掌控区间整体风险分布状况，明确管控重点。采用光纤作为传输介质研发了隧道内外盾构/TBM 数据实时传输系统，保证了盾构施工数据稳定、实时和快速的传输至地面监控电脑，同时也为数据传输至监控中心服务器提供了基础。系统开发过程中研发了盾构/TBM 服务器数据实时传输系统，实现了盾构施工数据能够实时的传输至监控中心服务器，保证了盾构施工风险实时监控系统能够实时地对盾构施工全过程进行远程监控和分析。

6.3 视频监控系统

6.3.1 系统组织

视频监控系统是指利用图像采集、传输、显示等手段对在建轨道交通工程施工现场进行监视、跟踪和信息记录等内容的安全管理监控系统。监控系统的实施采用公司层、项目管理层、现场实施层三级管理，根据各自职能建立视频监控室，通过前端摄像头、专用网络、视频通信指挥系统实现对现场安全风险过程进行实时监控，其中前端摄像头用于现场信息实施采集，专用网络用于各层级视频监控室的连通，视频通信指挥系统用于视频实施监控、视频录像记录、应急指挥、视频通话等功能，如图 6.3-1 所示。

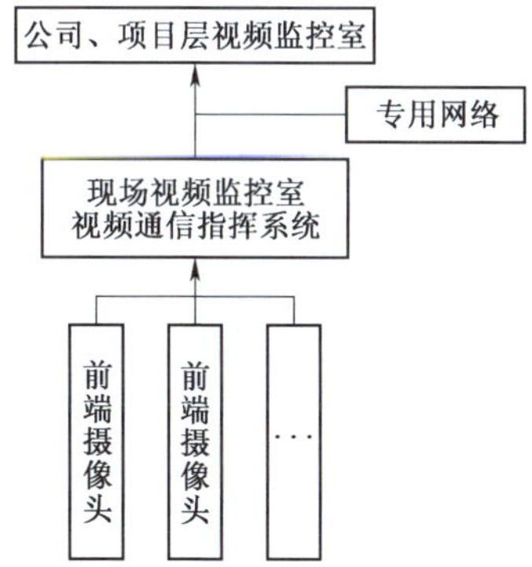

图 6.3-1　视频监控系统组织

6.3.2 视频通信指挥系统

视频通信指挥系统是监控系统实施的核心，是一套高度集约化的信息系统，实现数据信息综合管理，整合并利用现场信息化资源，经深度开发应用，从而建立的一个统一指挥、科学监控、协调有序的监控运行机制。主要由综合调度台、管理员端、操作员端三部分组成，将视频监控、语音调度各方面资源进行了有效的整合，将高效的自主硬件平台与应急指挥平台等多方面资源和功能进行高度融合，构建了集视频监控、语音调度、视频会商、预案管理等功能于一体的监控系统。

1. 综合调度台

综合调度台是实现公司层、项目管理层对现场调度指挥的重要工具，包括可视调度、视频会议和大屏调试三大模块。可视调度主要进行多方语音、视频通话功能，通过话机拨打现场分机号码，实现与现场语音通话，并通过绑定的视频进行视频播放；视频会议功能通过建立会议室，并添加相应设备成员进入会议室实现，出现预警需要调度指挥时，可以建立应急、视频会议开展远程抢险指挥；大屏调试模块主要为服务端配置大屏方案，进行大屏推送，配置屏幕名称和分屏信息。综合调度台功能模块如图 6.3-2 所示。

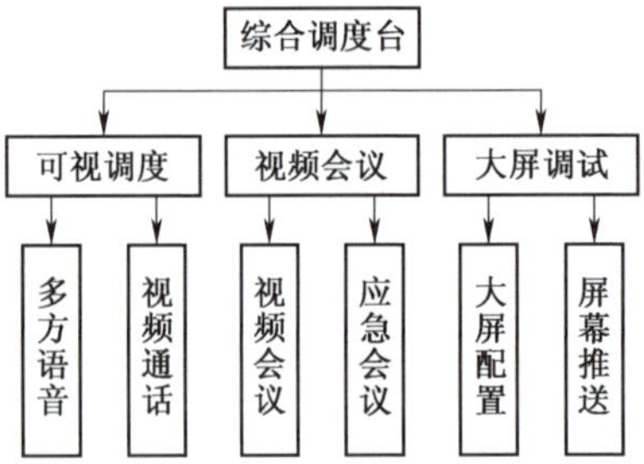

图 6.3-2　综合调度台功能模块

2. 管理员端

管理员端主要进行基础信息、网络、角色权限及各种业务配置，是综合调度台和操作员端工作的基础，现场视频监控设备接入系统后需通过管理员端进行配置调试，开展角色管理、设备管理、应急预案管理、话机管理、调度台管理及网络管理等工作。管理员端模块结构如图 6.3-3 所示。

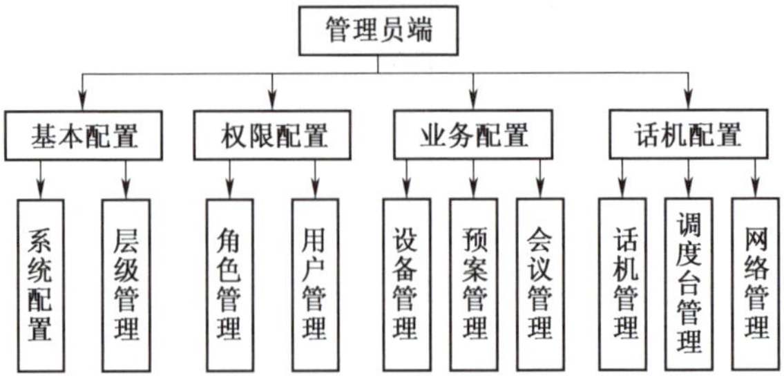

图 6.3-3　管理员端模块

3. 操作员端

操作员端是基于 B/S 架构,以专用网络为基础,通过 Web 整合视频音频类设备实现统一监控和管理。主要功能包括应急指挥、实施监控、录像回放、录音回放、视频会议及大屏控制等,是视频监控实施的重要工具。操作端模块结构如图 6.3-4 所示。

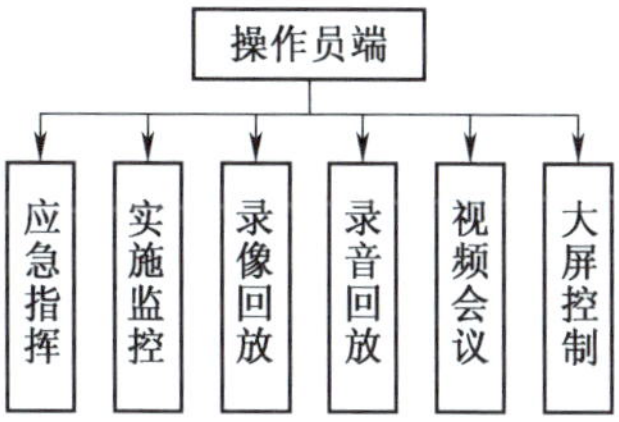

图 6.3-4　操作员端模块

6.3.3　系统建设

(1)公司层、项目管理层、现场实施层视频监控室分别由建设单位和施工单位根据《安全风险视频监控管理办法》要求组织建设及运维。

(2)施工单位对所辖工点在施工作业面安装前端摄像头及双向语音设备,将设备与现场视频监控室连通,并完成视频通信指挥系统调试,各项技术要求应满足《安全风险视频监控技术指南》。

(3)专网接入单位完成现场视频监控室至公司层、项目管理层视频监控室网络接入。

(4)建设单位进行网络及视频通信系统调试,并根据需要设置角色、分配权限。

(5)系统建设流程如图 6.3-5 所示。

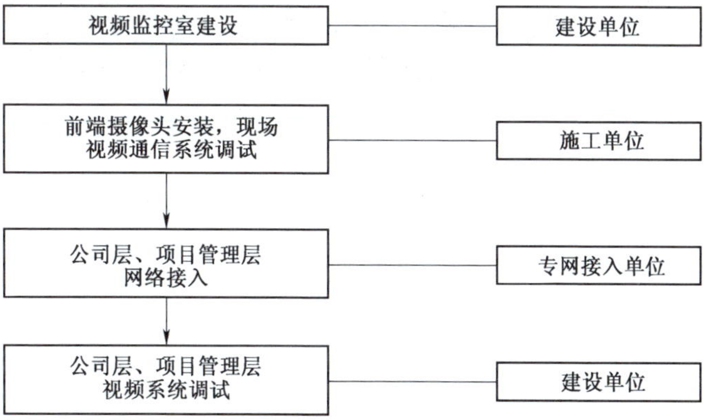

图 6.3-5　系统建设流程

6.3.4　系统实施

监控系统的实施采用公司层、项目管理层、现场实施层三级管理，公司层对全网在施工重要工点开展视频监控值班，项目管理层对所辖线路开展视频监控值班，现场实施层对本工点进行视频监控值班。视频监控界面如图 6.3-6 所示，视频回放界面如图 6.3-7 所示。

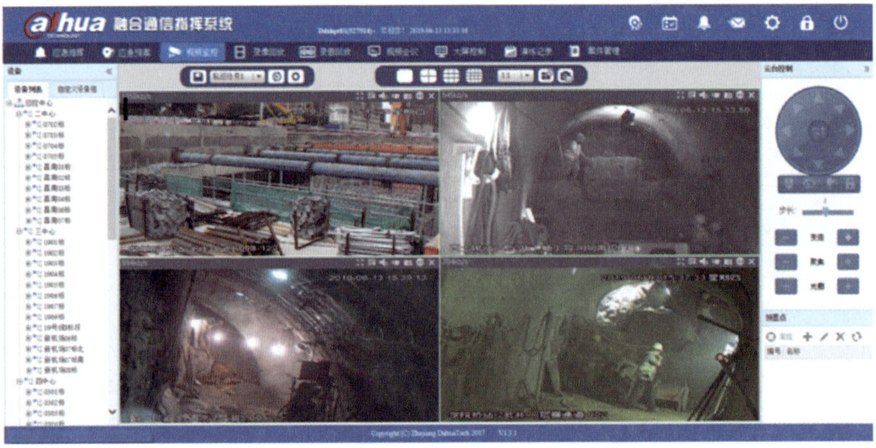

图 6.3-6　视频监控界面

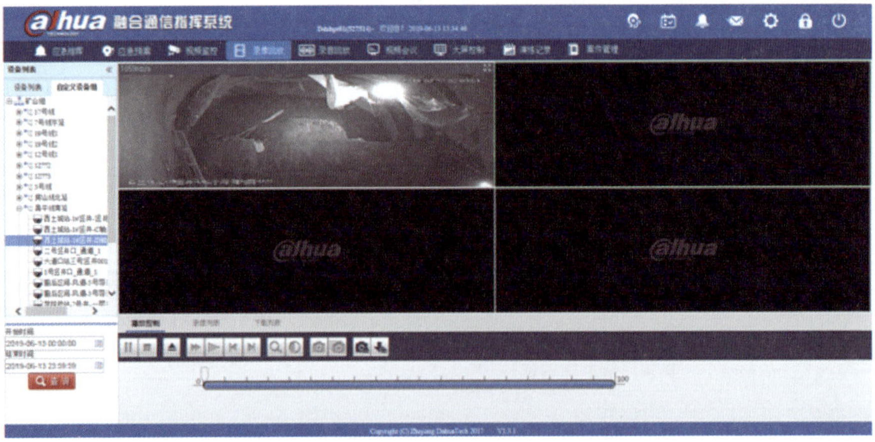

图 6.3-7　视频回放界面

第 7 章　北京轨道交通应急管理

应急管理是指政府及其他公共机构在突发事件的事前预防、事发应对、事中处置和善后恢复过程中,通过建立必要的应对机制,采取一系列必要措施,应用科学、技术、规划与管理等手段,保障公众生命、健康和财产安全,促进社会和谐健康发展的有关活动。自《中华人民共和国突发事件应对法》正式颁布后,北京市政府、住房和城乡建设部等不断的细化和深化相关标准和要求,针对城市轨道交通建设相继出台了一些管理办法。北京市轨道交通建设管理有限公司响应政府要求陆续建立完善了北京轨道交通应急管理体系。

7.1　应急管理体系建立的目的和原则

应急管理体系的建立是为有效应对轨道交通工程建设过程中的各类突发事故,实施有效的抢险救援,防止事故的进一步发展,最大限度地减少施工人员伤亡和人民群众生命财产损失。体系主要包括应急物资储备、应急预案制定及演练、应急响应及指挥、恢复与重建等内容,并建立综合应急管理平台实现日常应急管理及突发事件应急决策,为事件应急响应启动、应急处置方案、应急资源调度等提供决策支持。

应急管理坚持"预防为主,快速反应,统一指挥,统筹协调,科学救援,处置高效"的原则。增强忧患意识,高度重视公共安全,居安思危,常抓不懈,防患于未然。坚持预防与应急相结合,常态与非常态相结合,做好应对突发公共事件的思想准备、预案准备、组织准备以及物资准备等。

7.2　应急指挥体系组成

7.2.1　公司应急指挥部

北京市轨道交通建设管理有限公司建立有公司突发事故应急指挥部,应急指挥部由公司领导担指挥,公司各职能部门、参建单位协同组成成员单位,下设应急办公室,各部门根据应急管理体系职责、事故级别等完成相应应急管理工作。应急指挥部组成如下:

总 指 挥:公司总经理。

副总指挥:公司分管安全副总经理,项目管理中心总经理、书记。

成员单位:公司办公室、党群工作部、合同管理总部、规划设计总部、总工程师办公室、设备管理总部、安全质量监察总部、安全监控中心,各项目管理中心;各设计、勘察、施工、监理、第三方监测单位;市轨道工程专业应急抢险大队。应急指挥部下设办公室(以下简称应急办),设在公司安全质量监察总部。

7.2.2 现场指挥部

根据事故现场抢险需要以及事故性质和等级,适时成立现场指挥部,现场指挥部由抢险指挥组、后勤保障组、信息宣传组、现场指挥部办公室等组成。必要时,设置现场协调组、社会面控制组、医疗救护组、技术保障组、财产损失理赔组、专家工作组。按照“分级负责、先期处置”原则,公司现场指挥部负责 B 级及以上等级事故的现场抢险指挥救援工作,C 级及以下等级事故由相应单位比照公司现场指挥部设置组织机构并开展相应工作。应急组织体系框架如图 7.2 所示。

(1)现场指挥部:全面负责工程抢险,主要负责任命各抢险组负责人,批准对外发布的信息,批准抢险方案,批准应急救援升级申请。

(2)现场指挥部办公室:主要负责传达现场指挥部指令,召集相关会议,收集相关信息;通知各抢险组负责人到位;张贴各组人员联系名单及值班表。

(3)抢险指挥组:主要承担现场总指挥下达的抢险任务。

(4)后勤保障组:全面负责事故抢险救援的后勤保障工作,主要负责组织、协调事故处置所需的人员、车辆、场所、通信等保障,做好抢险投入统计,保留抢险照片及影响,设置各组办公地点。

(5)信息宣传组:主要负责媒体应对工作,撰写新闻通稿,组织媒体接待,组织制定新闻发布方案,适时新闻发布,向上级有关部门报送事故相关信息等工作。

(6)现场协调组:主要负责协调突发事故影响范围内的建(构)筑物、道路、桥梁、管线、既有铁路线等相关单位的抢险救援工作。

(7)社会面控制组:主要任务是配合公安部门或属地政府做好抢险过程中社会秩序的维护、交通疏导及人员控制等工作。

(8)医疗救护组:主要任务是配合医疗卫生部门对事故伤亡人员进行救治和转送。

(9)技术保障组:根据抢险工作需要,组建专家组,负责研究提出抢险方案意见,进行事故原因初步分析。专家组成员从市住建委相关专家库中聘请,主要负责组织抢险救援及恢复方案的制定工作。必要时,根据指挥部的指令通知相关专家到场组成专家工作组,并做好配合工作。

(10)财产损失理赔组:负责组织工程财产损失理赔工作。

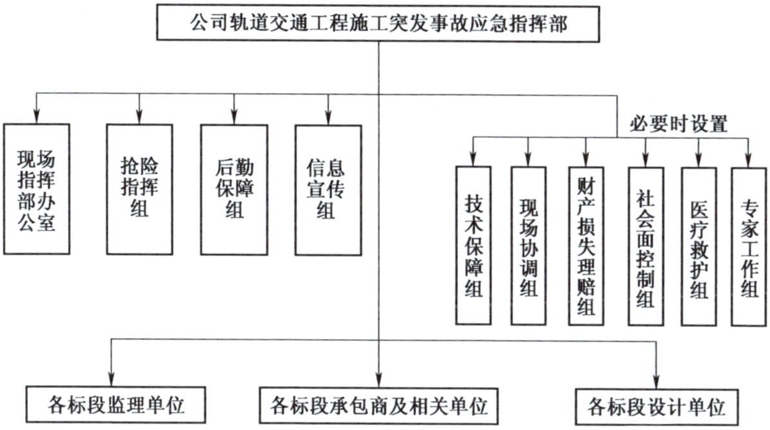

图 7.2　应急组织体系框架图

7.3　应急响应

轨道交通建设工程施工突发事故一旦发生，事故发生地相关单位必须立即将事故信息报告事故发生地安全生产监督管理部门和负有安全生产监督管理职责的有关部门，同时向建设单位报告。事故发生地施工单位还应同时通知事故危及或可能危及的相关产权部门、单位。同时，立即启动施工现场应急预案，抢救伤员，保护现场，设置警戒标志，防止次生、衍生事故发生，实施先期抢险救援工作。必要时，由建设单位调动相邻标段抢险小分队参加抢险救援工作。

1. 一般轨道工程施工突发事故的响应(Ⅳ级)

北京轨道公司将一般轨道工程施工突发事故(Ⅳ级)由低到高划分五个级别，各单位根据级别分别进行响应。

(1)发生 E 级事故，影响范围小，由事故发生地施工单位组织进行抢险救援，监理单位参加救援工作，甲方驻地代表做好相关协调工作。

(2)发生 D 级事故后，事故发生地施工单位及现场监理单位组织先期抢险救援工作，相关建设单位主管领导和相关部门负责人赶赴现场组织相关协调。

(3)发生 C 级事故后，相关建设单位主要负责人及时赶赴现场，根据需要组建现场指挥部，组织协调相关单位开展抢险救援工作。

(4)发生 B 级或 A 级事故后，公司应急办立即向公司应急指挥部领导报告，并启动应急预案。公司应急指挥部和相关负责人及时赶到现场。根据需要组建现场指挥部，组织协调相关单位开展抢险救援工作。信息宣传组随时将动态信息报告公司应急办,做好媒体应对工作,正确引导社会舆论。现场存在工程风险时,现场指挥部通知事故发生地相邻标段抢险小分队和市轨道工程专业抢险队伍做好抢险准备,必要时赶赴现场。

2. 较大轨道工程施工突发事故的响应(Ⅲ级)

在一般轨道工程施工突发事故响应的基础上,事故发生地相关施工单位集团领导立即赶赴现场。公司应急指挥部副总指挥、宣传部门、办公室相关人员赶赴现场。成立现场指挥部,立即开展一线抢险救援工作。

现场存在工程风险时,通知事故发生地相邻标段抢险小分队和市轨道工程专业抢险队伍直接投入抢险救援工作。

3. 重大、特别重大轨道工程施工突发事故的响应(Ⅱ级、Ⅰ级)

在较大轨道工程施工突发事故响应的基础上,公司应急指挥部总指挥立即赶赴现场,组织先期抢险救援工作。待市建筑工程应急指挥部相关领导到场后,配合其工作。

4. 响应结束

当应急事故处置工作基本完成,次生、衍生和事故危害被基本消除,由现场抢险指挥部总指挥宣布响应结束。

7.4 恢复与重建

1. 善后赔偿

建设单位督促事故相关单位积极做好事故伤亡人员家属的接待、安抚、赔偿等工作。

2. 保险赔付

建设单位合同管理部门牵头组织保险理赔工作。

3. 事故总结

突发事故处置工作结束后 2 d 内,事故发生地施工单位将事故总结报告报建设单位;建设单位在接到事故总结报告后 1 d 内完成复查、汇总,并形成书面的事故总结报告。事故总结报告的内容应包括:工程基本情况、事故发生经过、事故原因分析、现场处置情况、事故后果、存在的问题和对责任人的处理意见等。

7.5 应急保障

1. 通信保障

建设、施工、设计、监理等各单位负责人,必须 24 h 开通手机(移动电话),确保通信联系畅通。

2. 应急救援和抢险队伍保障

为有效应对突发事故,参加轨道交通建设工程土建施工的各施工单位应组建不少于 30 人的施工现场抢险小分队,定期组织培训和演练,负责轨道交通建设工程施工过程中突发事故的应急抢险救援工作。施工现场抢险小分队应为常设机构,机构内应有明确的职责分工。

3. 应急救援和抢险设备物资保障

(1)结合轨道交通建设工程施工突发事故特点,各施工单位应在施工现场储存一定数量的应急抢险物资和机械设备。

(2)各项目管理中心应建立救援物资台账,并定期进行更新,以便发生险情时在最短时间内调配到场,做到有序调配。

(3)抢险小分队应对应急救援抢险器材、设备进行日常的维护、保养、定期检查和定期更新。

(4)各项目管理中心、各施工单位每个季度要对应急物资、应急集结路线进行一次更新。

第 8 章 北京轨道交通安全风险管控成效

自 2008 年 10 月北京轨道交通建设安全风险技术管理体系全面应用以来，经过两次创新升级，已经成为一套成熟、实用的安全风险管理体系，在轨道交通建设安全管理方面取得显著效果，10 余年来累计管控轨道交通线段 26 条，识别风险工程 17 421 项，高峰期全网同时管控风险工程达到 3 038 项。随着轨道交通建设工程面临的环境风险日趋复杂，社会对安全风险管理要求日益严格，安全风险技术管理体系的建立，是应对新形势下的轨道交通建设的强有力手段。

8.1 总体管控情况

从第一版北京轨道交通建设安全风险技术管理体系建立后，累计纳入体系管控线段 26 条，其中车站 268 座，区间 352 条，累计管控里程 501. 94 km，截至 2018 年年底已完成约 280 km 建设，整个建设过程中未发生较大级别以上安全事故，管控效果显著。目前同时在建里程约 221 km，建设规模空前，安全风险形势严峻，对安全风险管理体系需求更加深入。北京轨道交通建设安全风险技术管理体系管控线路见表 8. 1。

表 8. 1 北京轨道交通建设安全风险技术管理体系管控线路简表

开始年份	线路	状态	里程(km)	车站数	区间数
2009 年	9 号线	完工	16. 45	12	18
2009 年	大兴线	完工	21. 75	11	13
2009 年	6 号线一期	完工	29. 07	20	22
2009 年	8 号线二期	完工	17. 46	14	24
2009 年	10 线二期	完工	32. 44	21	28
2009 年	亦庄线	完工	23. 23	15	18
2009 年	房山线	完工	24. 79	1	3
2009 年	昌平线一期(地下段)	完工	3. 36	1	1
2010 年	4 号线(尾工附属)	完工	—	4	0
2011 年	6 号线二期	完工	12. 44	9	8
2011 年	7 号线	完工	23. 67	20	22

续上表

开始年份	线路	状态	里程(km)	车站数	区间数
2011 年	14 号线	尾工	47.56	34	44
2013 年	西郊线	完工	9.06	0	5
2013 年	昌平线二期	完工	10.6	6	8
2014 年	6 号线西延	尾工	8.93	6	7
2014 年	8 号线三期	尾工	17.3	14	21
2016 年	房山线北延	在施	5.2	4	5
2016 年	7 号线东延	在施	16.6	9	11
2016 年	17 号线	在施	49.7	19	26
2017 年	3 号线一期	在施	22	12	12
2017 年	12 号线	在施	29.6	18	20
2017 年	19 号线一期	在施	22.4	10	13
2017 年	新机场线一期	在施	41.23	1	11
2017 年	八通线南延	在施	4.5	1	2
2018 年	昌平线南延	在施	12.6	5	10
2018 年	宣武门站新增换乘通道	在施	—	1	0
合计	—	—	501.94	268	352

8.2　风险工程管控情况

截至 2018 年年底，安全风险技术管理体系累计识别风险工程 17 421 项，管控通过风险工程 8 564 项，正在通过风险工程 2 980 项，后续有 5 723 项风险工程将要开工建设，其中特级风险工程有 112 项，风险管控难度和规模空前。2009 年～2018 年风险工程通过情况如图 8.2-1 所示。

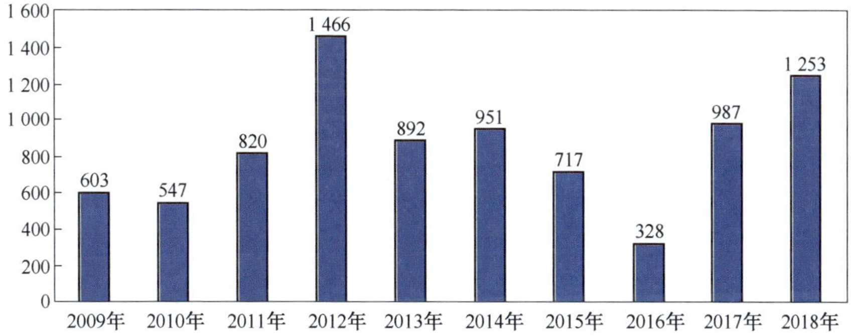

图 8.2-1　2009 年～2018 年风险工程通过情况

安全风险技术管理体系建立后，对风险工程进行辨识与分级，并对重要风险工程专项设计，通过差异化的安全风险管控，自2009年以来累计通过特级风险工程56项，其中既有线25处，铁路29处，河湖1处，桥梁1处，通过了大量的重要风险源。

8.2.1　典型风险工程案例：14号线陶—永区间下穿京津城际、京沪铁路

京津城际、京沪铁路位于隧道圆曲线段（左线线路半径330 m、右线线路半径310 m）。铁路的四股铁路轨道类型均为60 kg/m钢轨，电气化铁路，京沪铁路路基为碎石道床；京津城际路基为碎石道床和整体道床，其中盾构区间结构穿越段位于碎石道床。京津城际路基在整体道床部位向西40 m施作了CFG桩加固地层，桩长4.5~8.5 m，现状铁路两侧有铁通电缆，地面有电气化铁路接触网杆，如图8.2-2和图8.2-3所示。

图8.2-2　铁路现状

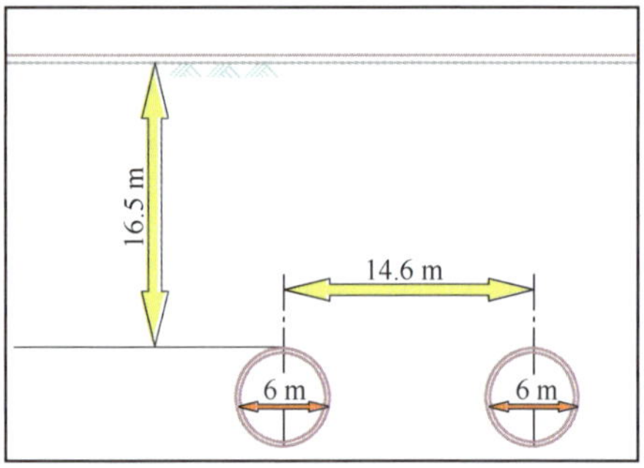

图8.2-3　盾构隧道与铁路位置关系图

在盾构施工前对京沪铁路进行线路加固，加固采用3-5-3扣轨加固，铁路加固区段需要限速，设计限速不大于45 km/h。同时结合现场实际施工条件，在京津城际一侧既有路基外施作临时竖井及通道，在通道内打设夯管并对一定深度范围路基进行注浆加固。为避免盾构在穿越京津城际、京沪铁路期间由于盾构设备故障停机造成较大风险，盾构进场前对盾构设备进行了全面的检修，对主轴承唇形密封进行了更换。盾构设备检修完毕后组织了专家进行验收，确保盾构设备质量良好。

风险工程于2014年6月顺利通过，区域测点最大累计沉降−33.65 mm（控制值−20 mm），即ϕ700雨水管线测点GXC-01-04，位于右线盾构铁路影响区域，刀盘通过后测点沉降即稳定，整个施工过程中未发生综合预警与巡视预警，穿越铁路平稳可控，如图8.2-4所示。

8.2.2　典型风险工程案例：10号线公主坟站暗挖零距离下穿既有1号线公主坟站

新建站主体单层段采取“零距离”刚性接触下穿既有站，即10号线顶板顶与1

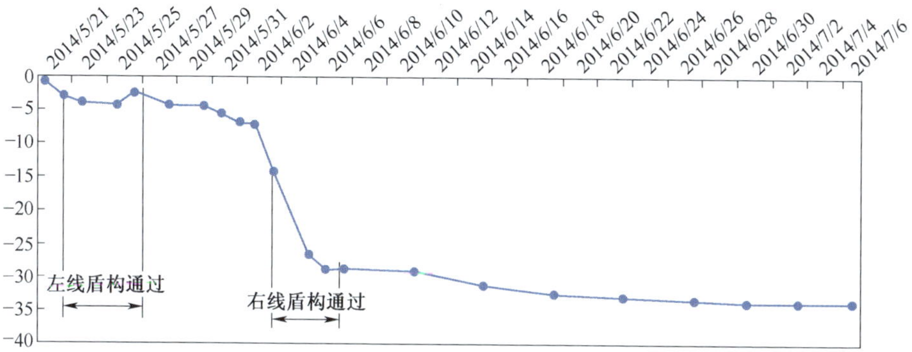

图 8.2-4　管线测点 GXC-01-04 沉降历时曲线(单位:mm)

号线车站底板底密贴。单层段为两个分离式双跨矩形断面,单个矩形断面的开挖尺寸为(宽×高) 14.05 m×9.32 m,如图 8.2-5 和图 8.2-6 所示。

新建站单层段下穿施工影响范围内存在既有 1 号线车站四条变形缝,左线左侧距变形缝 1.271 m,右侧距变形缝 11.659 m;右线左侧距变形缝 10.521 m,右侧距变形缝 2.409 m。两矩形断面之间的净距 49.2 m。

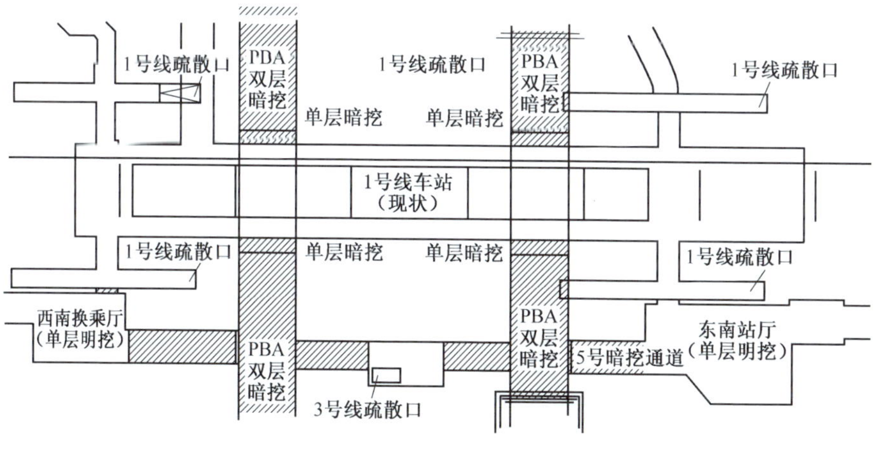

图 8.2-5　新建车站与既有 1 号线公主坟站平面关系图

本工程为大跨径暗挖车站零距离下穿既有车站施工,在北京是第一次采用平顶直墙结构,施工过程中如何控制既有线的沉降是本工程的重难点,施工采取如下应对措施:

(1)开挖前深孔注浆加固地层;

(2)初期支护采用“CRD 平顶直墙+千斤顶”的施工工法,实现千斤顶动态

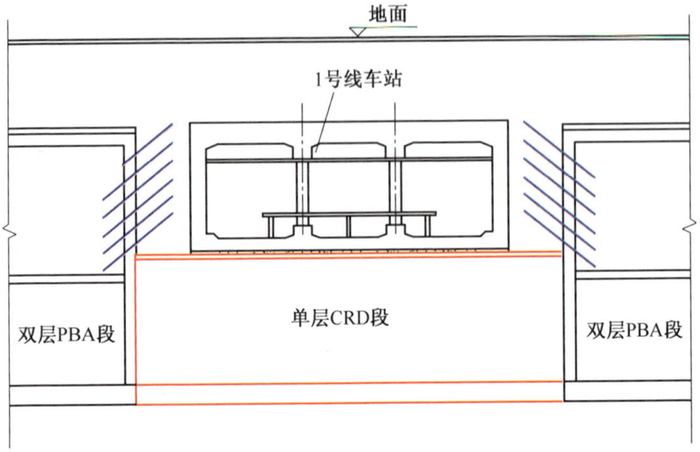

图 8. 2-6　新建车站与既有 1 号线剖面关系图

顶升；

(3)临时仰拱工钢节点板处采用新材料橡化沥青进行防水处理；

(4)结构施工时部分千斤顶浇筑到主体结构中，避免了拆除千斤顶对既有线的影响，对于必须拆除的千斤顶应进行合理置换。

新建车站于 2012 年 1 月结构施工完成，顺利通过该风险工程，既有线最大累计沉降为-2. 98 mm(图 8. 2-7)，施工过程中未发生预警情况，既有线变形控制较好，下穿过程平稳可控。

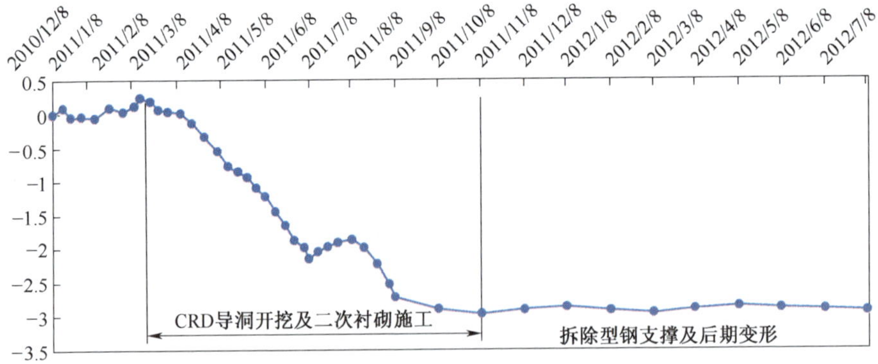

图 8. 2-7　既有 1 号线累计变形最大测点历时曲线(单位:mm)

8. 2. 3　典型风险工程案例:14 号线安—蒲区间下穿既有 5 号线蒲黄榆站

安—蒲区间位于北京地铁 14 号线工程南段，线路自安乐林路站出发后，下穿景泰路、蒲黄榆五巷、蒲黄榆二巷及蒲黄榆路，并下穿 5 号线蒲黄榆站，到达与既有

5 号线换乘的蒲黄榆站。下穿既有 5 号线蒲黄榆站，左右线各 45 m，其中位于既有 5 号线结构下方长度为 22.6 m。区间隧道开挖轮廓线距既有蒲黄榆站底部距离为 0.348～1.58 m，如图 8.2-8 所示。

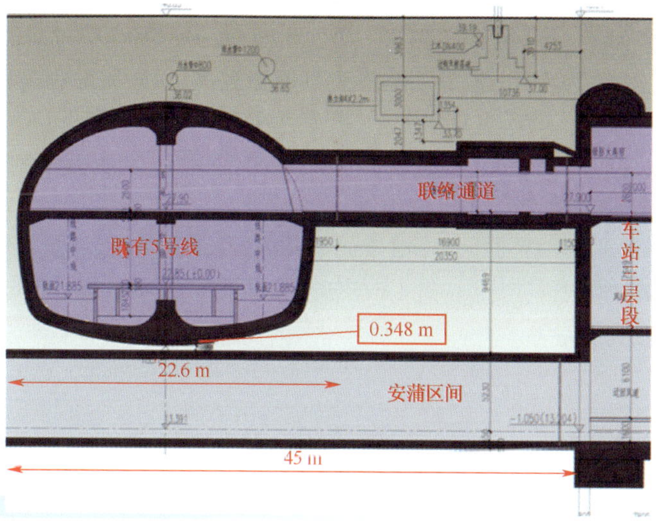

图 8.2-8　区间与既有蒲黄榆站剖面图

决定既有线安全的主要因素是控制既有线的变形，为控制既有线沉降，洞内采取全断面深孔注浆。为做好深孔注浆，下穿既有线前设置试验段，验证注浆效果，开挖前采用二重管后退式深孔注浆，施工过程中洞内小导管超前注浆加固地层，及时进行锁脚锚管注浆和初期支护背后回填注浆。

区间于 2015 年 1 月完成结构施工，顺利通过既有 5 号线车站，既有线监测最大变形为隆起 2.48 mm(图 8.2-9)，深孔注浆初期因压力控制不佳测点普遍存在隆起现象，经过组织专家分析论证后，现场优化注浆参数，加强监测及反馈，后期监测数据平稳，下穿过程平稳可控。

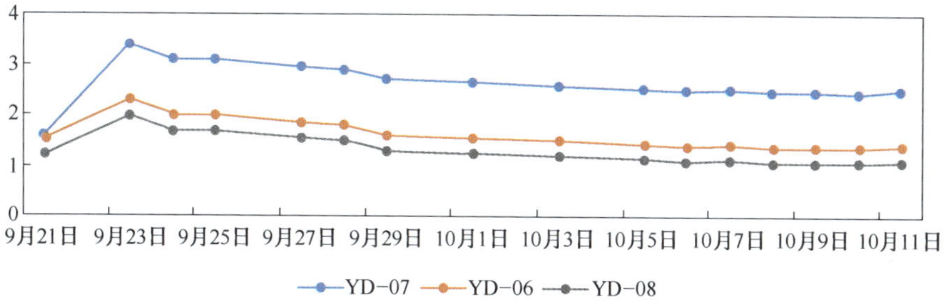

图 8.2-9　既有车站典型监测点历时曲线(单位：mm)

8.3 监测预警

截至2018年年底,北京轨道交通建设累计发布监测预警191 413项,其中红色预警6 107项,橙色预警95 250项,黄色预警90 056项。经过对监测预警统计分析,红色监测预警以矿山法和盾构法工点发布较多,且预警原因与现场施工未达到设计及施工方案要求存在直接关系,各工法主要预警原因如下:

(1)矿山法监测预警原因:超前支护效果差、深孔注浆压力控制不佳、初期支护不能及时成环、渗漏水控制不到位等;

(2)明挖法监测预警原因:支撑架设不及时、注浆压力大、基坑渗漏水等;

(3)盾构法监测预警原因:渣土改良差、土压力控制不达标、同步注浆量不足、同步注浆浆液质量差等。

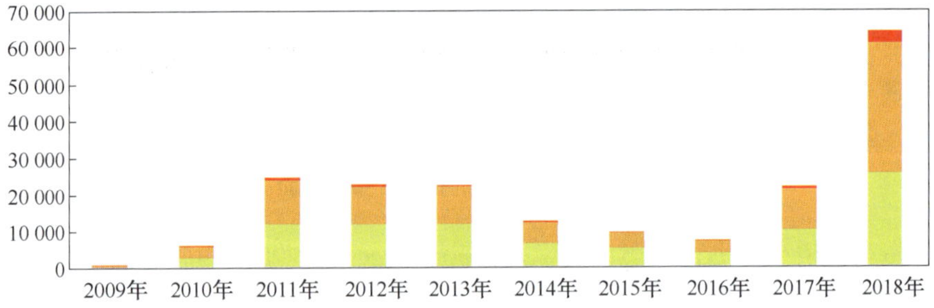

图8.3 2009年~2018年监测预警发布情况

8.4 巡视预警

截至2018年年底,北京轨道交通建设累计发布巡视预警6 787项,其中红色预警58项,橙色预警790项,黄色预警5 939项,巡视预警由咨询组、第三方监测单位、监理单位分别发布。经过体系多年推广应用,能够充分发挥三级风险管控优势,巡视预警发布后88%的预警在7 d之内完成处置并消警,快速降低了现场风险,见表8.4和图8.4。

表 8.4　巡视预警原因及消警统计

工法	巡视预警主要原因	巡视预警消警时长
矿山法	（1）地下控制问题（开挖面渗漏水、积水、积淤等）； （2）地层稳定性问题（掉块、超挖、坍塌等）； （3）初期支护开挖不规范（多榀连立、核心土留设、台阶长度、掌子面封闭、马头门破除、掏挖等）	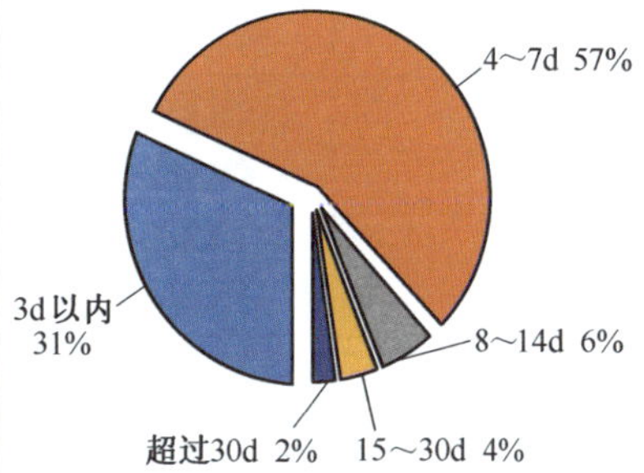
明挖法	（1）支撑架设滞后； （2）地下控制问题（侧壁渗漏水、流水、流砂等）； （3）监测问题（测点占压、破坏等）	
盾构法	（1）土压力控制； （2）盾构姿态； （3）盾构数据传输	

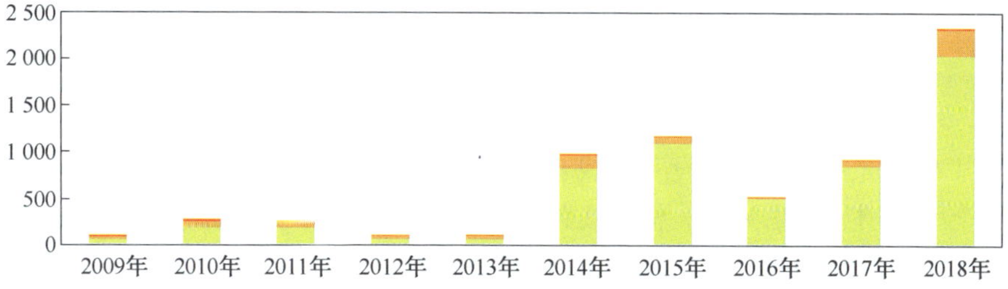

图 8.4　2009 年～2018 年巡视预警发布情况

8.5　专家巡视

为确保重要风险源安全可控，应对现场突发的风险状况，截至 2018 年年底，北京轨道交通建设累计组织公司级专家巡视 199 次，其中明挖法 27 次，矿山法 107 次，盾构法 60 次，通过专家巡视活动，及时对全网在施存在较大安全隐患的工点进行了风险判断与原因分析，并对现场工作提出了相关改进建议。巡视后均撰写了专家现场巡视报告，并及时跟踪了各巡视工点的后期整改状况。该项工作的开展充分利用了外部专家力量，对现场风险控制起到重要作用。专家巡视解决问题统计见表 8.5。

表 8.5　专家巡视解决问题统计

工法	解决的主要问题
矿山法	(1)开挖面渗漏水； (2)超前支护效果不佳,地层稳定性差； (3)监测变形超限； (4)初期支护结构变形、开裂
明挖法	(1)基坑渗漏水； (2)基坑断面不规则,受力复杂； (3)现场施工不规范； (4)监测变形超限
盾构法	(1)下穿重要风险源； (2)盾构参数控制不达标； (3)监测变形超限

8.6　管控案例

8.6.1　案例 1:某站后折返线区间

1. 工程概况

某站后折返线区间是设有渡线、停车线断面的双线或三线椭圆形矿山法断面,区间全线采用矿山法施工。整个线路几乎在繁华道路下方,两侧建筑主要有大酒店、音乐厅及 3 层住宅楼、商务印书馆、国际饭店、百货商场等,区间全长约 566 m。

2. 工程地质与水文

区间开挖面断面大部分处于砂卵石层、黏土层、砂层,拱顶覆土 16~18 m。区间范围内主要揭露了四层地下水,第一层为上层滞水,第二层为潜水,第三层为层间潜水,第四层为承压水。

3. 工程重难点

(1)区间隧道地处市中心繁华街区路段下方,穿越多处主要市政管线和临边构筑物,周边环境复杂,确保周边构(建)筑物的稳定是本工程的重难点。

(2)区间隧道内设置有渡线、停车线,隧道断面变化多、断面尺寸大,断面节点转换复杂而且两个隧道距离近,如何确保结构施工安全、确保施工质量将是本工程的重难点。

(3)区间隧道所处的拱部地层大部分为圆砾~卵石及中、粗砂层,且地下水丰富,开挖难度比较大、施工速度缓慢。

(4)区间隧道采用洞内深孔注浆法止水施工,如何能够保证在无水条件下施工作业，是本工程的重点。

4. 风险对策

（1）一级自身风险工程：左线暗挖区间隧道包括渡线、停车线断面的双线或三线椭圆形矿山法断面，其中标准停车线断面净空尺寸为（宽×高）14. 3 m×10 m，最大断面净空尺寸为（宽×高）15. 7 m×10. 84 m，采用双侧壁导坑法施工，辅助深孔注浆加固地层，如图 8. 6-1 所示。

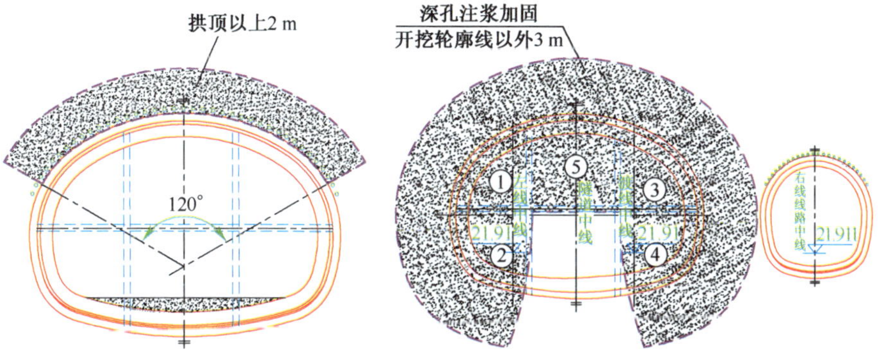

图 8. 6-1　洞内深孔注浆位置断面图（单位：m）

（2）一级环境风险工程 1：左线矿山法区间隧道旁穿某酒店，区间隧道施工前，打设钢管桩对该区域房屋进行隔离保护。钢管桩采用 ϕ219，壁厚 $t=10$ mm 钢管，双排打设，梅花形布置，钢管桩桩身采用水泥浆灌注密实，水泥浆水灰比不超过 0. 45~0. 5，并对桩身周边 0. 5 m 范围内的土体进行注浆加固浆，如图 8. 6-2 所示。

（3）一级环境风险工程 2：左线大断面旁穿音乐厅及附属住宅楼，区间施工前，对于有施作条件的区段打设复合锚杆桩对该区域房屋进行隔离保护。对于音乐厅非门厅处：复合锚杆桩采用双排布置，孔距 0. 5 m，排距 0. 5 m，梅花形布置；对于门厅处距离区间右线结构水平距离较近，地面施作隔离措施困难，采取洞内深孔注浆加固土体。采用洞内深孔注浆时，对于音乐厅非门厅处，洞内深孔注浆加固范围如图 8. 6-3 所示；对于门厅处，对除中下导洞外其余导洞均进行全断面注浆加固。风险点与保护措施关系如图 8. 6-4 所示。

5. 施工降水

区间隧道采用双线双排延长管井降水，降水井沿区间线路方向两侧布置，通过实施降水，疏干区间隧道施工范围内潜水含水层，降低层间潜水层水位。

不具备地面施工条件的降水井则设置在结构内。结构内降水井井管采用钢管，钢管必须与结构的格栅焊接。根据现场情况，应尽量避免结构内施工降水井。

6. 施工过程

（1）2014 年 10 月 5 日 ~2016 年 2 月 26 日：普通段初期支护施工。

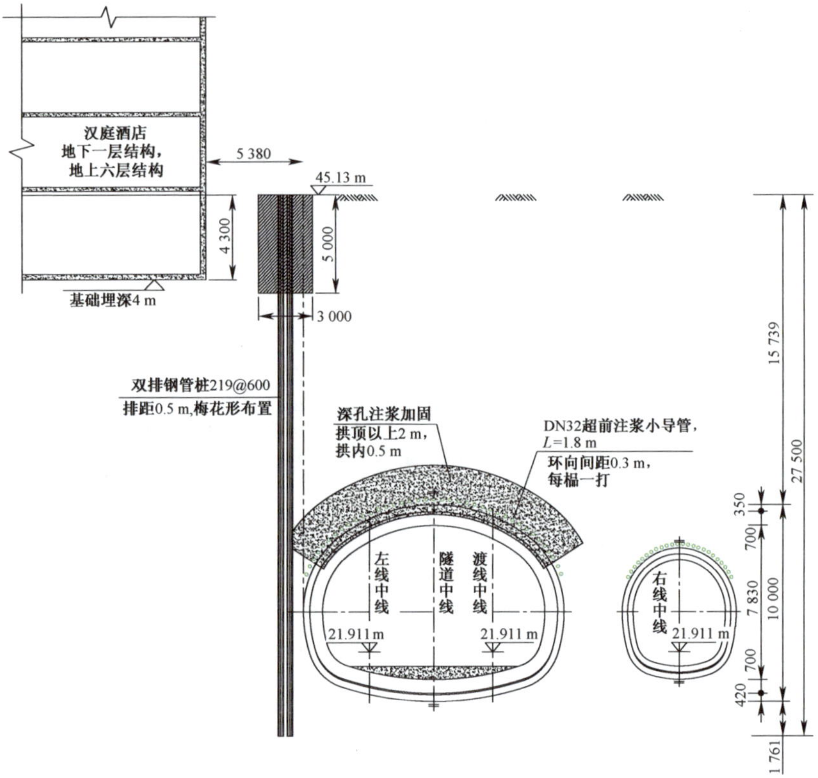

图 8. 6-2　某酒店保护措施关系断面图(单位:mm)

左线大断面向北、向南施工,上层导洞拱部为砂卵石层,以下为砂层夹粉质黏土,施工受层间水影响比较大,地层稳定性差。普通段初期支护施工情况如图 8. 6-5所示。

(2)2016 年 2 月 22 日~2016 年 6 月 19 日:侧穿建筑物段施工。

左线向北大断面,上层导洞拱部为砂卵石层,以下为黏土地层,施工过程基本规范,地层基本稳定。侧穿建筑物段施工情况如图 8. 6-6 所示。

7. 设计措施及方案落实情况

(1)区间降水

根据水文地质资料,区间结构底板位于承压水层 2~3 m,通过区间两侧地面及区间结构打设内钢管井实施管井降水。在暗挖施工时,根据现场量测水位,承压水水头位于底板以下 1 m 左右,减少了承压水对初期支护结构的影响。

区间隧道暗挖段主要受到层间潜水的影响,隧道开挖大部分处于砂卵石层与粉质黏土层,并且上层导洞中下部偏上存在连续的粉质黏土隔水层。暗挖施工过程中,出现无规律的层间涌水,伴随有流砂现象发生,初期支护结构后面底部出现局部流空,锚喷混凝土困难,严重影响施工进度,并且有造成上部粉细砂层坍塌的风险。现场增设真空降水及侧沟倒排措施加强地下水处置,主要措施如下:

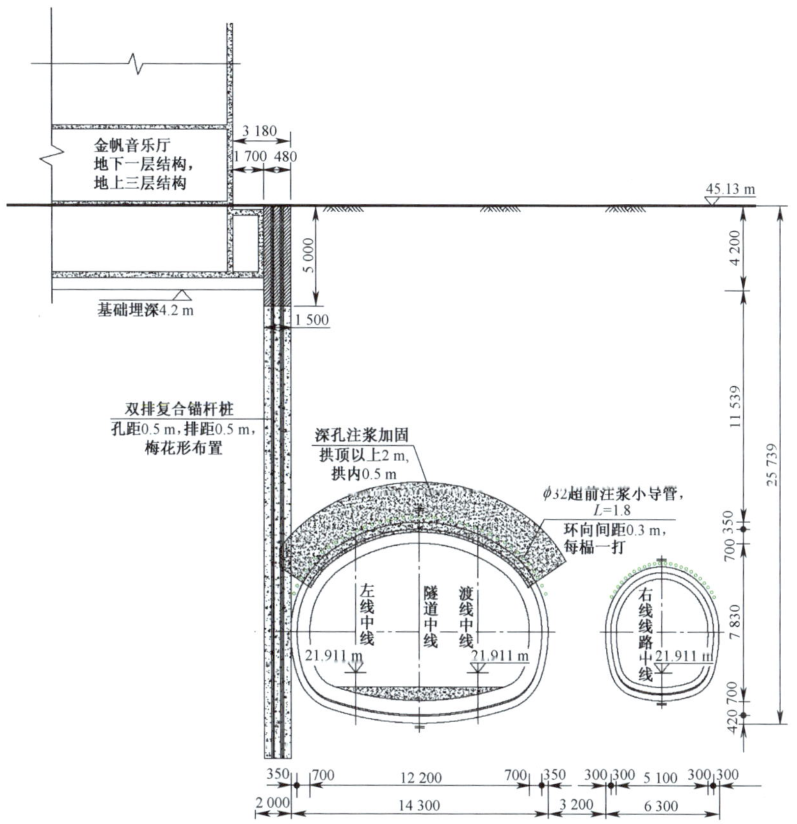

图 8. 6-3　音乐厅非门厅处(单位:mm)

①在隧道断面砂卵石层与粉质黏土层交界面及交界面以上 50 cm 处对称布设真空管,斜下向外侧打插,真空管单根长度为 5 m,外倾及向前下倾角度均为 30°。

②集水主管采用 ϕ75 mm 钢管,按 0. 5 m 间距布置支管连接口,支管采用 ϕ32 mm钢管,管身按 10 cm 间距梅花形布置 6 mm 透水孔,管外螺旋包 100 目滤网,降低粉细砂流失率。集水主管引入侧壁导水槽内集中导排。

采用断面真空降水处理措施后,通过真空抽排水,在断面开挖前将层间涌水排走,使断面开挖时基本处于无水作业状态,减小了由于层间涌水渗流引起的流砂对结构施工及安全的影响,加快了施工进展,通过地面、洞内沉降监测点的动态监测,真空降水起到了积极的促进作用,如图 8. 6-7 和图 8. 6-8 所示。

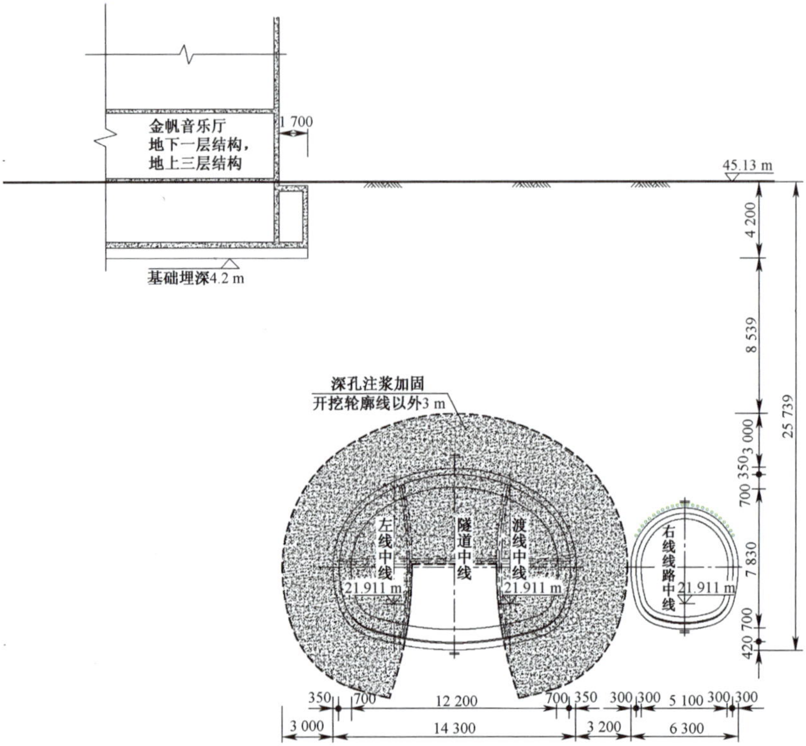

图 8. 6-4　音乐厅门厅处(单位:mm)

图 8. 6-5　普通段初期支护施工情况

(2)深孔注浆

区间地质条件复杂,地层结构自稳能力差,如图 8. 6-9 和图 8. 6-10 所示。通过实施深孔注浆并优化注浆参数,结合初期支护“十八字”方针,有效控制了在开挖时土体失稳、个别出现小的土体掉块、初期支护结构施工沉降等现象。通过深孔注浆,加快了施工进度、控制了土体坍塌的风险、促进了现场文明施工建设。

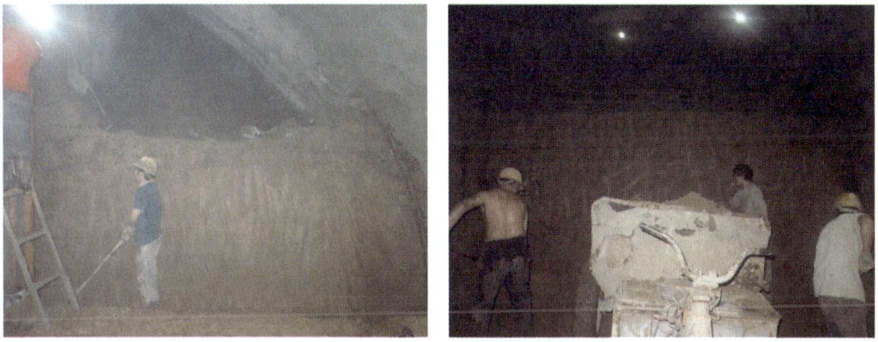

图 8. 6-6　侧穿建筑物段施工情况

图 8. 6-7　层间水真空抽排

图 8. 6-8　真空降水设施

图 8. 6-9　注浆前渗漏水导致掌子面稳定性差

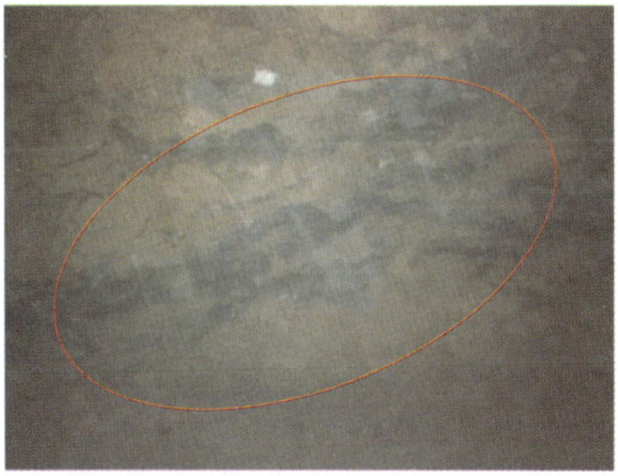

图 8. 6-10　掌子面浆脉分布

(3)复合锚杆桩、钢管桩措施

在毗邻某酒店区域打设钢管桩,在音乐厅区域打设复合锚杆桩,并实施孔内注浆,控制注浆压力,在区间侧向与建筑物之间实施有效隔离,客观上增大了区间侧向上方向土体的刚度,有效控制了建构筑物的沉降变形,如图 8. 6-11 和图 8. 6-12 所示。

图 8.6-11 复合锚杆桩施工

图 8.6-12 钢管桩施工作业

8. 环境影响评价

根据监测单位监测数据可知,区间初期支护施工期间地表整体变形较大,触发多处监测预警,最大累计沉降-71.25 mm;复合锚杆桩及钢管桩隔离效果良好,建筑物变形较为平稳,施工阶段未出现沉降超标情况。音乐厅建筑物沉降-7.06 mm,酒店建筑物沉降 11.85 mm。

9. 经验教训与建议

(1)无水施工对确保矿山法施工安全意义重大,在有条件的情况下优先考虑采用井点降水进行地下水处理。

(2)采取洞外降水措施可以有效地疏干隧道施工范围内的地下水,有效防止隧道施工中涌水、涌泥、掌子面坍塌。但由于单一的降水施工措施难以完全疏干上层滞水,且降水周期较短,造成在砂层与黏土层的界面处存在滞水,该部位位于拱脚处,对施工影响较大,拱脚部位无法进行夯实且长期受浸泡必然导致结构发生较大变形,施工中采取的真空降水措施对处理层间滞水效果良好,有良好的推广价值。

(3)在隧道结构侧穿建构筑物时,打设隔离桩对控制变形效果明显,可在今后类似工程中推广应用。

8.6.2 案例 2:某盾构区间下穿既有铁路

1. 工程概况

区间右线隧道总长 1 274.699 m(1021 环),左线隧道总长 1 271.517 m(1059 环),区间自东向西下穿铁路后到达车站接收。

2. 工程地质情况

区间主体结构采用圆形结构,结构高度为 6 m,结构底深度约为 20~27 m,主要穿越地层为卵石、圆砾⑤层、卵石、圆砾⑦层。

3. 盾构设备

盾构机选型右线为 ϕ6160 土压平衡盾构机(日立盾构机)、左线为 ϕ6180 土压平衡盾构机(奥村盾构机)。盾构设备情况分别见表 8.6-1 和表 8.6-2。

表 8.6-1　右线设备参数情况

刀盘形式	辐条式	最大推力	38 500 kN
主机长度	8.64 m	刀盘直径	6.14 m
盾尾管片空隙内径	6.06 m	刀盘开口率	66.3%
盾尾间隙	0.03 m	额定扭矩	5 730 kN · m
刀具布置	齿刀:94 把,先行刀:77 把; 边刮刀:12 把,保护刀:43 把		

表 8.6-2　左线设备参数情况

刀盘形式	辐条式	最大推力	40 000 kN
主机长度	9.55 m	刀盘直径	6.16 m
转速	0.95 r/min	刀盘开口率	51.3%
盾尾间隙	0.03 m	额定扭矩	5 560 kN · m
刀具布置	中心鱼尾刀:1 把,先行刀:48 把;保护刀:26 把; 切刀:40 把,边刮刀:6 把		

4. 重要风险工程

左、右线盾构均由某车站始发,右线在 992~1003 环下穿铁路,左线在 989~1000 环下穿铁路(图 8.6-13)。下穿铁路区间结构顶至地面净距约为 16.9 m。铁路现状为三线铁路,总跨度 18.9 m,三股铁路的净线间距从西往东依次 3.957 m、3.738 m,与地铁线路夹角约 87°。铁路采用 1 级碎石道砟,双层道床厚 50 cm(面渣 30 cm,底渣 20 cm)。道床边坡 1∶1.75,道床顶面宽 3.4 m。路基基床分为表层和底层,表层厚度 0.6 m,底层厚度 1.9 m,总厚度 2.5 m。铁路采用 3 型无挡肩钢筋混凝土轨枕,长度 2.6 m。双线下穿铁路区间隧道穿过的主要地层为卵石、圆砾⑤层、圆砾⑦层。

5. 风险工程对策

(1)路基加固

穿越前需对铁路线路加固处理,采用袖阀管后退式注浆施工工艺,注浆材料采用单液水泥浆,注浆压力控制在 1.0~1.5 MPa,注浆管采用 ϕ48×3.2 mm 的塑料袖阀管,单孔注浆结束标准为注浆孔达到设计终压 5 min 或注浆量达到设计注浆量的 80%,注浆效果要求注浆保护圈的岩体渗透系数降至 0.001 m/d 数量级,浆体

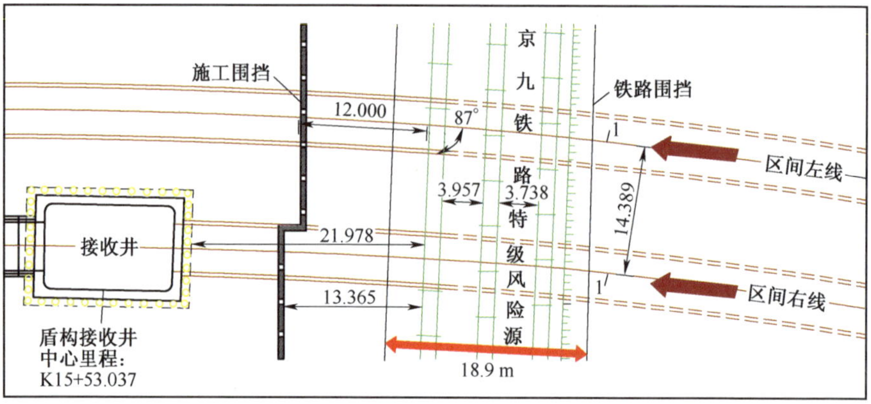

图 8.6-13　菜—西区间风险工程平面关系图(单位:m)

结实体黏结力不小于 80 kPa。

袖阀管地表间距为 1.0 m,梅花形布置,露出地表 0.5 m,钢轨下 0~3 m 范围内袖阀管不开孔,3~7.2 m 深度范围内袖阀管开孔间隔 0.7 m。注浆范围钢轨下 3~8 m,横向 20 m,沿铁路方向隧道边缘外 12 m,总长 45 m。

(2)线路加固

隧道穿越铁路路基段采用 3-5-3 扣轨加固,扣轨采用 P50 轨,加固范围为盾构隧道中线两侧各 15m 的铁路,期间限速 45 km/h。

(3)洞内措施

区间左线在 971~1015 环范围内进行径向深孔注浆加固。右线在 977~1021 环范围内进行径向深孔注浆加固。注浆浆液采用水泥—水玻璃双液浆,注浆压力为 0.4~1.2 MPa,扩散半径 0.5 m,径向加固长度 2~4 m。

左线管片径向加固利用管片预留的 11 个注浆孔进行二次加强注浆;右线管片径向注浆加固利用每环管片上预留的 9 个注浆孔进行隧道径向注浆,注浆时机为同步注浆、二次注浆完成后,开始径向加固注浆。管片预留孔位置如图 8.6-14 所示。

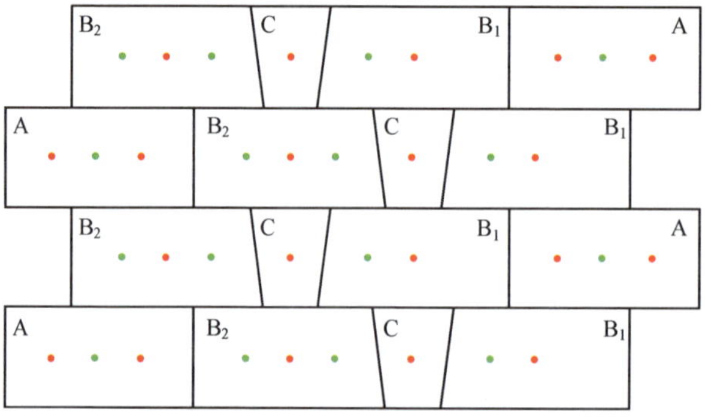

图 8.6-14　管片预留孔位置示意图

(4)右线盾构接收井盾构加固

右线盾构机下穿京九、柳广铁路影响区后半段同时为盾构接收段,为确保安全完成下穿铁路影响区,同时顺利进行盾构接收,采取如下施工措施:菜—西区间在右线盾构接收井已加固 8 m 外,沿线 10 m 范围内加固土体,加固宽度沿隧道掘进方向两侧各 6 m,加固深度至隧道中线下方 6 m,加固采用旋喷加固。右线 992~1003 环土压控制情况如图 8.6-15 所示,同步注浆控制情况如图 8.6-16 所示。

6. 实施过程

2013 年 8 月 30 日,左线盾构于车站安全始发。2014 年 5 月 23 日盾构开始下穿铁路,24 日下穿完毕。总推进 11 环,各施工参数正常。其中,铁路路基沉降最大值为-4.8 mm(控制值-10 mm)。

2013 年 10 月 20 日,右线盾构于车站安全始发。2015 年 5 月 13 日盾构开始下穿铁路,14 日下穿完毕。总推进 11 环,各施工参数正常。铁路路基沉降最大值为-7.05 mm(控制值-10 mm)。

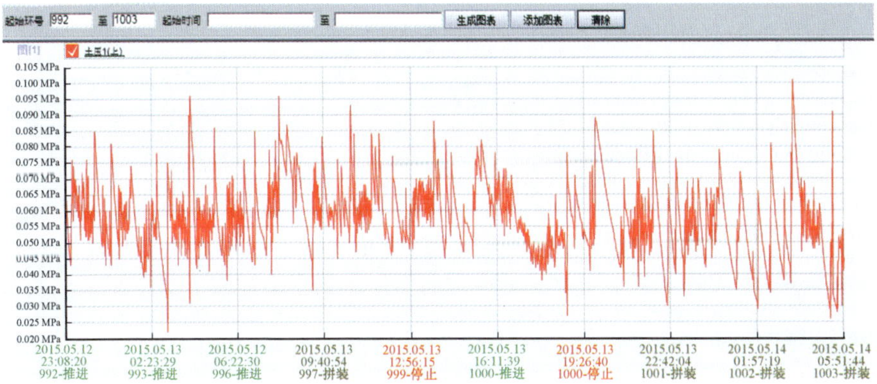

图 8.6-15　右线 992~1003 环土压控制情况

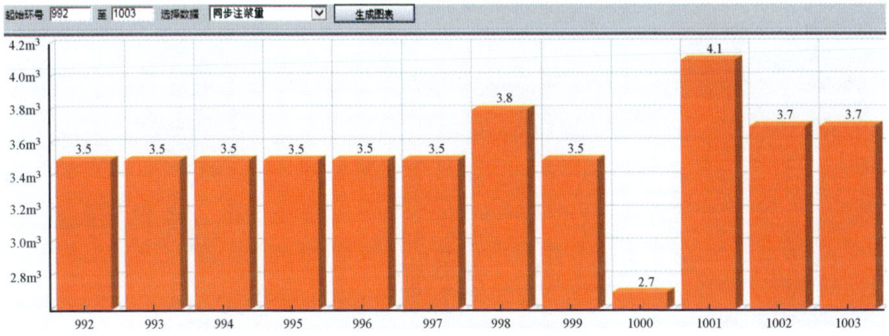

图 8.6-16　右线 992~1003 环同步注浆控制情况

7. 监测情况分析

盾构下穿铁路整个施工过程中,未发生综合预警与巡视预警。区域测点最大累计沉降-7.0 mm(控制值-20 mm),即地表测点 DB-08-01,位于右线盾构铁路影响区域,盾构通过后测点沉降即趋于稳定。

8. 经验教训及建议

(1)盾构在穿越砂卵石地层中,刀盘需配置合适的开口率。本工程选用的是开口率较大的辐条式盾构,对卵石地层适应性良好,保证了盾构顺利下穿铁路等重大风险工程。

(2)盾构下穿铁路前,要做好深孔注浆加固。下穿铁路前对铁路基轨面下 3~8 m 处采取袖阀管后退式工艺注单液水泥浆加固路基效果明显。

(3)在穿越铁路前进行掘进试验段,通过试验段掘进效果来确定盾构下穿铁路时的施工参数。

(4)在下穿铁路前,应对盾构设备进行全面的检修,避免下穿铁路过程中停机,保证掘进的连续性及匀速。

附件　安全风险技术管理体系建立以来通过的特级风险工程情况

序号	线路	工点	风险工程名称	类型	通过时间
1	6号线一期	平安里站—北海北站区间	矿山法区间隧道下穿地铁4号线平安里站南端区间	既有线	2009年7月
2	10号线	角门西站	角门西站主体暗挖下穿既有4号线角门西站	既有线	2009年12月
3	6号线一期	十里堡站—青年路站区间	下穿京包铁路及下部箱涵（352~440环）	铁路	2010年6月
4	8号线	霍营站—西三旗站盾构区间	下穿城铁13号线	既有线	2011年4月
5	10号线	宋家庄站—石榴庄站区间	宋家庄—石榴庄站矿山法区间上穿5号线	既有线	2011年7月
6	9号线	丰台南路站—丰台东大街站区间	矿山法区下穿丰台火车站铁路股道	铁路	2011年9月
7	9号线	军事博物馆站	车站主体结构下穿既有地铁1号线区间	既有线	2011年12月
8	10号线	宋家庄站	宋家庄站紧贴既有5号线车站	既有线	2011年12月
9	10号线	马官营站—莲花桥站区间	马官营(六里桥)—莲花桥站盾构下穿国铁站场	铁路	2011年12月
10	9号线	军事博物馆站—东钓鱼台站盾构区间	盾构区间下穿玉渊潭东湖	河湖	2012年1月
11	10号线	起点—潘家园站区间	起点—潘家园站矿山法区间侧穿既有10号线一期工程	既有线	2012年1月
12	10号线	公主坟站	公主坟站主体单层暗挖段下穿1号线公主坟站	既有线	2012年1月
13	8号线	安华桥站	车站暗挖段旁穿安华桥基础	桥梁	2012年2月

续上表

序号	线路	工点	风险工程名称	类型	通过时间
14	6 号线一期	五路居站—慈寿寺站区间(矿山法)	矿山法区间下穿京门铁路线	铁路	2012 年 3 月
15	6 号线一期	车公庄站—平安里站区间(矿山法)	隧道下穿地铁 2 号线车公庄站	既有线	2012 年 3 月
16	10 号线	孟家村站—前泥洼站区间	丰—前盾构区间下穿京广、京沪高铁	铁路	2012 年 5 月
17	6 号线一期	东四站—朝阳门站区间(矿山法)	矿山法隧道下穿 5 号线东四站	既有线	2012 年 5 月
18	6 号线一期	朝阳门站—东大桥站区间(矿山法)	矿山法区间下穿既有 2 号线朝阳门站	既有线	2012 年 5 月
19	8 号线	安德里北街站—鼓楼大街站区间	下穿鼓楼立交桥及既有 M2 鼓楼大街站及其风道	既有线	2012 年 6 月
20	6 号线一期	车公庄站(暗挖法)	换乘通道下穿既有 2 号线并在既有底板开洞	既有线	2012 年 9 月
21	14 号线	地下段起点—大瓦窑站区间	高架上跨丰沙铁路	铁路	2012 年 11 月
22	6 号线二期	玉带河大街站—郝家府站区间	下穿京哈铁路	铁路	2013 年 4 月
23	7 号线	垡头站—双河村站区间	盾构区间下穿铁路专用线	铁路	2013 年 4 月
24	6 号线二期	物资学院站—北关站区间	下穿京承铁路	铁路	2013 年 5 月
25	7 号线	广渠门内—广渠门外	盾构隧道下穿京山线铁路箱涵桥	铁路	2013 年 5 月
26	7 号线	垡头站—双河村	垂直下穿双丰铁路	铁路	2013 年 5 月
27	14 号线	来广营站—善各庄站区间	盾构区间下穿京包铁路	铁路	2013 年 5 月
28	7 号线	崇文三里河站—磁器口站区间	下穿地铁 5 号线既有磁器口站主体	既有线	2013 年 9 月
29	7 号线	广渠门外站—双井站区间	矿山法区间下穿既有 10 号线双井暗挖段	既有线	2013 年 10 月
30	14 号线	九龙山站—大望路站区间	盾构法区间下穿既有地铁 1 号线	既有线	2013 年 10 月

续上表

序号	线路	工点	风险工程名称	类型	通过时间
31	7 号线	达官营站—广安门内站盾构区间	下穿手帕口京九铁路桥	铁路	2013 年 11 月
32	14 号线	方庄站—十里河站区间	区间下穿京津快铁城际铁路桥桩	铁路	2014 年 11 月
33	8 号线二期	霍营站外工程	暗挖段下穿既有 13 号线	既有线	2014 年 10 月
34	14 号线	九龙山站—大望路站	盾构法区间下穿京秦铁路线	铁路	2014 年 5 月
35	14 号线	陶然桥站—永定门外站	盾构下穿京津城际铁路	铁路	2014 年 6 月
36	14 号线	陶然桥站—永定门外站	盾构下穿京沪铁路	铁路	2014 年 6 月
37	14 号线	安乐林路站—蒲黄榆站区间矿山法	矿山区间下穿既有 5 号线蒲黄榆站	既有线	2015 年 1 月
38	昌平线二期	十三陵景区站—西关环岛风井	盾构区间垂直下穿铁路（京通铁路）	铁路	2015 年 1 月
39	14 号线	菜户营—西铁营站区间	京九铁路	铁路	2015 年 5 月
40	6 号线西延	廖公庄站—田村站区间	暗挖段下穿京门铁路	铁路	2016 年 6 月
41	8 号线三期	木樨园桥南站—大红门站区间	暗挖下穿既有 10 号线盾构区间	既有线	2016 年 8 月
42	8 号线三期	大红门桥站—和义站区间	盾构隧道下穿和义农场北侧铁路	铁路	2016 年 9 月
43	6 号线西延	廖公庄站—田村站区间	暗挖段下穿 101 铁路	铁路	2016 年 10 月
44	6 号线西延	金安桥站—苹果园站区间	暗挖下穿大台铁路	铁路	2016 年 12 月
45	8 号线三期	大红门桥站—和义站区间	盾构区间隧道下穿双丰铁路	铁路	2017 年 1 月
46	8 号线三期	天桥站—永定门外站区间	盾构法区间下穿京津城际铁路桥	铁路	2017 年 5 月

续上表

序号	线路	工点	风险工程名称	类型	通过时间
47	8 号线三期	天桥站—永定门外站区间	盾构法区间下穿地铁 14 号线永定门外站车站	既有线	2017 年 6 月
48	6 号线西延	苹果园站	车站暗挖主体下穿 M1 苹果园站	既有线	2018 年 3 月
49	新机场线一期	3 号风井—草桥站前盾构接收井	盾构区间垂直下穿南环(大李)铁路	铁路	2018 年 4 月
50	新机场线一期	3 号风井—草桥站前盾构接收井	盾构区间垂直下穿南环(丰双)铁路	铁路	2018 年 4 月
51	新机场线一期	3 号风井—草桥站前盾构接收井	盾构区间下穿南环(大李)铁路路基段	铁路	2018 年 4 月
52	新机场线一期	3 号风井—草桥站前盾构接收井	盾构区间下穿南环(丰双)铁路路基段	铁路	2018 年 4 月
53	新机场线一期	2 号区间风井—3 号区间风井	盾构区间下穿地铁大兴线	既有线	2018 年 5 月
54	19 号线一期	积水潭站—北太平庄站区间	矿山法区间下穿 M2 积水潭站—西直门站区间	既有线	2019 年 3 月
55	12 号线	人民大学站	3 号风亭邻近既有人民大学站南端明挖段	既有线	2018 年 11 月
56	新机场线一期	草桥站前区间	上跨既有 10 号线区间	既有线	2019 年 4 月

参考文献

[1] 中华人民共和国国务院．中华人民共和国安全生产法[M]．北京:法律出版社,2014.

[2] 中华人民共和国国务院．中华人民共和国建筑法[M]．北京:中国法制出版社,2011.

[3] 中华人民共和国国务院．建设工程安全生产管理条例[M]．北京:中国建筑工业出版社,2003.

[4] 中华人民共和国国务院．安全生产许可证条例[M]．北京:中国法制出版社,2014.

[5] 北京市质量技术监督局，北京市住房和城乡建设委员会．DB11/ 945—2012 建设工程施工现场安全防护、场容卫生及消防保卫标准[S],2012.

[6] 中华人民共和国住房和城乡建设部．城市轨道交通工程质量安全检查指南[M]．北京:中国建筑工业出版社,2016.

[7] 中华人民共和国住房和城乡建设部．JGJ 33—2012 建筑机械使用安全技术规范[S]．北京:中国建筑工业出版社,2012.

[8] 中华人民共和国住房和城乡建设部．GB 50652—2011 城市轨道交通地下工程建设风险管理规范[S]．北京:中国建筑工业出版社, 2011.

[9] 中华人民共和国国家质量监督检验检疫总局，中国国家标准化管理委员会．GB/T 20032—2005 项目风险管理应用指南[S]．北京:中国标准出版社, 2005.

[10] 中华人民共和国国家质量监督检验检疫总局．GB/T 21431—2015 建筑物防雷装置检测技术规范[S]．北京:中国标准出版社,2015.

[11] 中华人民共和国国家质量监督检验检疫总局，中国国家标准化管理委员会．GB/T 13861—2009 生产过程危险和有害因素分类与代码[S]．北京:中国标准出版社,2009.

[12] 中华人民共和国住房和城乡建设部，中华人民共和国国家质量监督检验检疫总局．GB/T 50839—2013 城市轨道交通工程安全控制技术规范[S]．北京:中国建筑工业出版社, 2012.

[13] 中华人民共和国住房和城乡建设部，中华人民共和国国家质量监督检验检疫总局．GB 50194—2014 建设工程施工现场供用电安全规范[S]．北京:中国计划出版社,2014.

[14] 中华人民共和国住房和城乡建设部．JGJ 59—2011 建筑施工安全检查标准[S]．北京:中国建筑工业出版社,2011.

[15] 中华人民共和国住房和城乡建设部．GB 50715—2011 地铁工程施工安全评价标准[S]．北京:中国计划出版社, 2011.

[16] 中华人民共和国住房和城乡建设部．JGJ 160—2016 施工现场机械设备检查技术规范[S]．北京:中国建筑工业出版社,2016.

[17] 中华人民共和国建设部．地铁及地下工程建设风险管理指南[M]．北京:中国建筑工业出版社,2007.

[18] 北京市地铁运营有限公司．北京地铁发展史[M]．北京;北京出版社,2012.
[19] 王梦恕．中国隧道及地下工程修建技术[M]．北京:人民交通出版社, 2010.
[20] 孙建平．建设工程质量安全风险管理[M]．北京:中国建筑工业出版社, 2006.
[21] 江玉生, 杨志勇, 蔡永立．盾构/TBM 隧道施工实时管理信息系统[M]．北京:人民交通出版社, 2011.
[22] 孙长军,张顶立．CRD 法暗挖隧道下穿既有线施工沉降控制技术[J]．市政技术,2015, Vol. 33(22):97-101.
[23] 孙长军,张顶立．郑昊,汪乐．PBA 大直径盾构隧道扩挖车站施工的关键技术[J]．北京交通大学学报,2015,Vol. 39(1):21-27.
[24] 孙长军,张顶立,郭玉海,马晓卫．大直径土压平衡盾构施工突越建筑物沉降预测及控制技术研究[J]．现代隧道技术,2015,Vol. 52(1):136-142.
[25] 孙长军,张顶立,郑昊,汪乐．大盾构扩挖车站受力转换及施工关键技术研究[J]．土木工程学报,2015,Vol. (48):293-296.
[26] 孙长军,任雪锋,张顶立．北京市轨道交通建设安全风险管控[J]．都市快轨交通,2015, Vol. 28(3):53~58.
[27] 孙长军,张顶立,刘井学,曹晓立．北京地铁车站地连墙支护结构受力变形特性研究[J]．岩土工程学报,2015,Vol. (37):78-83.
[28] 李松辉, 戚昌文, 周祖德．区域创新系统创新能力成熟度的测定方法研究[J]．武汉理工大学学报(信息与管理工程版), 2004(01):103-105+112.
[29] 张国旺．黑龙江省自主创新体系构建及成熟度研究[D]．哈尔滨:哈尔滨工程大学, 2011.